新一代天气雷达定标技术规范

邵　楠　主编

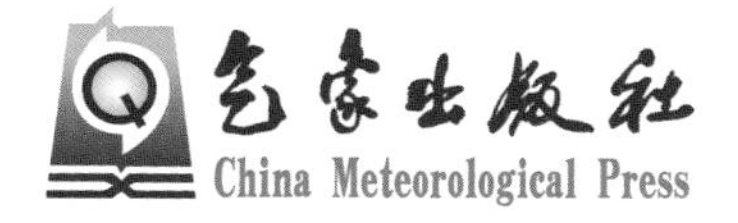

内容简介

本书由面到点、由浅入深地介绍了天气雷达定标原理、定标技术和目前国内7种型号新一代天气雷达的定标实践，是一本面向新一代天气雷达定标业务和天气雷达保障一线技术人员，指导雷达定标实践，规范雷达定标流程和方法，提高雷达保障人员的维护定标能力，具有很强可操作性的天气雷达定标技术著作。

图书在版编目(CIP)数据

新一代天气雷达定标技术规范/邵楠主编. —北京：气象出版社，2018.4

ISBN 978-7-5029-6768-0

Ⅰ. ①新… Ⅱ. ①邵… Ⅲ. ①天气雷达-技术规范 Ⅳ. ①TN959.4-65

中国版本图书馆CIP数据核字(2018)第088174号

Xinyidai Tianqi Leida Dingbiao Jishu Guifan

新一代天气雷达定标技术规范

出版发行：气象出版社
地　　址：北京市海淀区中关村南大街46号　**邮政编码**：100081
电　　话：010-68407112(总编室)　010-68408042(发行部)
网　　址：http://www.qxcbs.com　**E-mail**：qxcbs@cma.gov.cn
责任编辑：郭健华　**终　　审**：张　斌
责任校对：王丽梅　**责任技编**：赵相宁
封面设计：八度
印　　刷：北京中科印刷有限公司
开　　本：787 mm×1092 mm　1/16　**印　　张**：15.5
字　　数：360千字
版　　次：2018年4月第1版　**印　　次**：2018年4月第1次印刷
定　　价：110.00元

主　编： 邵　楠

副主编： 秦建峰

编　委： 杨　亭　韩　旭　江　涛　陈玉宝
李斐斐　王箫鹏　潘新民　郑　伟
周宝才　刘永亮　陈士英　梁　华
李　力　程昌玉　郭泽勇　景号然
张　涛　周旭辉　黎志波　谢晓宇
胡雅超　涂　明　李　俊　李翠翠
师远哲

近20年来，我国新一代天气雷达技术得到了快速发展，新一代天气雷达网的监测、预警能力达到了更高水平。尽管我国新一代天气雷达在设备性能、数据质量、业务运行、应用和管理等方面还存在不足，但新一代天气雷达在定量估测降水、临近预报、灾害性天气监测和预警服务等工作中的重大作用是毋庸置疑的。

随着投入业务运行的雷达种类和数量的不断增加，加强各类雷达资料科学评估和质量控制，成为雷达业务运行中必须解决的问题。雷达资料应用的广度和深度不断拓展，特别是精细化天气预报、智能网格预报、数值预报等业务及服务对雷达资料的准确性、一致性和可靠性提出了更高要求。新一代天气雷达运行保障业务从保障设备正常运行转变到了保证设备稳定和数据可靠的新阶段。

近几年，中国气象局着力加强雷达研制、生产、建设、运行和应用各阶段的质量管理，特别是在统一雷达设备技术标准、完善雷达维护定标规范等方面做了大量工作，力争通过提高雷达设备的可靠性使雷达数据的质量控制前置。定标是天气雷达定量测量的基础，决定了天气回波的准确性和组网产品的可比性。统一雷达定标技术和规范雷达定标业务是加强雷达质量管理的重要工作内容。中国气象局高度重视天气雷达定标工作，制定了《天气雷达定标业务规范》指导全国组网天气雷达定标工作。但是，实际执行过程中，基层台站人员缺少完整的技术手册和规范的操作指南，迫切需要一本涵盖各型号新一代天气雷达定标技术，能够指导雷达定标实践，规范雷达定标流程和方法，提高雷达保障人员的维护定标能力，可操作性强的技术规范手册。这本《新一代天气雷达定标技术规范》因此而生。

本书由面到点、由浅入深地介绍了天气雷达定标原理、定标技术和目前国内7种型号新一代天气雷达的定标实践，是一本面向新一代天气雷达定标业务和天气雷达保障一线技术人员的天气雷达定标技术专著。本书可作为从事新一代天气雷达运行保障技术人员在工作中的技术规范，也可作为天气雷达定标技术及实践的学习教材和参考资料。

我衷心希望本书能成为广大天气雷达技术支持和保障人员的工作规范，在指导新一代天气雷达维护定标实践中发挥重要作用，为提高新一代天气雷达设备可靠性和保障雷达资料可靠性方面做出贡献。

中国气象局气象探测中心主任 李良序

2017 年 12 月

前言

新一代天气雷达是监测台风、暴雨等大范围降水天气和雹云、龙卷等强对流天气系统最有效的探测手段，是气象现代化建设的重要组成部分，在短时临近预报、防灾减灾等工作中发挥着不可替代的重要作用。

中国气象局在引进和吸收美国 WSR-88D 天气雷达先进技术的基础上，主导研制了我国 CINRAD 新一代天气雷达，并于 1998 年开始在全国范围内布设，现阶段已建成包含超过 200 部新一代天气雷达的监测网。新一代天气雷达具有定量估测降水、进行灾害性天气监测等重大作用，作为一种精密探测设备，新一代天气雷达需要通过定标技术来保证其定量测试精度和探测数据质量，定标体系是新一代天气雷达的重要组成部分，对新一代天气雷达探测性能有重要影响。为了统一和规范新一代天气雷达的定标技术方法，切实加强天气雷达定标工作，提高新一代天气雷达技术保障能力和水平，确保新一代天气雷达产品质量满足气象业务和服务的更高要求，中国气象局气象探测中心组织天气雷达保障一线技术人员、雷达生产厂家技术专家等，成立编委会，编写了这本《新一代天气雷达定标技术规范》。参与编写的编委会成员包括武汉市气象局的秦建峰、谢晓宇、胡雅超、涂明，贵州省大气探测技术与保障中心的杨亭、李翠翠、师远哲，河南省气象探测数据中心的潘新民，四川省气象探测中心的郑伟、景号然，黑龙江省气象数据中心的周宝才，广西壮族自治区气象技术装备中心的刘永亮，内蒙古自治区大气探测技术保障中心的陈士英，甘肃省气象信息与技术装备保障中心的梁华，湖北省气象信息与技术保障中心的李力、程昌玉、李俊，广东省阳江市气象局的郭泽勇，云南省大气探测技术保障中心的张涛，湖南省气象技术装备中心的江涛、周旭辉，江西省大气探测技术中心的黎志波，以及中国气象局气象探测中心的韩旭、陈玉宝、李斐斐、王箫鹏。

全书共分7章，内容主要包括国内新一代天气雷达系统简介、新一代天气雷达定标原理和方法、CINRAD/SA/SB/SC/CA/CB/CC/CD型新一代天气雷达定标技术和方法、主要仪器仪表使用方法和新一代天气雷达定标安全规程等。第1章对新一代天气雷达的技术体制和基本原理、雷达型号及主要性能作了简要介绍。第2章介绍了新一代天气雷达在线、离线定标原理，以及天伺定标、发射机定标、接收机定标和系统定标的内容和方法。第3章至第5章介绍了各型号新一代天气雷达的定标技术，主要包括雷达系统结构、设备组成、信号流程，雷达定标的硬件、软件系统，以及测试通道的定标方法，详细介绍了雷达定标的流程和操作方法。第6章对雷达定标中使用的主要仪器仪表的操作方法进行了介绍。第7章对新一代天气雷达定标的安全规程进行了说明。需要说明的是，随着天气雷达技术的不断发展，各型号新一代天气雷达的硬件设备和软件系统因技术升级和改造存在不同批次软件、硬件的差异，本书编写时只能选择代表各型号新一代天气雷达发展趋势的最新批次的雷达定标软件、硬件技术及定标实践进行介绍。

本书在编写过程中，除了参考文献中所列的论文、著作外，还参考了新一代天气雷达培训班课件，以及中国气象学会雷达气象学专业委员会组织的学术会议交流文章。由于取材广泛，编者难以全部列出，在此一并深表谢意！本书编写得到了北京敏视达雷达有限公司、南京恩瑞特实业有限公司、成都锦江电子系统工程有限公司、安徽四创电子股份有限公司等单位的大力协助和支持，在此表示衷心感谢。

由于编者水平有限，书中难免有所疏漏，真诚欢迎并期待读者的批评指正。

邵　楠

2017年12月

第4章 CINRAD/SC/CD雷达定标技术 97

第5章 CINRAD/CC雷达定标技术 149

第1章

新一代天气雷达系统简介

1.1 新一代天气雷达系统概述

新一代天气雷达采用全相参脉冲多普勒体制。它除了具有常规天气雷达探测降水回波的位置、强度等功能之外，还以多普勒效应为基础，通过测定接收信号与发射信号高频频率（相位）之间存在的差异，进一步得出雷达电磁波束有效照射体积内，降水粒子群相对于雷达的平均径向运动速度和速度谱宽，从而在一定假设条件下，可反演大气风场、气流垂直速度的分布，以及湍流状况等。新一代天气雷达主要有两个波段7种型号，S波段有CINRAD/SA、CINRAD/SB、CINRAD/SC；C波段有CINRAD/CA、CINRAD/CB、CINRAD/CC（对应移动型为CCJ）、CINRAD/CD。

CINRAD/SA、CINRAD/SB、CINRAD/SC雷达能监测雷达四周460 km范围内的气象目标，定量测试200 km范围内气象目标的强度；监测230 km范围内降水粒子群相对于雷达的平均径向速度和速度谱宽。CINRAD/CA、CINRAD/CB、CINRAD/CC、CINRAD/CD雷达能监测雷达四周400 km范围内的气象目标，定量测试200 km范围内气象目标的强度；监测150 km范围内降水粒子群相对于雷达的平均径向速度和速度谱宽。它们是分析中小尺度天气系统，警戒强对流危险天气，制作临近与短时天气预报的强有力的工具。它们不仅适用于各级气象部门，而且在水利、农业、交通、盐业、大气物理研究等领域都有着广泛的应用前景。

新一代天气雷达是两坐标一次全相参脉冲多普勒天气雷达，它发射电磁波，并接收从气象目标的后向散射电磁波以发现气象目标，能同时测定空中气象目标的两个坐标—距离、方位或距离、仰角。它是一种要求发射相位相参信号的雷达系统。所谓相位相参性是指两个信号的相位之间存在着确定的关系。雷达的发射机采用主振放大式，由主控振荡器提供连续波信号作为基准信号，由频综提供脉冲射频信号（或射频发射脉冲是通过脉冲调制器控制射频功率放大器形成）。前后重复周期的相继射频发射脉冲之间，具有确定的相位关系，即发射信号具有相位相参性。这一点正是全相参体制与自相参体制（包括中频锁相相参和初相补偿相参）的本质区别。雷达的本振信号、相参振荡信号以及协调全机工作的各种定时触发脉冲，均由同一基准信号提供，所有这些信号之间，以及它们与发射脉冲信号之间，均保持相位相参性。因此，新一代天气雷达是名副其实的完全的全相参雷达。

多普勒雷达的理论基础是电磁波的多普勒效应。多普勒效应是指当发射源和接收者之间有相对运动时，后者接收到的信号频率将发生变化，变化量的大小与两者间的相对运动速度有关，两者趋近时，接收到的信号频率升高，反之则降低。相对运动速度越大，接收到的信号频率的升降量也越大。这个升降变化的频率偏移量称为多普勒频偏（移）或多普勒频率 f_d。

脉冲多普勒天气雷达在探测气象目标时，发射脉冲的载波频率为 f_0，它接收到的回波

脉冲信号频率为 $f_0 \pm f_d$。其中多普勒频率 f_d 与目标相对于雷达的径向运动速度 V_r 以及雷达发射脉冲的波长 λ 有关。实际应用的多普勒天气雷达，为了能同时测定目标的速度和距离，雷达发射的不是连续波信号，而是高频脉冲载波信号，因此它不是由单个频率构成的。另外，有效照射体积内的粒子通常具有不同的径向速度，因此，回波信号的频谱相当复杂。在多普勒天气雷达中，为了技术上的方便，普遍采用矩形脉冲，并且要求载波脉冲具有相参性，即各脉冲间具有确定的相位关系。

1.2 新一代天气雷达系统组成

新一代天气雷达系统是一个智能型的雷达，采用高增益低旁辨的天线、频率稳定度相当高的全相干的发射/接收系统、主振放大式速调管发射机、宽动态范围的接收系统、相干信号处理器，以及多路传感器构成的雷达参数监测和运行控制装置等。它综合了先进的雷达技术和计算机技术、通信技术，集成探测、资料采集、处理、分发、存贮等多种功能于一体。

新一代天气雷达系统总体上由三大部分组成：雷达数据采集（RDA）、产品生成（RPG）、用户终端（PUP）。

雷达数据采集（RDA）：雷达主要硬件都集中在这一部分，RDA 包括天线、天线罩、馈线、天线座、伺服分系统、发射机、接收机、综合监控、信号处理器等，与一般雷达基本相同。新一代天气雷达还在这部分设有雷达运行控制平台（RCW），它由计算机和一些接口装置、控制软件等构成，控制雷达运行、数据采集、参数监控及误差检测、自动标定等，满足可靠性、可维护性、可利用性要求。新一代天气雷达系统硬件组成见图 1.1。

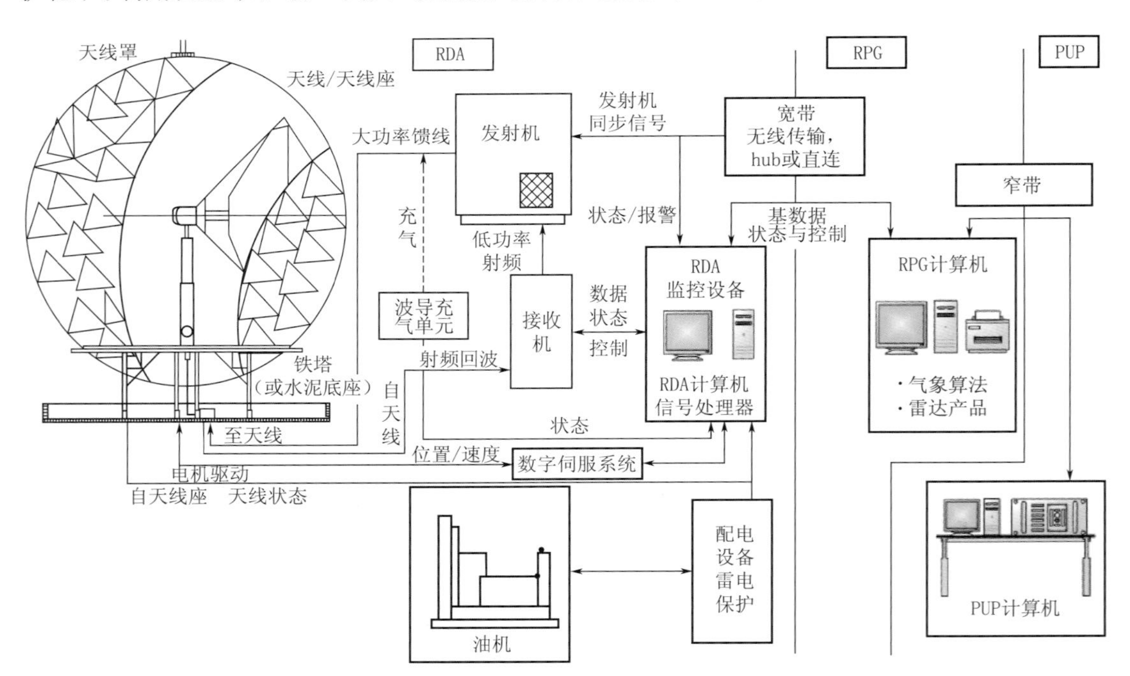

图 1.1 新一代天气雷达系统硬件组成图

接收机中的频综输出射频激励信号，送入发射机，经固态功率放大器作前置放大后，经脉冲形成器整形后送至速调管功率放大器。固态调制器向速调管提供阴极调制脉冲，从而控制雷达发射脉冲的宽度和重复频率。速调管功率放大器输出峰值功率≥650 kW 的发射脉冲能量(C 波段为 250 kW)，经过雷达的馈线部分到达天线(天线罩对天线具有保护作用，射频损耗很小)，向空间定向辐射。天线定向辐射的电磁波能量遇到云、雨等降水目标时，便会发生后向散射，形成气象目标的射频回波信号再被天线接收。

天线接收到的射频回波信号，经过雷达的馈线部分，送往接收机，经过射频放大和变频，变为中频回波信号，送至高性能的数字中频接收机，它输出的 I/Q 正交信号送往信号处理分系统。

信号处理器对来自接收机的 I/Q 正交信号，作平方律平均处理、地物对消滤波等质控处理，得到反射率的估测值，即强度；并通过脉冲对处理(PPP)或快速傅里叶变换(FFT)处理，从而得到散射粒子群的平均径向速度 V 和速度的平均起伏，即速度谱宽 W。上述强度、速度和谱宽信息，经 RPG 作数据处理后、通过网络传送至 PUP 与显示分系统，进行气象产品显示。

监控系统(DAU)负责对雷达全机的性能参数、故障监测和控制。它自动检测、搜集雷达各分系统的性能参数、故障信息，通过串口(网络)送往 RDA 终端。由 RDA 终端发出对其他各分系统的操作控制指令和工作参数设置指令，经串口(网络)传送到监控分系统，由监控分处理后，转发至各相应的分系统，完成相应的控制操作和工作参数设置。雷达操作人员在 RDA 终端显示器上能实时监视雷达工作状态、工作参数和故障情况。

数字伺服分系统直接接收来自 RDA 终端(经监控分系统)的控制指令，由其计算处理后，输出电机驱动信号，完成天线的方位和俯仰扫描控制；同时它将天线的实时方位角、仰角数据、速度信号送往信号处理分系统，将故障信息经监控分系统送往 RDA 终端。

电源分系统采取分散配置的供电方式向全机各分系统提供电源。

产品生成(RPG)：在继承了美国丰富的气象产品生成软件基础上，完善了产品算法并改进软件系统的设计，能实时生成、分发和显示多种气象产品，由计算机及通信接口等组成，对采集的雷达观测数据进行处理后形成多种分析、识别、预警预报产品。

用户终端(PUP)：由计算机及通信接口等组成，对形成的产品进行图形、图像显示。

新一代天气雷达系统主要由雷达发射机、接收机、伺服分系统、信号处理器、监控系统、数据处理与显示等子系统组成，各子系统之间有机地联系构成一整体。新一代天气雷达系统具有自检、标校能力，以及运行监测、故障告警和自保的能力。

新一代天气雷达系统框图见图 1.2。

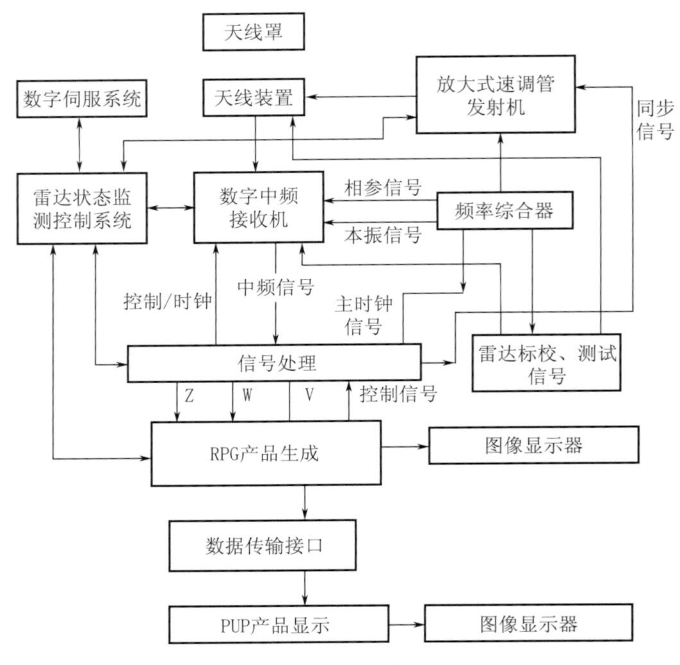

图 1.2　新一代天气雷达系统框图

1.3 新一代天气雷达基本测试原理

1.3.1　新一代天气雷达回波强度测试原理

新一代天气雷达作为降水测试系统的重要组成部分，必须具备较高的测试精度。提高新一代天气雷达回波强度测试精度，是雷达气象预警预报产品可靠性的保障。天气雷达回波强度理论值计算基于雷达气象方程，在不考虑大气对电磁波的衰减和充塞系数影响的情况下，雷达气象方程为：

$$P_r = \frac{\pi^3}{1024\ln 2} \times \left| \frac{m^2-1}{m^2+1} \right|^2 \times \frac{P_t \tau c \varphi \theta G^2}{\lambda^2 R^2} \times Z \tag{1.1}$$

$$Z = CR^2 P_r \tag{1.2}$$

其中雷达常数 C 为：

$$C = \frac{1024 \times \ln 2 \times \lambda^2}{\pi^3 \times \left| \frac{m^2-1}{m^2+1} \right|^2 P_t \tau c \varphi \theta G^2} \tag{1.3}$$

式中，光速 c 为 3×10^{10} cm/s；波长 λ 单位 cm；发射峰值功率 P_t 单位 kW，换算为 $P_t \cdot 10^6$ mW；脉宽 τ 单位 μs，换算为 $\tau \cdot 10^{-6}$ s；水平波速宽度 φ 单位为(°)，换算为 $\varphi\,\frac{\pi}{180}$(rad)；垂直波速宽度 θ 单位为(°)，换算为 $\theta\,\frac{\pi}{180}$(rad)；$\left|\frac{m^2-1}{m^2+1}\right|^2=0.93$；天线增益 G 单位为 dB。则：

$$C=\frac{2.69\times10^{16}\lambda^2}{P_t\tau\varphi\theta G^2} \tag{1.4}$$

雷达常数C的单位为$\frac{mm^6}{m^3 Km^2 mW}$。

注意按照上式单位要求的雷达方程中：Z为反射率因子，单位为$\frac{mm^6}{m^3}$；P_r为回波接收功率（天线），单位mW；R为回波的距离，单位km；λ、Pt、τ、G、θ、φ分别是雷达的波长、发射功率（天线）、脉冲宽度、天线增益、天线波束的垂直宽度与水平宽度，对应单位为cm、kW、μs、dB、°。

实际应用中，人们常用dBZ来说明回波强度的大小，雷达发射功率值是速调管输出的测试值，测试信号（模拟回波信号）从接收机前端（保护器天线端）输入，还要考虑发射机速调管输出口到天线喇叭口之间发射支路馈线损耗值L_t、天线喇叭口到接收机前端之间的接收支路馈线损耗L_r、接收机匹配滤波器损耗L_0、天线罩的双程损耗L_p，并统称为系统总损耗L_Σ（$L_\Sigma=L_t+L_r+L_0+L_p$），另外还要考虑大气对电磁波的双程衰减L_{at}，用dBp_r表示$10\lg P_r$（单位dBm），所有系统损耗采用dB绝对值，则式（1.2）化为

$$dBZ=10\lg C+20\lg R+dBp_r+L_\Sigma+RL_{at} \tag{1.5}$$

1.3.2　新一代天气雷达回波速度测试原理

（1）多普勒频率和多普勒速度关系

假设多普勒雷达工作频率为f_0，目标离雷达的距离R，则雷达波束从发往目标到返回天线所经过的距离为$2R$，这个距离用波长来度量，相当于$\frac{2R}{\lambda}$个波长；用弧度来度量相当于$\frac{4\pi R}{\lambda}$个弧度。若发射的电磁波在天线处的相位φ_0，假如目标物没有径向运动，或者固定不动（即雷达与目标物之间径向距离R是固定的，相继脉冲的回波信号的相位不变），则电磁波返回到天线的相位为：

$$\varphi=\varphi_0+\frac{4\pi R}{\lambda} \tag{1.6}$$

若在相继脉冲的时间间隔T（脉冲重复周期）内，目标物沿径向（朝向雷达或远离雷达方向）变化了ΔR距离，则相应的相位变化应为：$\Delta\varphi=\frac{4\pi\Delta R}{\lambda}$，相位时间变化率，即角频率为：$\omega=\frac{4\pi V_r}{\lambda}$，式中$\omega=\frac{\Delta\varphi}{T}$，$V_r=\frac{\Delta R}{T}$。$\omega$和频率$f_{dop}$之间关系为$\omega=2\pi f_{dop}$。

从中可得出：

$$f_{dop}=\frac{2V_r}{\lambda} \tag{1.7}$$

也可用微分法导出相位随时间的变化率为：

$$\frac{d\varphi}{dt}=-\frac{4\pi}{\lambda}\times\frac{dR}{dt} \tag{1.8}$$

若在距离 R 处的目标相对雷达波束轴线方向的运动分量为 V_r，这时目标的速度 V_r 称为径向速度。并规定朝天线运动的速度 V_r 为负值，则有 $V_r=\frac{dR}{dt}$。另外，$\frac{d\varphi}{dt}$ 就是角频率 $\omega=2\pi f_{dop}$。

从(1.8)式可得出：

$$f_{dop}=\frac{2V_r}{\lambda} \tag{1.9}$$

这里 f_{dop} 就是多普勒频率，也称多普勒频移；目标径向速度 V_r 也称多普勒速度。

(2)径向速度计算方法(相位差)

新一代天气雷达通常不是直接测试多普勒频移，而是通过测试相继返回的脉冲对之间的相位差来确定目标物的径向速度。这种测速技术叫作“脉冲对处理”。新一代天气雷达是一种全相干雷达，其每个脉冲在发射时的相位是已知的。每个发射脉冲的频率是常数，其相位相对于内部参考信号而言是相同的。当脉冲返回时，与参考信号作比较以确定相位。任何脉冲到另一个脉冲的相位都可以计算。相位变化直接与目标的运动相联系。每个脉冲在发射时的初相位都相同，为 φ_0。第一个脉冲遇到目标物时，该目标物距雷达的距离为 R，该目标物产生的回波到达雷达时的相位为：

$$\varphi_1=\varphi_0+2\pi\frac{2R}{\lambda} \tag{1.10}$$

当第二个脉冲遇到上述目标物时，该目标物距雷达的距离为 $R+\Delta R$，则该目标物对于第二个脉冲的回波到达雷达时的相位为：

$$\varphi_2=\varphi_0+2\pi\frac{2(R+\Delta R)}{\lambda} \tag{1.11}$$

于是，相继返回的两个脉冲之间的相位差为：

$$\Delta\varphi=\varphi_2-\varphi_1=2\pi\frac{2\Delta R}{\lambda}=4\pi\frac{\Delta R}{\lambda} \tag{1.12}$$

最终目标物沿雷达波速径向速度表达式为：

$$V_r=\frac{\Delta R}{T}=\frac{\lambda\Delta\varphi}{4\pi T}=\frac{\lambda\Delta\varphi\times PRF}{4\pi} \tag{1.13}$$

这里 PRF 为脉冲重复频率，T 为脉冲重复周期，ΔR 为相继脉冲的时间间隔 T 内目标物沿径向变化的距离。也可采用“傅里叶(FFT)变换”技术获取多普勒频谱的相位谱，计算出径向速度。

(3)最大不模糊距离和最大不模糊速度关系

当雷达发出一个脉冲遇到某距离处的目标物产生的后向散射波回到雷达时，下一个雷达脉冲刚好发出。这一距离称为最大不模糊距离，为：

$$R_{max}=\frac{c}{2PRF} \tag{1.13}$$

由于 c 是光速，显然，最大不模糊距离 R_{max} 与两个脉冲之间的时间间隔也就是脉冲重复周期(脉冲重复频率的倒数 $1/F$)成正比。

根据最大不模糊速度 $V_{max}=\frac{\lambda PRF}{4}$ 及最大不模糊距离 $R_{max}=\frac{c}{2PRF}$ 可得出

$$V_{max}R_{max}=\frac{\lambda c}{8} \tag{1.14}$$

由(1.14)式可见,若要求测速范围大,则测距范围必然小。在设计雷达参数 F 时,要考虑 R_{max} 及 V_{max} 因素。对于相同的脉冲重复频率,C 波段雷达的测速范围大约只有 S 波段雷达测速范围的二分之一,因此,C 波段雷达出现速度模糊的概率要大于 S 波段雷达。

(4)速度退模糊的方法

用双脉冲重复频率法可以在保持最大不模糊距离不变情况下,扩展多普勒雷达可测速区间。具体做法是,通过交替发射两种脉冲重复频率,以一种脉冲重复频率 F_1 采集 M 个脉冲样本,另一种脉冲重复频率 F_2 采集同样 M 个脉冲样本,如此反复下去直到完成一次扫描。测定两个脉冲重复频率的速度差,就可以计算出真实速度。这样不模糊速度的范围扩大了,具体原理如下:

$$V_{max}^{*}=\pm\frac{\lambda PRF_1}{4}\left[\frac{PRF_1}{PRF_2}-1\right]^{-1}=\pm\frac{\lambda PRF_1}{4(k-1)} \tag{1.15}$$

式中,$k=\frac{PRF_1}{PRF_2}$,$PRF_1>PRF_2$,不模糊速度 V_{max}^{*} 扩展大小取决于两个脉冲重复频率 PRF_1 和 PRF_2 比率 k。假如,两种脉冲重复频率 PRF_1 和 PRF_2 分别为 900 Hz 和 600 Hz,即 $\frac{PRF_1}{PRF_2}=\frac{3}{2}$时,雷达波长为 10.42 cm,则原来 900 Hz 脉冲重复频率对应的最大不模糊速度为 23.45 m/s,3∶2 变频后最大不模糊速度为 46.9 m/s,速度测试范围扩展了 2 倍,速度模糊的程度大大减少。经过双脉冲重复频率的处理,虽然增加了测速测量范围。虽然双脉冲重复频率的比值(k)减少,不模糊速度的扩展较大,但测速误差也加大,因此在变频法速度测试精度测试中,要和在最大重复频率附近(如 900 Hz/600 Hz 时在 900 Hz)的速度测试值进行比较,以检查双脉动重复频率测速误差。

第2章

新一代天气雷达定标原理与方法

2.1 新一代天气雷达定标原理

新一代天气雷达采用频率稳定度相当高的脉冲全相干发射/接收系统，不但能够测试回波强度，全相干的多普勒功能还可以测试回波径向速度和速度谱宽。通过新一代天气雷达定标，以达到回波强度测试误差在±1.0 dB范围内，速度和谱宽测试误差在±1.0 m/s范围内，同时保证雷达探测资料的空间位置精度和优良的杂物抑制能力，确保探测资料可靠性。为此新一代天气雷达定标主要通过以下过程来实现：

(1)由于天线参数无法现场测试，一般需定期检查天线增益、天线波速宽度、天线罩损耗等不易变化的天线参数，以防止对应适配参数错误修改导致回波强度测试误差。

(2)定期用机外仪表和机内信号离线测试影响雷达性能的雷达参数，如收发支路损耗以及雷达性能参数，又如发射机输出射频脉冲包络宽度、发射机输出射频频谱、发射机输出和输入极限改善因子、发射机输出功率、接收系统噪声系数、动态范围、回波强度和径向速度定标检查、实际地物对消检查、天线定位精度、天线波束指向检查等；同时用机外仪表校正机内信号(仪表)相关参数测试值，如发射机输出功率、噪声系数、回波强度定标等。

(3)在线测试容易变化的雷达参数，如发射机输出和天线功率、RF功率计调零、相位噪声、杂波抑制检查、接收机噪声系数、接收系统噪声电平等，实时定标回波强度。

(4)在线回波强度测试误差校正。通过在线实测发射机输出功率(含天线发射功率)和接收机增益，计算在线定标信号测试误差，实现回波强度测试误差在线自动校正。

(5)在线径向速度、速度谱宽定标测试，在线显示径向速度、速度谱宽测试误差。

2.1.1 在线定标原理

新一代天气雷达定标包括基于雷达气象方程回波强度定标，以及基于径向速度测试原理的回波径向速度定标测试。主要分为：参数测试；回波强度定标；回波强度在线定标；速度定标测试。

新一代天气雷达参数测试包括三部分：与雷达气象方程有关的雷达参数(λ、P_t、τ、G、θ、φ)；影响径向速度和速度谱宽精度的有关雷达参数(相位噪声、极限改善因子、地杂物抑制等)；影响雷达性能和观测数据精度(位置精度)有关雷达参数(伺服控制精度、天线波束指向、天线座水平度等)。

新一代天气雷达回波强度定标关键在于三个方面：雷达参数测试和调整；CW(连续波)测试通道参数测试和调整(接收机前端注入功率定标)；线性通道增益定标目标常数基准值调整(包含线性通道增益定标目标常数基准值调整、回波强度测试误差在线校正基准误差调整)。

从雷达气象方程[式(1.1)]可以看出，由于λ、τ、G、θ、φ参数比较稳定，除定期测试检查外，变化比较小。雷达回波强度测试关键在于确定回波接收功率和发射功率在线测试校正，发射功率可以在线测试，通过理论值计算修正回波强度测试误差；雷达回波接收功率(p_r)一般无法直接测试，可以利用高精度测试信号源模拟回波信号，从接收机前端注入，从而完成对雷达回波强度定标，达到确定回波接收功率的目的。新一代天气雷达一般通过三种方法完成雷达回波强度的实时在线定标，以确保雷达强度观测资料的可靠性。

方法1：在线实时从接收机前端注入功率连续变化(间隔为2 dB)的连续波(CW)定标信号，建立信号处理器A/D值和p_r的对应关系，然后根据雷达气象方程[式(1.1)]得到回波强度测试值(CINRAD/CC)，这种方法主要靠接收机动态范围和定标信号精度保证回波强度测试值的可靠性，没有进行在线实时回波强度测试误差修正。

方法2：在线实时从接收机前端注入固定功率(或衰减30 dB、40 dB、50 dB的三个固定衰减量)的连续波(CW)定标信号(CINRAD/SC、CD)，根据实测发射功率、固定距离库计算出回波强度测试值和目标值差值的平均值，进行实时在线回波强度测试值修正。

方法3：用44 km处的小、中、大三种固定功率的射频激励定标信号(脉冲)和从5 km到145 km范围内随距离循环步进(步进量1 km)的固定功率的CW测试信号(CINRAD/SA、SB、CB)，从接收机前端注入，用这四种类型的定标信号的测试值和目标值差值的平均值进行实时修正回波强度测试值，以保证雷达定量观测范围内高、中、低回波强度测试精度。并每8小时一次，用速调管输出脉冲信号(三种功率信号)，经延时，从接收机前端注入，计算出其测试值和目标值差值的平均值进行回波强度定标检查，超限时自动报警，提醒技术保障人员对问题检查处理，以确保回波强度测试值的精度。

新一代天气雷达测试信号流程如图2.1所示。

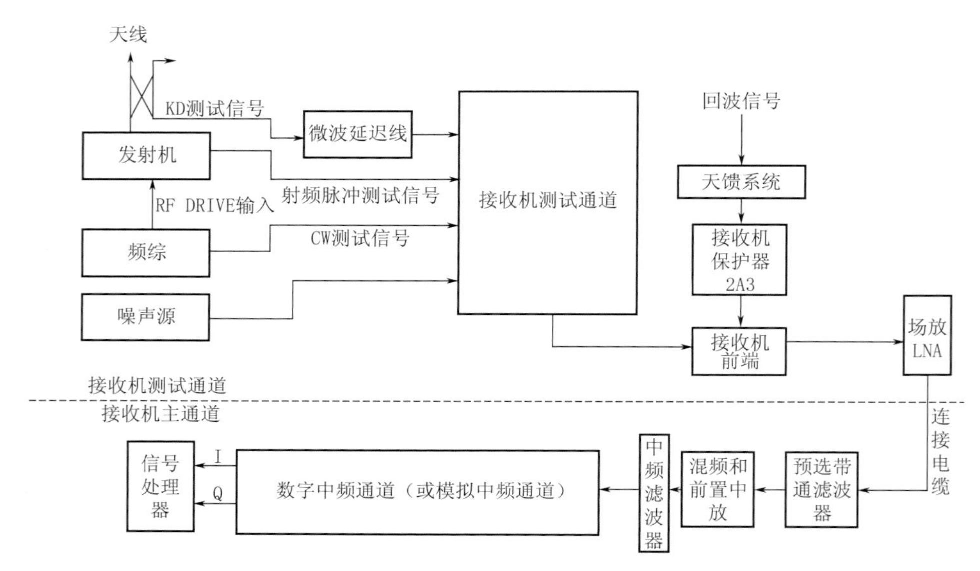

图2.1 新一代天气雷达测试信号流程图

新一代天气雷达定标流程如图2.2所示。

以下为CINRAD/SA雷达在线自动定标过程。

在每一个体扫结束期间，RDA都能自动完成标定测试并自动修正基数据。标定测试包括：

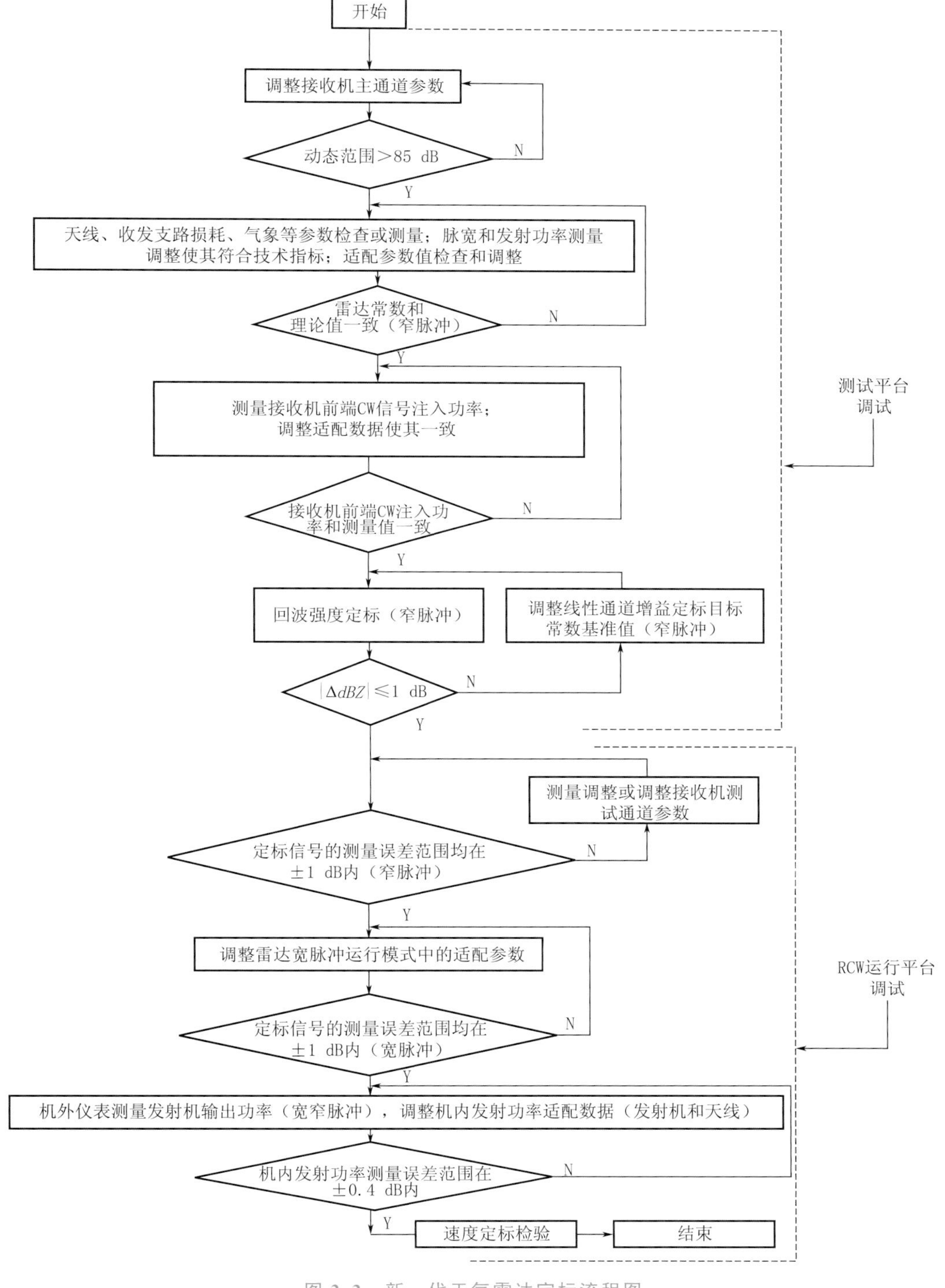

图 2.2　新一代天气雷达定标流程图

对天线和发射机平均发射功率电平的测试;测试信号从馈线接收支路损耗接收机测试点(一般在接收机前端的保护器输出端)注入,对 RDA 反射率通道(接收系统主通道)的标定;检查平均径向速度和频谱宽度处理性能。

径向速度离线定标测试采用机内和机外信号源两种方法:机内信号采用移相或移频方法,控制测试通道开关和信号源频率(或相位),将测试信号注入接收机前端,从终端采集测试信号速度值,并和理论计算值比较,检查速度测试误差;机外信号采用移频方法,将测试信号注入接收机前端,从终端采集测试信号速度值,并和理论计算值比较,检查速度测试误差。径向速度在线定标测试,采用移相或移频方法,在两个体扫间隙的高仰角向低仰角转换期间,控制测试通道开关和信号源频率(或相位),将测试信号注入接收机前端,从终端采集测试信号速度值,并和理论计算值比较,检查速度测试误差。

雷达气象方程中涉及的雷达参数,都要经过准确的定标和测试(其中发射功率、接收机增益在线自动测试,其他参数定期离线机外仪表测试),以保证回波强度的测量精度,进而较好地定量估测降水等(与回波强度相关的产品)。通过“杂波抑制检查”检查接收机和发射机的稳定性,通过“DC 偏移和噪声电平测试”测试 DC 偏移和噪声电平,以便对其订正;检查“IF 衰减器标定”及“I 和 Q 幅度和相平衡”(数字中频不用此项检查);测试“RF 功率计调零”,从而对计算 RF 功率计平均值的 DC 偏移进行订正;进行系统噪声温度检查。系统 8 个标定是:①线性通道反射率;②反射率标定检查;③速度和谱宽检查;④杂波抑制检查;⑤直流偏置和噪声电平;⑥RF 功率计调零;⑦系统噪声温度检查。

通过上述标定,确保基数据可靠性,并生成相应的性能数据,如果超过报警门限,则产生相应的报警。

在体扫之间进行①、③、⑤、⑥和⑦测试,但只有仰角大于 3.5°时才做测试⑤和测试⑦中的噪声电平部分;系统 8 小时测试(即系统冷启动时,系统累计运行 8 小时时和“离线”工作状态)增加②和④测试,即进行全部 7 个标定。系统在锥扫之间不进行标定,仅计算发射机功率。

标定在 RCW 启动期间(此时天线 park 位置,波导开关在负载位置,增加相噪和地杂波抑制测试),以及在 RDA 正常运行时的两个体扫之间的从高仰角到低仰角转换期间完成,SPS 收集标定数据,PSP 处理部分数据,SPS 通过中断向 RCW 上报标定数据。

标定数据分为下列类别:

(1)不注入 RF 测试信号,测试接收机的直流偏移和噪声电平,噪声温度;

(2)注入 RF 测试信号,通过计算傅立叶系数来测试 I 和 Q 平衡和标定接收机 IF 衰减器(数字中频接收机不标定此项);

(3)注入 RF 测试信号,计算线性通道的反射率、速度和谱宽、校准反射率增益标定常数、检查速度和谱宽;

(4)体扫低仰角 322 Hz 结束,测试发射机输出功率。

在 RCW 启动期间,雷达正常体扫之间,待机和离线时,进行上述标定。RCW 将标定参数 SYSCAL Nyquist Velocity 和 Unambiguous Range 传送到 SPS。

2.1.1.1 线性通道反射率标定

以当前脉冲(长脉冲或短脉冲)使用 3 个不同强度的 RF 测试信号和 1 个 CW 测试信号,

对接收机线性通道进行“线性通道反射率标定”。用发射机的“速调管驱动”信号作为RF测试信号，用频率源的“RF测试信号”作为CW测试信号，RF驱动信号分别选为高、中和低反射率强度，并选择合适的测试目标范围，以检查“可编程信号处理器”的每个“算法逻辑单元”。标定时将“可编程信号处理器”的杂波抑制设为无效；将“点杂波抑制门限”（适配参数中Sps1页的'Point Clutter Suppression Threshold (TCN)'）设置为缺省的点杂波抑制门限。将信号处理器实测的反射率与计算的目标预期反射率比较，如果标定满足要求，则实时订正系统参数SYSCAL，否则设置相应报警，即：计算每个测试信号的反射率实测值和计算值之差，如果任一RF测试信号的反射率差值，与3个RF测试信号求得的平均反射率差值不同，且大于适配数据中设定的“线性通道测试目标一致性变坏阈值”（适配参数中Receiver Page 13：LINCHAN TEST TAG CONSISTENCY DEGRADE LIMIT (=2 dB)），设置报警523“LIN CHAN RF DRIVE TST SIGNAL DEGRADED（线性通道射频激励测试信号变坏）”。如果CW信号的反射率差值与此平均值不同，且大于这个变坏阈值，设置报警“527 LIN CHAN CW TEST SIGNALS DEGRADED（线性通道测试信号变坏）”。如果标定表明没有变坏，则计算反射率标定参数SYSCAL送往PSP，用于下一个VCP时的反射率计算。

在RDA性能数据中，记录以*dBZ*表示的RF及CW测试目标的反射率实测值和计算值（Performance Data：Calibration 1中的'LIN TGT AMP'），测试目标范围如下：

高RF驱动信号在44 km处；

中RF驱动信号在44 km处；

低RF驱动信号在44 km处；

CW测试信号在5 km至145 km间。

反射率标定信号经接收机测试通道四位开关、射频衰减器、二位开关，注入接收机前端。在VCP之间标定线性通道反射率确保反射率的准确。

2.1.1.2　反射率标定检查

“反射率标定检查”检查“反射率标定”时得到的系统增益，是8小时标定的一部分。用10 μs延迟的速调管输出作为测试信号，使用6个径向3种不同强度的测试信号，其中3个径向用于线性通道，另外3个径向用于对数通道（数字中频不用），波导开关位于假负载。

在进行反射率标定时，可选择天线功率或发射机功率，一般使用天线功率，将发射机波导开关置于假负载后，用3个不同信号强度的、延迟的速调管测试信号，对线性接收机通道进行标定。此标定与同样要求假负载的杂波抑制检查一起进行。仅当发射机发射脉冲8秒或以上（即信号足够稳定时），才收集“反射率标定检查”和“杂波抑制”检查数据，信号处理器在“反射率标定”时得到的不同信号强度的实测反射率，与预期反射率比较。预期反射率，用与“反射率标定”使用的同样方法计算。但测试信号峰值功率（P_r）由实测发射机功率（P_t）经过相应的路径损耗和衰减器插入损耗（适配数据）获得。而且，目标距离，根据延迟取样位数（适配数据）计算。

在RDA性能数据中，记录不同信号强度的线性通道反射率实测值和计算值（见性能参数中Calibration Check页REFLECTIVITY栏），计算每个信号强度的反射率实测值和计算值之差。如果任一信号强度的反射率差值与由全部3个信号强度求得的平均反射率差值不同，大于适配数据中设定的速调管输出信号一致性变差阈值（适配参数中 Receiver Page13 页的 239 LIN CHANKLYSTR OUT TGT CONSISTENCY DEGR LIMIT），设置报警 533："LIN CHANKLY OUT TEST SIGNAL DEGRADED（线性通道速调管输出测试信号变坏）"。如果速调管输出测试信号没有变坏，将平均反射率差值与适配数据中的反射率标定检查变差阈值（适配参数中 Receiver Page13 页的 240 LIN CHAN REFJCALIBRATION CHECK DEGRADE LIMIT）和反射率标定检查维护门限（适配参数中 Receiver Page13 页的 241 LIN CHAN REFJ CALIBRATION CHECK MAINT LIMIT）比较，如果大于变坏门限，设置报警 480："LIN CHANGAIN CAL CHECK DEGRADED（线性通道增益标定检查变坏）"，如果大于维护门限，设置相应报警 479："LIN CHAN GAIN CAL CHECK-MAINT REQD（线性通道增益标定检查需要维护）"。

"反射率标定检查"与"反射率标定"的差异是"反射率标定检查"使用速调管输出作为测试信号，而"反射率标定"使用速调管驱动作为测试信号，"反射率标定检查"不计算 *SYSCAL*，因而对系统测试反射率没有影响，而"反射率标定"计算 *SYSCAL*，用于下一个 VCP 时的反射率计算，"反射率标定检查"是 8 小时标定的一部分，而"反射率标定"则在每个 VCP 之间进行。

反射率标定检查信号（频率源将 RF Drive 信号注入发射机后，经放大后，速调管输出信号 Klystron Out）经定向耦合器、谐波滤波器、环流器，并在谐滤波器后，通过定向耦合器，将信号引入接收机的固定衰减器，经 4 路功率分配器、固定衰减器、定向耦合器、微波延时线到达 4 位开关，再经 RF 测试衰减器、2 位开关，至接收机保护器后，按正常"工作"的信号路径发往 SP 和 RCW（雷达运行控制平台）。

"反射率标定检查"检查"反射率标定"时得到的系统增益，是 8 小时标定的一部分。

2.1.1.3 速度和谱宽检查

用信号处理器控制的测试信号模拟速度和谱宽，以检查线性通道的速度和谱宽。信号处理器，以正常的方法处理这个信号，并将实测的速度和谱宽与测试信号产生的值比较。如果速度和谱宽的差，大于适配数据设定的速度（适配参数中 Sps8 页的 VELOCTY CHECK DELTA DEGRADE LIMIT）和谱宽检查变坏（适配参数中 Sps8 页的 SPECTRUM WIDE CHECK DELTA DEGRADE LIMIT）阈值，设置报警 483：VELOCITY/WIDTH CHECK DEGRADED（速度/谱宽检查变坏）。如果此差值大于适配数据设定的速度（适配参数中 Sps8 页的 VELOCTY CHECK DELTA MAINTENANCE LIMIT）和谱宽检查维护（适配参数中 Sps8 页的 SPECTRUM WIDE CHECK DELTA MAINTENANCE LIMIT）阈值，设置报警 484：VELOCITY/WIDTH CHECK-MAINT REQUIRED（速度/谱宽检查需要维护），在 RDA 性能数据中，记录速度和谱宽实测值及模拟值（见 Performance Data 中 Calibration 1 页 PHASE Vel 栏和 PHASE WIDTH 栏）。

模拟下列 4 个速度：①0 速；②＋1/4 尼奎斯特速度；③-3/8 尼奎斯特速度；④＋5/8 尼奎斯特速度。其中，尼奎斯特速度 $V_N=\frac{\lambda PRF}{4}$，其物理意义是最大不模糊速度。

模拟时，仍用“反射率标定”中的CW测试信号。不同的是，信号处理器通过控制频综内的移相器，使信号随时间产生相移，模拟上述4个速度。同时，在这4个速度附近，模拟一些其他速度值，用于计算谱宽。

在VCP之间标定速度和谱宽，确保速度和谱宽的准确。

2.1.1.4 杂波抑制检查

用发射机发射脉冲至少8秒以后（即信号足够稳定）的、经延迟的速调管输出信号作为测试信号，以确保标定期间接收机和发射机的稳定性。同时，波导开关位于假负载位置，以防外部杂波影响标定结果。

“杂波抑制检查”和“反射率标定检查”一起，组成8小时标定。使用由4个径向组成的一组径向数据完成：

径向1：初始化杂波滤波器；

径向2：设置滤波器；

径向3：选择旁路模式，测试未滤波的功率；

径向4：选择杂波滤波器模式，测试经杂波滤波后的功率。

测试信号在接收机前端注入，将测试信号衰减器设置为无衰减，设置杂波滤波器凹口宽度为1 m/s。初始化杂波滤波器，在测试以前，允许适当的时间使滤波器输出稳定。使PSP点杂波抑制功能无效。对线性接收机通道，使用和不使用杂波滤波器，分别测试其功率，杂波抑制为这两种功率的比。功率数据记录在RDA性能数据中（见Performance Data中Calibration Check页CLUTTER SUPPRESSION栏）。

如果杂波抑制小于适配数据设定的杂波抑制变差阈值（适配参数的SPS8页中的LINEAR CHANNEL CLUTTER DEGRADE LIMIT），一般门限为35 dB，设置报警486：LIN CHAN CLUTTER REJECTION DEGRADED（线性通道杂波抑制变坏）。如果杂波抑制小于适配数据设定的杂波抑制维护阈值（适配参数中的SPS8页中的LINEAR CHANNEL CLUTTER MAINT LIMIT），一般门限为40 dB，设置报警487：“LIN CHAN CLTR REJECTMAINT REQUIRED（线性通道杂波抑制需要维护）”。

“杂波抑制检查”标定，为8小时标定的一部分，确保杂波抑制的准确。

2.1.1.5 直流偏置和噪声电平

直流偏置和噪声电平标定，用于计算数字中频接收系统的DC偏置订正，和计算接收机噪声电平。DC偏置订正用于信号处理器接收机接口电路抵消DC偏置。计算订正后的接收机噪声电平，用于SPS计算反射率和谱宽。只有仰角大于3.5°时，才进行此标定，由RCW和信号处理器共同完成这些计算。直流偏置和噪声电平标定的条件是：无测试信号；发射机无触发信号；取消杂波抑制。

在标定期间，信号处理器计算每个通道的I和Q之和，及I^2和Q^2之和，发往RCW。

注意：DC偏移由RCW计算完成，应把此值调小，如果偏置过大，为了减小大的初始误差，必需多次循环（最多10次）测试DC偏置和噪声电平。

计算偏置补偿的步骤如下：

（1）如果以前未做此项标定，偏差补偿初始化为0电压时，偏差补偿门限初始化为0.5。

(2)向 PSP 发送当前的偏差补偿,命令 PSP 生成每个通道的实测 I、Q 之和,生成 I^2 和 Q^2 值。

(3)RCW 将每个通道的 I、Q、I^2 和 Q^2 值,除以取样数,计算各自平均值。

(4)用下式由实测 I 的平均值($IMBIAS$),计算 I 通道偏差补偿订正值($IDBIAS$)。

如果,$|IMBIAS|>0.8\times LIMIT$(偏差补偿门限);则,$IDBIAS=1.5\times IMBIAS$;否则,$IDBIAS=IMBIAS$。

用同样的方法,计算 Q 通道偏差补偿订正值。

(5)用下式计算新的 I 通道偏差补偿,向 PSP 发送:

$IBIAS=IBIAS+IDBIAS\times 2^{11}/\mathrm{k}$

此处 k 为适配数据设定的"用于由补偿输出计算 A/D 偏差补偿因子的转换因子"(适配参数中 Receiver Page11 页 218:CVRSN FACTOR TO COMPUTE A/D BIAS)。用同样方法计算 Q 通道偏差补偿。

(6)根据实测 I 和 Q 平方值($IPOWER$,$QPOWER$)的平均值,同下式更新偏差补偿门限。

$LIMIT=3\times(MAX(IPOWER,QPOWER))^{1/2}$

(7)如果$|IMBIAS|>2^{-13}$,或$|QMBIAS|>2^{-13}$,重复步骤 2 到 7 最多 10 次循环。

如果 10 次循环后,偏差仍超出范围(步骤 7),设置报警 490:I CHANNEL BIAS OUT OF LIMIT(I 通道偏差超限),491:Q CHANNEL BIAS OUT OF LIMIT(Q 通道偏差超限)。

接收机通道的 I 和 Q 平方值平均值相加,得到通道噪声功率(N_MEAS),如果先前未作过此测试,用下式计算每个通道的 PSP 噪声调整因子:

$N\_ADJ\_F=N\_MEAS/NTAB(EL)$

此处,$NTAB(EL)$为适配数据设定的当前仰角 EL 噪声功率比例系数,如果先前作过此测试,用下式计算每个通道的"噪声调整因子"。

$N\_ADJ\_F=N\times\{N\_MEAS/NTAB(EL)\}+(1-N)\times N\_ADJ\_F$(上次噪声调整因子值)

此处,$N=$接收机噪声标定平滑系数(适配数据)。

用下式计算已订正的噪声电平,发送到 SPS:

$R\_NOISE=NTAB(EL)\times N\_ADJ\_F$

注意:对长脉冲和短脉冲工作时的线性通道,分别计算不同的噪声电平。每个由上式计算的已订正的长脉冲噪声电平,是从短脉冲的减去大约 0.5 得到。此数为适配参数中 Receiver Page11 页 220:LIN CHANNEL LP/SP RECEIVER NOISE RATIO,与通常 PSP 在长脉冲模式下完成的数字滤波有关。实测的噪声电平,包含在 RDA 性能数据中(Performance Data 中 Receiver/signal Processor 页右栏的 4 个 Noise)。

对实测的通道噪声功率(N_MEAS),进行合理性测试,以检测由于过度订正可能引起的故障。如果线性通道的噪声功率,超出适配数据设定的接收机噪声线性通道上/下限(适配参数中 Receiver Page12 页 222:RECEIVER NOISE LIN CHANNEL LOWER LIMIT 和 223:RECEIVER NOISE LIN CHANNEL UPPER LIMIT),设置报警 470:LIN CHAN-

NEL NOISE LEVEL DEGRADED（线性通道噪声电平变坏）。

经数字中频 A/D 转换器测试，由 SP 和 RCW 共同计算直流偏置和噪声电平。“直流偏置和噪声电平标定”确保接收机数字中频有准确的 A/D 转换器 DC 偏置和接收机噪声电平，用于 SPS 计算反射率和谱宽。

2.1.1.6　RF 功率计调零

为了订正 RF 功率计的 DC 偏移值，当发射机不产生 RF 功率时，计算发射机和天线 RF 功率（经 DAU）读数。

用下式计算对发射机和天线两者的订正值：

$CPMZ=\alpha\times RFP+(1\text{-}\alpha)\times CPMZ$（上次功率计零点订正值）

此处：$CPMZ$＝功率计零点订正值；

RFP＝由 DAU 实测的 RF 功率；

α＝RF 功率计平滑系数（适配数据中 Trans. 1 页的 RF POWERMEASUREMENT SMOOTHING COEFFICIENT）。

如果先前未做此项计算，订正值初始化为：$CPMZ=RFP$

此订正值记录在 RDA 性能数据的发射机部分（Performance Data 的 Transmitter 1 页 ANT PWR METER ZERO 和 XMTR PWR METER ZERO）。如果订正值小于 1 或大于 24，设置报警 206：XMTR POWER METER ZERO OUT OF LIMIT（发射机功率计零点超限）和 207：ANTENNA POWER METER ZERO OUT OF LIMT（天线功率计零点超限）。

发射机 RF 功率读数，从发射机功率计探头到 DAU 的 A/D 转换器，经 DAU 数字板，在 RCW 界面中显示；天线 RF 功率读数，从天线功率计探头到 DAU 的 A/D 转换器，经 DAU 数字板，在 RCW 界面中显示。RF 功率计调零是为了订正 RF 功率计的 DC 偏移值，保证 RF 功率计的精度。

2.1.1.7　系统噪声温度检查

在每个 VCP 间进行的系统噪声温度检查，计算系统噪声温度并检查干扰抑制的操作时，发射机不工作。用 3 个径向数据采集时间进行标定：用 1 个无测试信号的径向和 1 个有噪声测试信号的径向数据，测试平均功率，用噪声源的超噪比和上述 2 个功率比，计算系统噪声温度，第 3 个径向带噪声源并且使用 ISU 采集数据。硬件状态数据记录干扰事件的发生次数（Performance Data 中的 Receiver/Signal Processor 页 IDU TST DETECTION）。如果噪声小于或等于 0，或系统噪声温度大于适配数据设置的上限，产生报警。

系统噪声温度检查，除在相继的径向脉冲时系统噪声源接通和断开，以及用下式设置偏移补偿电平门限（$LIMIT$）外，与 DC 偏移及噪声电平标定相同：

断开噪声源：$LIMIT$＝用于 DC 偏移及噪声电平的 $LIMIT$；

接通噪声源：$LIMIT=NS\_LIM\_ADJ\times LIMIT$ 上述值；

此处，NS_LIM_ADJ 为适配数据设定的系统噪声温度参数乘数（Adaptation Data 中 SPS1 页的 SYSTEM NOISE TEMP LIMIT PARAMETER MULTIPLIER）。

根据信号处理器测试 2 个径向的结果，对断开噪声源和接通噪声源，用下式计算通道噪声电平：

$CN_i = IPOWER_i - IBIAS_i^2 + QPOWER_i - QBIAS_i^2$

$i=1$(断开噪声),2(接通噪声)。

此处：

$IPOWER$、$QPOWER$ 分别为 I^2 的平均值和 Q^2 的平均值。

$IBIAS$,$QBIAS$ 分别为 I 的平均值和 Q 的平均值。

如果 CN_1 或 CN_2 小于或等于 0 或 CN_1 大于或等于 CN_2，设置报警 471：SYSTEM NOISE TEMP DEGRADED)(系统噪声温度变坏)，否则，由下式计算系统噪声温度：

$TE = (290\ \mathrm{K}) \times 10^{[(ENR+PL)/10]/[(CN2/CN1)-1]}$

ENR 为适配数据中噪声源的 RF 噪声测试信号超噪比(适配参数中的 Receiver Page2 页 35：RF NOISE TEST SIGNAL ENR AT A22/J4)，PL 为对已知路径损耗(适配数据)的订正值，系统噪声温度包含在 RDA 性能数据中(Performance Data 中的 Receiver/Signal Processor 页 SYSTEM NOISE TEMP)。

如果 TE(正常为 400 左右)大于适配数据设定的系统噪声温度变差门限值(适配参数中的 Receiver Page12 页 227：SYSTEM NOISE TEMP DEGRADE LIMIT=700)，设置报警 471：SYSTEM NOISE TEMP DEGRADED(系统噪声温度变坏)。如果大于系统噪声温度维护门限值(适配参数中的 Receiver Page12 页 228：SYSTEM NOISE TEMP MAINT LIMIT=600)，设置报警 521：SYSTEM NOISE TEMP-MAINT REQUIRED(系统噪声温度需要维护)。

检查干扰抑制的操作，如果在 ISU 测试径向期间有 10 个以上干扰发生则设置报警 522：ISU PERFORMANCE DEGRADE(干扰抑制单元性能变坏)。

噪声由噪声源产生经接收机接口板到信号处理器。在每个 VCP 间进行的系统噪声温度检查，计算系统噪声温度并检查干扰抑制的操作，确保系统噪声温度正确和 ISU 工作正常。

2.1.2 离线定标原理

离线定标主要是通过机外仪表或机内定标系统测试相关雷达参数，以评估雷达性能是否符合技术要求。校正机内信号源或机内仪表，准确测试雷达气象方程中的雷达参数，保证雷达回波强度测试精度，确保探测数据可靠。

定期检查相对比较稳定的雷达参数，比如天馈线参数：天线增益、天线波速宽度、收发支路损耗、天线罩损耗。

机外仪表雷达性能参数测试，如发射机输出射频脉冲包络宽度、发射机输出射频频谱、发射机输出和输入极限改善因子、发射机输出功率；接收系统噪声系数、灵敏度、动态范围；回波强度定标和径向速度定标检查；收发支路损耗；天线水平检查等。

实际地物对消检查，天线定位精度、天线波束指向检查等。

机内信号雷达性能参数测试，如发射机输出功率；接收系统噪声电平和噪声系数、接收系统动态范围、回波强度定标和径向速度定标检查、相位噪声、地杂波抑制能力检查等。

机外仪表校正机内仪表雷达性能参数测试值，如发射机输出功率、噪声系数、回波强度定标等。

不同型号雷达离线和在线定标项目见表 2.1。

表 2.1　新一代天气雷达离线和在线定标项目一览表

序号	定标项目		SA/SB/CA/CB			SC/CD			CC		
			离线		在线	离线		在线	离线		在线
			机外	机内		机外	机内		机外	机内	
1	发射机	脉冲宽度	√			√			√		
2		RF 功率计调零		√	√						
3		发射机输出功率	√	√	√	√	√	√	√	√	√
4		输入极限改善因子	√			√			√		
5		输出极限改善因子	√	√		√			√		
6		发射机输出射频频谱	√			√			√		
7	接收系统	噪声电平	√	√	√						
8		接收系统噪声系数	√	√	√	√	√		√	√	
9		灵敏度	√			√			√		
10		动态范围	√	√		√	√		√	√	√
11		回波强度定标	√	√	√	√	√	√	√	√	√
12		径向速度定标检查	√	√	√	√	√	√	√	√	
13	天伺系统	天线定位精度		√			√			√	
14		天线波束指向检查		√			√			√	
15		收发支路损耗	√			√			√		
16		天线发射功率	√	√							
17	系统参数	实际地物对消能力		√			√			√	
18		相位噪声		√	√		√			√	
19		地物杂波抑制能力		√	√		√			√	
20	在线回波强度定标信号	CW			√		√			√	
21		RFD1			√						
22		RFD2			√						
23		RFD3			√						
24	在线回波强度定标检查信号	KD1			√						
25		KD2			√						
26		KD3			√						
27	在线回波强度自动校正	SYSCAL			√						

2.2 新一代天气雷达定标内容与方法

新一代天气雷达系统的重要任务是对台风、暴雨、飑线、冰雹、龙卷等灾害性天气的有效监测和预警，要求对台风、暴雨等大范围强降水天气的监测距离应不小于 400 km，而对雹云、龙卷气旋等小尺度强天气现象的有效监测和识别的距离应不小于 150 km；受降水对电磁波衰减的影响和制约，新一代天气雷达监测的重点是中小尺度灾害性天气，针对灾害性天气有效监测的需求，新一代天气雷达系统的总体性能应具有足够强的探测能力；新一代天气雷达系统的探测能力由发射功率、天线增益、接收机灵敏度等雷达参数综合确定，新一代天气雷达在 200 km 处的最小反射率因子应不大于 7 dBZ；应具有良好的角分辨率和距离分辨率，可以在距离雷达 150 km 处识别雹云中尺度为 2～3 km 的核区，或判别尺度为 10 km 左右的龙卷气旋；同时该系统运行中应具有低脉冲重复频率的远距离监测模式，避免在监测中出现二次回波现象，干扰对强天气的监测；为满足能对 200 km 半径范围内的降水量分布和区域降水量进行较准确的估测需求，新一代天气雷达系统应具有相当稳定的发射、接收系统，接收机应具有 95 dB 左右的宽动态范围，适应对降水回波功率进行较准确的测试；新一代天气雷达系统还应具有对雷达主要性能参数进行监测和标校的装置，具有优良的地物消除处理装置，对降水回波强度实现精确估测，具有较强的数据处理能力，及时对回波数据处理，提供大范围的降水量分布；新一代天气雷达系统对降水区内风场信息的获取距离应不小于 200 km，对造成风害的强天气监测和识别的距离应不小于 150 km；新一代天气雷达系统对径向风速测试的范围应不小于±48 m/s(C 波段为±36 m/s)；受脉冲重复频率的限制，新一代天气雷达系统需采用速度退模糊技术，扩大对径向风速测试不模糊的区间，注意选择合适的脉冲重复频率及速度退模糊方法，以满足测距范围和测速区间的双重要求；新一代天气雷达系统在湿润季节特别是风暴临近时，用低仰角扫描应能探测到超过 80 km 距离范围的晴空回波，获取环境风场分布信息，进行 VAD 观测时应能获取高达 3～4 km 的垂直风廓线结构。

根据中国气象局 2010 年颁布《新一代天气雷达功能规格需求书(S 波段)》和《新一代天气雷达功能规格需求书(C 波段)》，新一代天气雷达系统关键技术性能指标汇总见表 2.2。

表 2.2 新一代天气雷达系统关键技术性能指标汇总表

序号	指标分类	指标名称	指标范围(S 波段)		指标范围(C 波段)	
			窄脉冲	宽脉冲	窄脉冲	宽脉冲
1	发射	发射脉冲宽度	1.57±0.10 μs	4.70±0.31 μs	0.80±0.05 μs	2.50±0.16 μs
2			1.00±0.07 μs	4.00±0.26 μs	1.00±0.07 μs	2.00±0.13 μs
3		发射脉冲峰值功率	≥650 kW		≥250 kW	
4		发射机极限改善因子	输出	≥52 dB	输出	≥49 dB
5			输入	≥55 dB	输入	≥52 dB
6		发射支路损耗	实测		实测	

续表

序号	指标分类	指标名称	指标范围(S 波段)		指标范围(C 波段)	
			窄脉冲	宽脉冲	窄脉冲	宽脉冲
7	接收	接收支路损耗	实测		实测	
8		噪声系数	≤4.0 dB		≤4.0 dB	
9			机内、机外误差	≤0.2 dB	机内、机外误差	≤0.2 dB
10		动态范围	≥85 dB		≥85 dB	
		接收系统灵敏度	≤−107 dBm(1 μs)		≤−107 dBm(1 μs)	
			≤−109 dBm(1.57 μs)		≤−106 dBm(0.80 μs)	
			≤−113 dBm(4 μs)		≤−110 dBm(2 μs)	
			≤−113.7 dBm(4.70 μs)		≤−111 dBm(2.50 μs)	
11	天伺	天线波束指向定标检查	方位	≤0.3°	方位	≤0.3°
12			俯仰	≤0.3°	俯仰	≤0.3°
13		天线控制精度检查	方位	≤0.1°	方位	≤0.1°
14			俯仰	≤0.1°	俯仰	≤0.1°
15		天线座水平度定标检查	≤60″		≤60″	
16	系统	相位噪声	≤0.15°		≤0.30°	
17		回波强度定标测试	±1.0 dB		±1.0 dB	
18		径向速度测试	±1.0 m/s		±1.0 m/s	
19		实际地物对消能力检查	≥30 dB		≥30 dB	

2.2.1 天伺定标

2.2.1.1 天线座水平度定标检查

雷达天线的水平旋转主要靠方位电机通过减速装置来驱动方位齿轮大轴承，而雷达天线反射体、俯仰舱、俯仰轴、配重等重量比较庞大，长期运行会使方位齿轮轴承有不同程度的磨损；托举雷达天线的天线座，也会因种种原因发生不同程度的沉降。雷达天线座如果水平度超差，会造成天线不在同一个平面上转动，影响雷达探测准确性。通过天线座水平度定标检查天线座倾角是否满足指标要求，否则，需要对天线座进行调整，直到天线座水平度满足要求为止。

用高精度合像水平仪检测天线座水平。将雷达天线停在方位 0°，仰角 0°。将合像水平仪按图 2.3 所示放置在天线转台顶部。控制天线分别停在 0°，45°，90°，135°，180°，225°，270°，315°。在每个角度调整合像水平仪达到水平状态，记录合像水平仪的读数，根据公式(2.1)计算天线转台的水平度。顺时针推动天线一周之后，再逆时针推动天线，同样在上述 8 个位置记录合像水平仪的读数并计算天线转台的水平度。按表 2.3 中分别记录顺时针、逆时针转动天线的水平度测试值。假如合像水平仪刻示度为 0.01 mm/m，则

$$\Delta\alpha = |m_n - m_{n+180}| \times 2.06'' \tag{2.1}$$

式中，m_n、m_{n+180} 为天线在 n 和 $n+180$ 角度上的合像水平仪读数，$\Delta\alpha$ 单位为秒(″)。

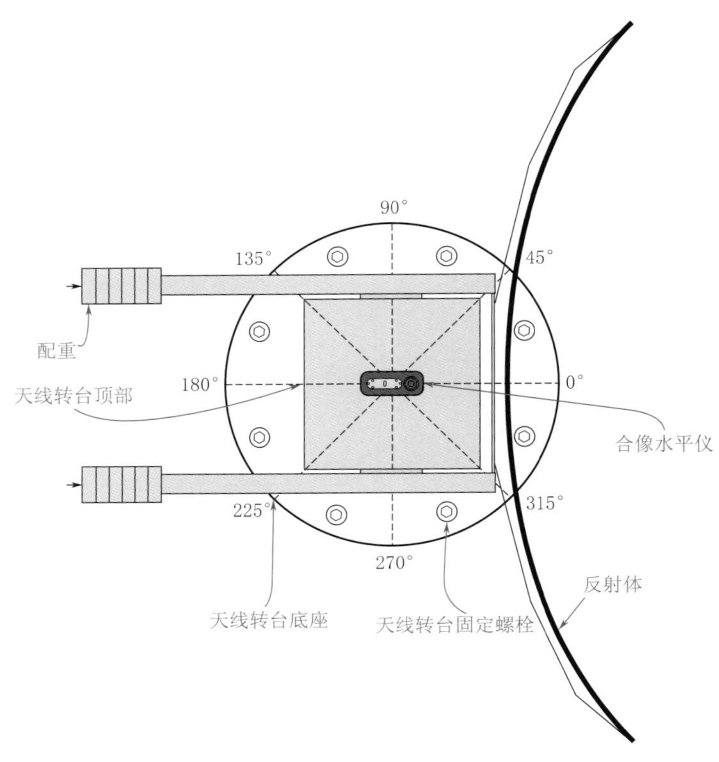

图 2.3 天线座水平度检查示意图

表 2.3 天线座水平定标数据记录表

方位(°)		45	90	135	180	225	270	315	360
第一次测试	读数(格)								
	计算值(″)								
最大差值(″)									
第二次测试	读数(格)								
	计算值(″)								
第一次测试最大误差(″)				第二次测试最大误差(″)					

2.2.1.2 天线控制精度检查

天线控制精度是指定位误差，表征雷达伺服控制系统控制天线方位和俯仰到达预定角度位置的能力。如果天线控制精度不满足指标要求，需要进行校正，直到满足指标要求为止。

通过天线控制软件分别发送天线方位和仰角的定位指令，控制天线到达指定的方位和俯仰角度，当雷达天线停稳后，记录天线当前指示值与预置值之间的差值，即为该角度处天线的定位误差。方位和俯仰分别以30°间隔和5°间隔，用12个不同方位角和12个俯仰角的定位误差的均方根差值来表征天线方位和俯仰控制精度。在检查中也可根据天线的抖动、追摆等综合评估天线控制的性能，在表2.4中记录测试值。

表2.4　天线控制精度检查数据记录表

方位			仰角		
设置值(°)	指示值(°)	差值(°)	设置值(°)	指示值(°)	差值(°)
0			0		
30			5		
60			10		
90			15		
120			20		
150			25		
180			30		
210			35		
240			40		
270			45		
300			50		
330			55		
均方根误差			均方根误差		

2.2.1.3　天线波束指向定标检查

雷达角度传感器输出的方位角和俯仰角为相对角度，需要按照地理正北方向为方位0°，地平面为仰角0°的坐标系进行校正，确认雷达波束指向的准确性。如果波束指向误差不满足指标要求，则需要进行校正，直到满足指标要求为止。

采用太阳法检查天线方位角、俯仰角的误差值，如果误差值不满足指标要求则需要进行校正。太阳定标法原理为：根据地球与太阳的天体运动规律和公历可计算得到视赤纬，利用雷达天线喇叭口所在的经纬度以及北京时间，最终计算出此时太阳在天空中的位置，即与地理北极的夹角（方位）和与地平面的夹角（仰角）。而后利用这两个数据指引雷达天线在此处一定范围内的天空搜索太阳的噪声信号，一旦发现就立即记录下时间和天线指向的方位和仰角，全部搜索完成后，再经过类似的运算，得出天线的指向和实际太阳的位置间的误差，然后在伺服分系统进行校正，消除误差。多次测试，分别以方位和俯仰误差的最大值表示方位和俯仰波束指向误差，在表2.5中记录测试值。

表 2.5 雷达波束指向定标检查数据记录表

序号	1	2	3	4	5
方位角偏差					
俯仰角偏差					
方位角最大偏差：			俯仰角最大偏差：		

2.2.1.4 收发支路损耗测试

收发支路损耗分别指接收馈线和发射馈线对信号的衰减量。系统馈线损耗是气象雷达方程中重要的参数，该参数的精确测试对准确计算降水粒子反射率至关重要。收发支路损耗即实测收发支路的衰减量并在雷达适配数据中进行设置。

使用信号源和功率计分别对接收馈线和发射馈线的衰减量进行测试，接收支路损耗与发射支路损耗之和等于收发支路总损耗，在表 2.6 中记录测试值。

表 2.6 雷达波束指向定标检查数据记录表

接收支路损耗(dB)	发射支路损耗(dB)	收发支路总损耗(dB)

2.2.2 发射机定标

2.2.2.1 发射脉冲包络测试

发射脉冲包络反映发射机调制脉冲包络形状，发射脉冲包络对发射信号频谱、系统相位噪声、在线定标稳定性和精度等均有影响。发射脉冲包络参数若不满足指标要求，应进行调整，直到满足指标要求为止。发射脉功包络计量图见图 2.4。

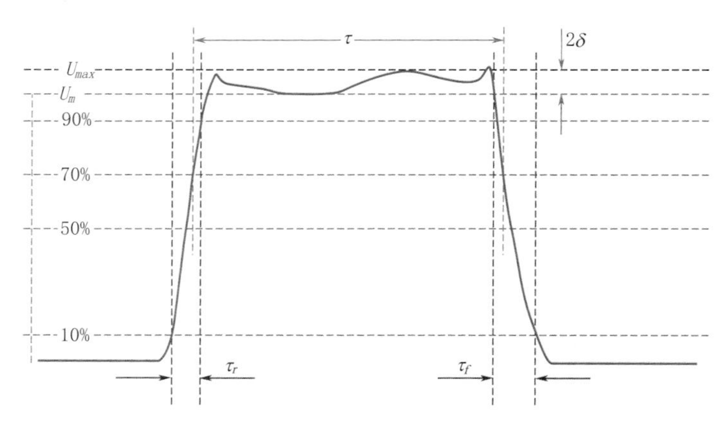

图 2.4 发射脉冲包络计量图

脉冲重复频率 PRF：1 秒内发射的射频脉冲的个数。

包络宽度 τ：脉冲包络前、后沿半功率点(0.707 电压点)之间的时间间隔。如脉冲包络的平顶幅度为 U_m，从脉冲前沿 $0.7U_m$ 到后沿 $0.7U_m$ 的时间间隔为脉冲宽度。

上升沿时间 τ_r：从脉冲前沿 $0.1U_m$ 到前沿 $0.9U_m$ 的时间间隔为脉冲上升时间。

下降沿时间 τ_f：从脉冲后沿 $0.9U_m$ 到后沿 $0.1U_m$ 的时间间隔为脉冲下降时间。

顶降 δ：如脉冲包络的最大幅度为 U_{max}，那么 $\delta=\frac{U_{max}-U_m}{2U_m}$。

采用示波器和检波器测试发射脉冲包络。雷达馈线中的定向耦合器将发射信号耦合输出，通过衰减器、测试电缆接入检波器和示波器，即可读取发射脉冲包络的各种参数，按表 2.7 中记录测试值。

表 2.7　发射脉冲宽度定标数据记录表

窄/宽脉冲	τ(μs)	τ_r(ns)	τ_f(ns)	δ(%)
窄				
宽				

2.2.2.2　发射脉冲峰值功率测试

发射脉冲峰值功率是指发射脉冲持续期间的信号强度。发射脉冲平均功率是指单位时间内信号平均功率，峰值功率和平均功率之间的换算关系用公式(2.2)表示。发射脉冲峰值功率若不满足指标要求，应进行调整，直到满足指标要求为止。

$$P_t=P_{av}\frac{T}{\tau} \tag{2.2}$$

式中，P_t：峰值功率(kW)；P_{av}：平均功率(W)；T：发射脉冲重复周期(ms)；τ：发射脉冲宽度(μs)。

采用机外仪表测试法和机内自动测试法。雷达馈线中的定向耦合器将发射信号耦合输出，通过衰减器、测试电缆接入机外(或机内)功率计，设置功率计即可测试峰值功率，在表 2.8 中记录测试值。

表 2.8　发射脉冲峰值功率数据记录表

窄/宽脉冲	F(Hz)	τ(μs)	D(‰)	Pt(kW)
窄	322			
窄	857			
窄	1282			
宽	322			
宽	446			
脉冲功率平均值(kW)				

2.2.2.3　发射机输出极限改善因子测试

发射机输出极限改善因子是反映发射机输出端信号强度与噪声功率之间的关系，是发射机输出端相干性的频域表征指标。发射机输出极限改善因子示意图见图 2.5。

极限改善因子可使用如下公式进行计算：

$$I=\frac{S}{N}+10\log B-10\log PRF \tag{2.3}$$

式中，$\frac{S}{N}$：信噪比(dB)；B：频谱仪分析带宽(Hz)；PRF：雷达重复频率(Hz)。

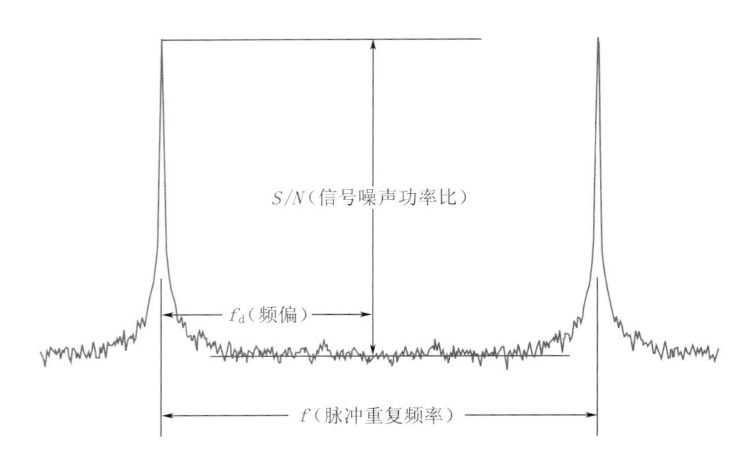

图 2.5 发射机输出极限改善因子测试频谱示意图

采用机外仪表测试方法。雷达馈线中的定向耦合器将发射信号耦合输出，通过衰减器、测试电缆接入频谱仪，通过设置频谱仪相关参数测试发射机输出信号的信噪比，然后通过公式(2.3)即可得到发射机输出极限改善因子，在表 2.9 中记录测试值。

表 2.9 发射机输出极限改善因子数据记录表

窄/宽脉冲	PRF(Hz)	B(Hz)	S/N(dB)	I(dB)
窄	1282	3		
窄	644	3		

2.2.2.4 发射机输入极限改善因子测试

发射机输入极限改善因子是反映发射机输入端信号强度与噪声功率之间的关系，是发射机输入端相干性的频域表征指标。

采用机外仪表测试方法。将频综输出激励信号通过测试电缆接入频谱仪，通过设置频谱仪即可测试发射机输入信号的信噪比，然后通过公式(2.3)即可得出发射机输入极限改善因子，在表 2.10 中记录测试值。

表 2.10 发射机输入极限改善因子数据记录表

窄/宽脉冲	PRF(Hz)	B(Hz)	S/N(dB)	I(dB)
窄	1282	3		
窄	644	3		

2.2.3 接收机定标

2.2.3.1 噪声系数测试

噪声系数：接收系统输入端信号噪声比与输出端信号噪声比的比值，可用如下公式表示：

$$F=\frac{S_i/N_i}{S_o/N_o} \tag{2.4}$$

式中，S_i：输入额定信号强度；N_i：输入额定噪声功率；S_o：输出额定信号强度；N_o：输出额定噪声功率。

噪声系数测试采用Y因子法，分为机内噪声源和机外噪声源2种方法，2种方法测试的差值应≤0.2 dB。在接收系统前端连接噪声源，分别在噪声源冷态（关闭噪声源电源）和热态（打开噪声源电源）时测试接收系统的输出噪声功率 P_1 和 P_2。

计算公式：

$$N_F=ENR-10\lg[(P_2\div P_1)-1] \tag{2.5}$$

式中，$ENR_{有效}$：噪声源超噪比（dB）；P_1：断开噪声源的读数（mW）；P_2：接通噪声源的读数（mW）；N_F：噪声系数（dB）。

也可用接收机输出噪声电压表示为 V_1、V_2 计算噪声系数，公式为：

$$N_F=ENR_{有效}-10\lg\left[\left(\frac{V_2}{V_1}\right)^2-1\right] \tag{2.6}$$

式中，$ENR_{有效}$：有效噪声源超噪比（dB）（扣除噪声源与低噪声放大器之间电缆、开关损耗后的实际超噪比）；V_1：断开噪声源的读数（V）；V_2：接通噪声源的读数（V）；N_F：噪声系数（dB）。

噪声温度（T_N）与噪声系数的换算公式为：

$$N_F=10\lg\left(\frac{T_N}{290}+1\right) \tag{2.7}$$

以多组测试值得平均值表示机内、机外噪声系数，在表2.11和表2.12中记录测试值。

表2.11 机外噪声源测试噪声系数数据记录表

测试次数	P_1(mW)/V_1(V)	P_2(mW)/V_2(V)	N_F(dB)	平均值(dB)
1				
2				
3				
4				
5				

表2.12 机内噪声源测试噪声系数数据记录表

测试次数	1	2	3	4	5	平均值
噪声温度(°)						
噪声系数(dB)						

2.2.3.2 动态范围测试

接收系统动态范围表示接收系统能够正常工作容许的输入信号强度范围，信号太弱，无法检测到有用信号，信号太强，接收机会发生饱和过载。接收系统动态范围是指瞬时动态范围，即不含 STC 控制的动态范围。

动态范围的测试采用机外信号源或机内信号源，从接收机前端注入，由软件自动获取 A/D 输出的功率 dB 或反射率固定距离 dBZ。改变信号源输出功率，测试系统的输入输出特性。根据输入、输出数据，采用最小二乘法进行拟合，拟合直线斜率应在 1±0.015 范围内，线性拟合均方根误差≤0.5 dB。由实测曲线与拟合直线对应点的输出数据差值≤1.0 dB，来确定接收系统低端下拐点和高端上拐点（饱和点），上拐点和下拐点所对应的输入信号强度值的差值即为动态范围，动态曲线示意图见图 2.6。

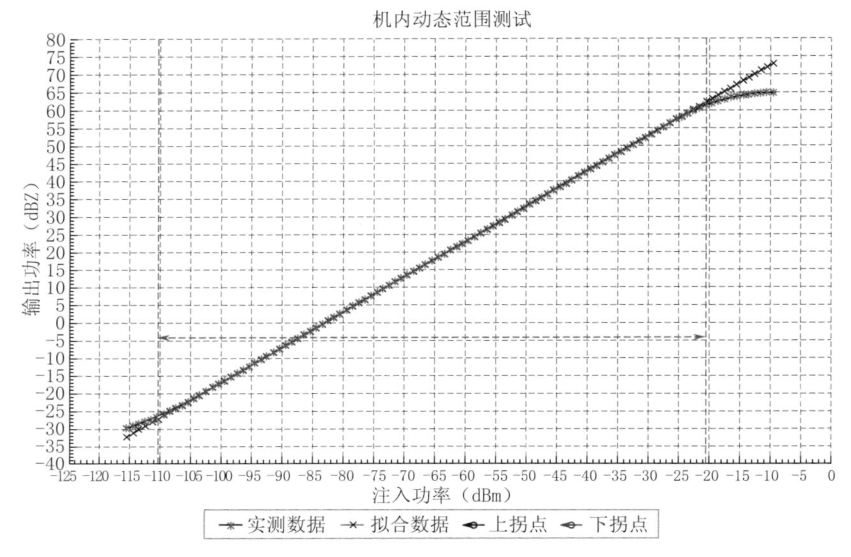

图 2.6　接收系统动态曲线示意图

通常使用 EXCEL 计算表格进行曲线拟合计算，应完整记录测试数据和拟合数据，并得到关键拟合均方根误差、拟合均方根误差、上拐点、下拐点和动态范围等动态曲线主要参数和结果，具体见表 2.13。

表 2.13　动态范围数据记录表

		拟合直线斜率	截距	
注入信号强度	系统输出（实测值）	拟合直线	差值	差值的平方
−112				
−111				
−110				
−109				
……	……	……	……	……
……	……	……	……	……
−14				

续表

		拟合直线斜率	截距	
−13				
−12				
			拟合均方差	
			拟合均方根差	≤0.5
上拐点		下拐点		
动态范围				

2.2.4　系统定标

2.2.4.1　系统相位噪声测试

相位噪声表征雷达系统内各信号频率的稳定性和信号间的相参性，是雷达系统的相干性的时域表征量。

系统相位噪声采用 I/Q 相角法进行测试和计算。将雷达发射脉冲通过定向耦合器耦合输出，经延迟 5μs 后送入接收通道；接收机对该信号进行放大、下变频、中频处理后，将正交 I/Q 信号送入信号处理器；信号处理器对该 I/Q 信号进行采样、计算相角，求出采样信号相角的均方根误差并用其表示系统的相位噪声。相位噪声一般取 10 次测试值的平均值，见表 2.14。

表 2.14　系统相位噪声数据记录表

测试次数	1	2	3	4	5	6	7	8	9	10	平均值
相位噪声(°)											

2.2.4.2　回波强度定标测试

以雷达气象方程为理想输入-输出特性曲线，检测实际测试值相对于理论测试值的偏置或系统误差并进行校正，使得实际测试曲线与理论计算曲线的误差满足要求。

分别用机外信号源和机内信号源注入功率为−90 dBm 至−40 dBm 的信号(实际注入信号根据路径损耗不同会有差异)，在距离 5 km 至 200 km 范围内测试其回波强度的测试值，回波强度测试值与注入信号计算回波强度值(期望值)的最大差值应在±1 dB 范围内。机外信号和机内信号从接收机前端输入点必须相同。

根据天气雷达方程，由注入信号强度计算回波强度可采用公式 2.8 计算期望值。

$$dBZ = P_r + 20\log R + R \times L_{at} + C' \tag{2.8}$$

$$C' = 10\log\left(\frac{2.69\lambda^2}{P_t \tau \theta \varphi}\right) + 160 - 2G + L_\Sigma + L_P \tag{2.9}$$

式中，P_r：输入接收机的回波信号强度(dBm)；R：回波距离(km)；L_{at}：双程大气损耗(dB/km)；C'：含有馈线损耗的雷达气象常数；λ：雷达工作波长(cm)；P_t：雷达发射脉冲功率(kW)；τ：发射脉冲宽度(μs)；θ：天线水平方向波束宽度(°)；φ：天线垂直方向波束宽度(°)；G：天线增益(dB)；L_Σ：馈线系统总损耗(dB)；L_P：匹配滤波损耗(dB)。

按表 2.15 记录理论期望值和实际测试值，计算测试误差，并取最大误差值作为回波强度定标误差。

表 2.15　回波强度定标测试数据记录表

输入信号	反射率＼距离	5 km	50 km	100 km	150 km	200 km
−40 dBm	测试值(dBZ)					
	期望值(dBZ)					
	差　值(dB)					
−50 dBm	测试值(dBZ)					
	期望值(dBZ)					
	差　值(dB)					
−60 dBm	测试值(dBZ)					
	期望值(dBZ)					
	差　值(dB)					
−70 dBm	测试值(dBZ)					
	期望值(dBZ)					
	差　值(dB)					
−80 dBm	测试值(dBZ)					
	期望值(dBZ)					
	差　值(dB)					
−90 dBm	测试值(dBZ)					
	期望值(dBZ)					
	差　值(dB)					

2.2.4.3　径向速度测试

表征雷达系统的多普勒速度测试精度，主要受雷达系统的相位噪声影响。径向速度测试分为机外信号源法和机内信号源法，通常在雷达接收前端注入模拟速度信号（变频或移相），检测实测速度与理论速度的误差是否满足指标要求。

(1)机外信号源法

用机外信号源输出频率为 f_0+f_d 的测试信号送入接收机前端，f_0 为雷达工作频率，改变多普勒频率 f_d，V_2 为理论计算值（期望值），采用公式 2.10 计算。

$$V_2=-\lambda\frac{f_d}{2} \tag{2.10}$$

式中，λ：雷达波长；f_d：多普勒频移。

雷达的最大测量速度也即最大不模糊速度 V_{max} 与雷达发射的脉冲重复频率 PRF 和雷达波长 λ 有关：

$$V_{\max}=\frac{\lambda PRF}{4} \tag{2.11}$$

由于多普勒速度可正可负，故不模糊速度区间为$\left(-\frac{\lambda F}{4},\frac{\lambda F}{4}\right)$

任何目标物对雷达波产生的多普勒频移 f_d 超过脉冲重复频率 PRF 的一半时，就会引起雷达观测到的径向速度产生模糊现象。真实的径向速度用公式(2.12)计算。

$$V_t = V_r + 2NV_{\max} \tag{2.12}$$

式中，V_t：目标物实际径向速度；V_r：雷达实际测得的径向速度；N：Nyquist 数，为整数值 0，±1，±2，…

速度退模糊的关键就是利用各种方法和手段确定风场中每个测试的 Nyquist 数，雷达的速度模糊点主要位于一次折叠区间，二次或者多次折叠可以忽略，一般 N 值取 0，±1 是可行的，此时，可采取如下算法速度退模糊：

$$V_t=\begin{cases} V_r & V_t\times V_r\geqslant 0 \\ V_r+2V_{\max} & V_t<0<V_r \quad \text{正向速度退模糊} \\ V_r-2V_{\max} & V_r<0<V_t \quad \text{负向速度退模糊} \end{cases} \tag{2.13}$$

(2)机内信号源法

机内测试信号经移相器后注入接收机前端，改变发射脉冲间隔内移相器的变化值，由理论计算理论速度值 V_2 与信号处理器估算值进行比较。理论计算速度 V_2 公式为：

$$V_2=(\lambda/4\pi)\Delta\varphi/T=\frac{\lambda}{4\pi}\Delta\varphi\cdot PRF \tag{2.14}$$

式中，λ：雷达工作频率；T：雷达发射的脉冲重复周期；$\Delta\varphi$：相移(°)，PRF：脉冲重复频率。

单脉冲重复频率测试数据记录表见表 2.16、表 2.17，双脉冲重复频率测试数据记录表见表 2.18、表 2.19。

表 2.16 径向速度测试数据记录表

(单脉冲重复频率 1000 Hz，正测速值方向)

序号	f_d(Hz)	V_3(m/s)	V_1(m/s)	V_2(m/s)	$\Delta V=V_1-V_2$(m/s)
1	−100				
2	−200				
3	−300				
4	−400				
5	−500				
6	−600				
7	−700				
8	−800				
9	−900				
10	−1000				
最大差值(m/s)					

注：V_1 为实测值，V_2 为理论值，V_3 为终端速度显示值。

表 2.17 径向速度测试数据记录表

(单脉冲重复频率 1000 Hz,负测速值方向)

序号	f_d(Hz)	V_3(m/s)	V_1(m/s)	V_2(m/s)	$\Delta V=V_1-V_2$(m/s)
1	100				
2	200				
3	300				
4	400				
5	500				
6	600				
7	700				
8	800				
9	900				
10	1000				
最大差值(m/s)					

注:V_1 为实测值,V_2 为理论值,V_3 为终端速度显示值。

表 2.18 径向速度测试数据记录表

(双脉冲重复频率(DPRF),正测速值方向)

检测点	1	2	3	4	5	6	7	8	9	10
注入信号频移	−100	−200	−300	−400	−500	−600	−700	−800	−900	−1000
单 PRF 速度显示值(m/s)										
单 PRF 速度测试值(m/s)										
双 PRF(4/3)速度测试值(m/s)										
差 值(m/s)										
最大差值(m/s)										

表 2.19 径向速度测试数据记录表

(双脉冲重复频率(DPRF),负测速值方向)

检测点	1	2	3	4	5	6	7	8	9	10
注入信号频移	100	200	300	400	500	600	700	800	900	1000
单 PRF 速度显示值(m/s)										
单 PRF 速度测试值(m/s)										
双 PRF(4/3)速度测试值(m/s)										
差值(m/s)										
最大差值(m/s)										

2.2.4.4 实际地物对消能力

表征雷达系统的实际地物对消能力,是雷达系统相干性、地杂波滤除处理算法等的综合反映，尤其是受系统相干性影响明显。

通过晴空回波分析测试雷达系统的实际地物对消能力。在0.5°的晴空基本反射率回波图上，根据经验在探测范围内选择1处固定位置地物的强地物回波对消前后反射率（dBZ）值，对消前和对消后的dBZ差值即为雷达实际地物对消能力。应选取位置明确，回波信号稳定固定位置的地物。固定地物回波的径向速度应小于1 m/s。按照表2.20记录地物回波的方位、距离、对消前/后回波强度值等信息。

表2.20 实际地物对消能力检查数据记录表

方位（°）	距离（km）	对消前回波强度（dBZ）	对消后回波强度（dBZ）	地物对消抑制比（dB）	径向风速（m/s）

第3章

CINRAD/SA/SB/CA/CB雷达定标技术

3.1 雷达系统结构

CINRAD/SA、CINRAD/SB、CINRAD/CA 和 CINRAD/CB 四种型号新一代天气雷达是由北京敏视达雷达有限公司研制并生产的，其技术体制基本相同，是在继承美国 NEXRAD 天气雷达优点的基础上，充分吸收了近年来计算机技术革新和微电子技术的最新成果，并兼顾国内、国外市场的需要重新设计而成的。

3.1.1 设备组成

CINRAD/SA/SB/CA/CB 四种型号新一代天气雷达系统主要包括发射机、接收机、信号处理器、RDA 监控系统、伺服分系统、天馈线分系统等雷达站设备，以及 RPG 和 PUP 数据处理和产品生成系统。通常雷达站设备部署在雷达机房和天线罩内。RPG 和 PUP 数据处理和产品生成系统通常部署在气象台。

CINRAD/SA/SB/CA/CB 四种型号新一代天气雷达主设备分 4 个机柜分别部署，由左及右分别为配电机柜、接收机柜、监控机柜、发射机机柜，机柜上为天馈线和电缆架，以及波导充气单元。在 RDA 机柜中集中部署了 DAU 数字板、DAU 模拟板和下光纤板，RDA 计算机，信号处理系统，伺服控制系统。机房内通常还有 UPS、稳压电源等附属设备。发射机结构示意图如图 3.1 所示。

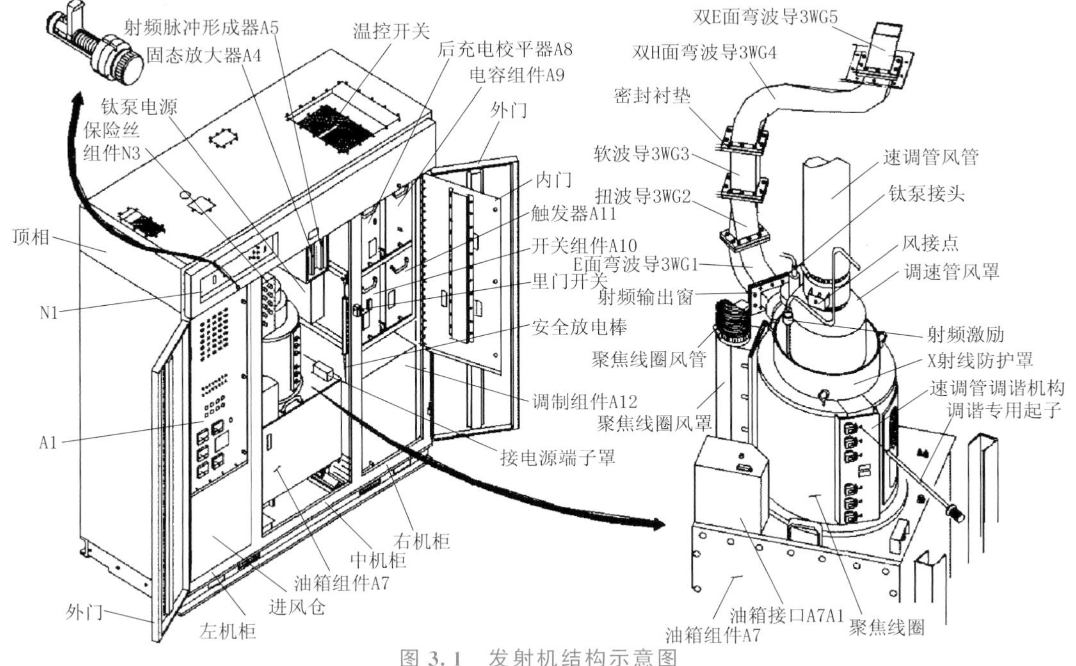

图 3.1　发射机结构示意图

3.1.1.1 发射机

发射机主要由高频放大链、全固态调制器及速调管附属电路组成。发射机组成框图如图3.2所示。高频激励器、高频脉冲形成器、可变衰减器、速调管放大器和电弧/反射保护组件，构成了发射机的核心部分——高频放大链。高频激励器放大高频输入信号，高频激励器输出信号馈入高频脉冲形成器，高频脉冲形成器对高频信号进行脉冲调制，形成波形符合要求的高频脉冲，并通过控制高频脉冲的前后沿，使其频谱宽度符合技术指标要求。调节可变衰减器的衰减量，可使输入速调管的高频脉冲峰值功率达到最佳值，经速调管放大器放大，再经电弧/反射保护组件后，发射机的输出功率应不小于650 kW(SA/SB)或250 kW(CA/CB)。电弧/反射保护组件监测速调管输出窗的高频电弧，并接收来自馈线系统的高频反射检波包络，若发现高频电弧，立即向监控电路报警，切断高压。

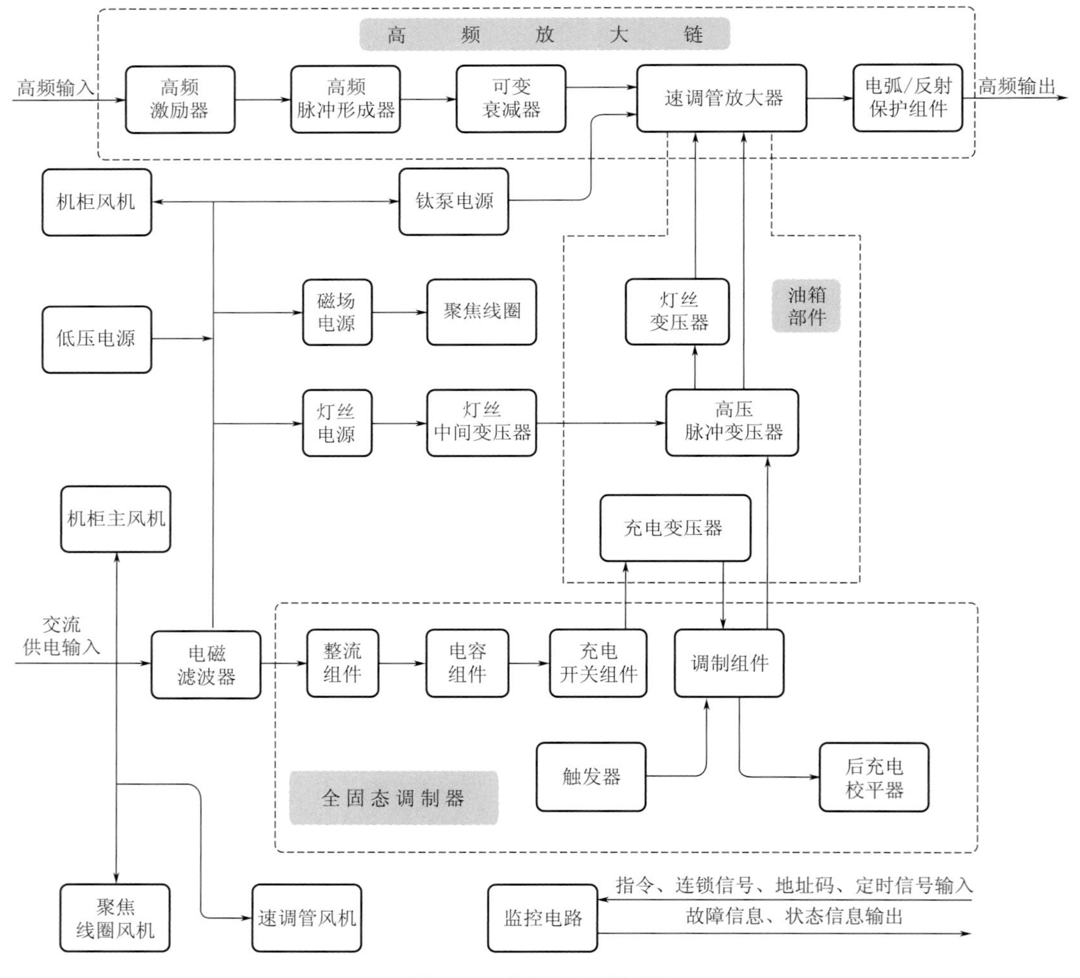

图3.2 发射机组成框图

整流滤波组件、充电开关组件、调制器、触发器用于提供速调管工作条件要求的束脉冲。整流滤波组件作用是将三相380V交流电转换为约510V直流电，充电开关组件其作用是将

510V 直流电，经回扫充电电路，并通过油箱内的充电变压器，将调制器人工线充电至约 4600V 的高压，完成充电。触发器主要功能是产生调制器中脉冲开关管（放电管）的触发脉冲，负责完成放电。一次充、放电过程则形成一个束脉冲。调制器内主要包括充电二极管、放电二极管、可控硅、双脉冲形成网络（人工线）等，在充放电时序控制下，作为执行组件，为人工线充电和放电。

为避免电晕、击穿、爬电，也为了散热，高压脉冲变压器、灯丝变压器、调制器的充电变压器，都放在油箱之中，速调管的灯丝及阴极引出环，以及绝缘瓷环则插入油箱，浸泡在油箱中。油箱内部组成有脉冲变压器、灯丝变压器、充电变压器、油温传感器、油面传感器、旁路电容、速调管插座等，所有组成部分都浸泡在变压器油中，以改善绝缘和散热。

监控电路实施发射机的本地控制、遥远控制、连锁控制、故障显示、电量及时间计量和监控，收集 BIT 信息，接受 RDA 的控制指令、外部故障连锁信号、信息地址选择码及同步信号，向 RDA 输出发射机故障及状态信息，向发射机各组成部分输送同步信号。

CB 雷达发射机使用的是永磁聚焦速调管，因此不需要聚焦线圈。SA/SB/CA 雷达需要聚焦线圈生成聚焦磁场。速调管的内部构件有时会放出微量气体，在受到电子轰击或温度升高时，放出气体量增多。钛泵用于抽取这些微量气体，保持管内高真空状态。

3.1.1.2 接收系统

接收系统由低噪声放大器、接收通道、频率源、接收机接口、测试信号源等组成，其组成如图 3.3 所示。

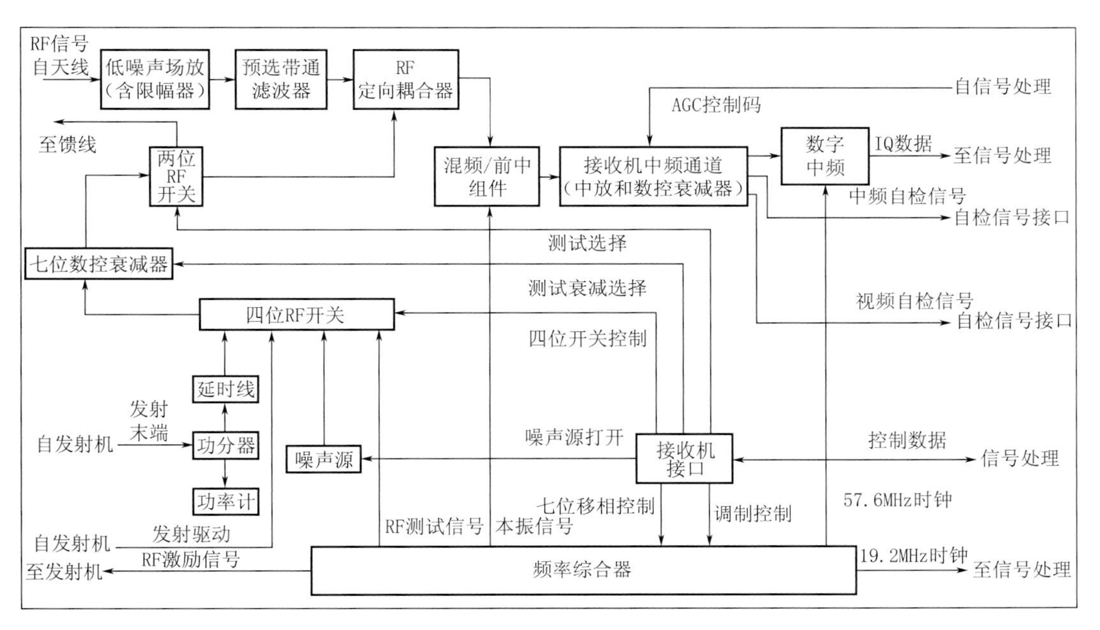

图 3.3 接收机组成框图

接收通道分为回波信号通道和测试信号通道。回波信号通道由天线馈源、俯仰旋转关节、方位旋转关节、环形器、接收机保护器、无源限幅器、低噪声放大器、预选滤波器、混频/前中、匹配滤波器、A/D 采集、数字变频转换组合以及信号处理器等部件组成，信号流程如图

3.4 所示。测试信号通道由四位开关、RF 数控衰减器、二位开关、接收机保护器、无源限幅器、低噪声放大器、预选滤波器、混频/前中、匹配滤波器、A/D 采集、数字变频转换组合以及信号处理器等部件组成。信号流程如图 3.5 所示。

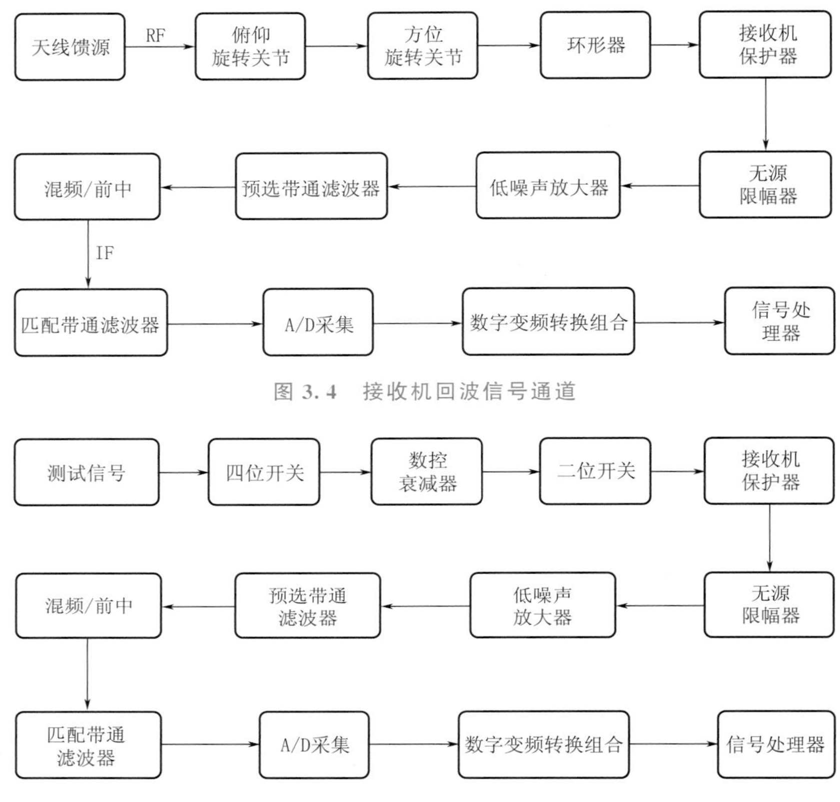

图 3.4 接收机回波信号通道

图 3.5 接收机测试信号通道

3.1.1.3 信号处理器

硬件信号处理器 HSP 由 HSP/A、HSP/B 两块电路板组成，插在 RDA 计算机的 2 个总线插槽中，它担负着整个雷达系统定时和同步的任务，以及 I/Q 数据的接收、处理和传输。HSP/A 主要功能是总线控制及数据传输、I/Q 数据接收并提供主时钟，HSP/B 主要承担为天线伺服、接收机接口和发射机提供同步信号、激励触发和控制时序信号等。信号处理器组成框图如图 3.6 所示。

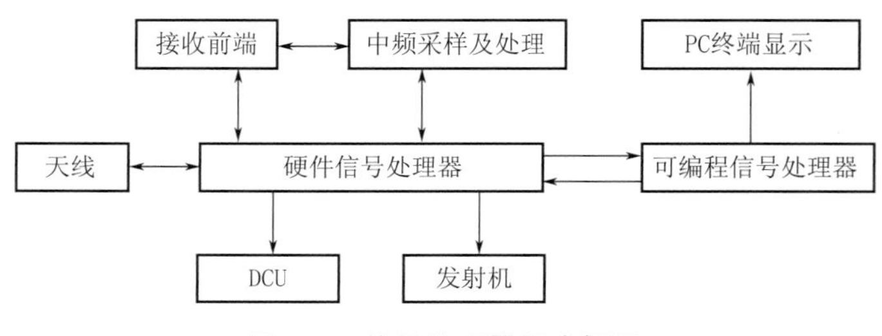

图 3.6 信号处理器组成框图

3.1.1.4 监控分系统

监控分系统以数据采集单元DAU为核心,配合RDA计算机及软件系统(RCW软件和RDASOT软件),完成雷达系统的状态监测和控制,它可以监测来自发射机、接收机及天伺的信号,同时可以发送发射机开高压、波导开关转换、天线操作等控制命令。监控系统连接关系示意图如图3.7所示。

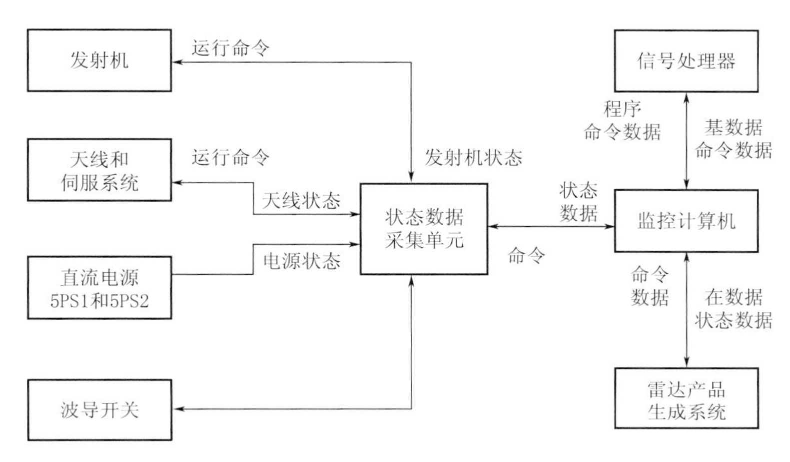

图3.7 监控系统连接关系示意图

如图3.8所示,CINRAD雷达系统的报警分为很多类,主要报警来自三大块:数据采集单元DAU,信号处理器和接收机,以及来自宽带/RPG的故障报警,另外还有部分报警来自RCW判断的故障报警和其他故障报警。其中,经过DAU的报警主要包括发射机、DAU本身、塔/供电设备以及部分接收机报警;经过信号处理器和接收机的报警主要包括部分接收机报警、信号处理器本身的报警以及部分经过信号处理器的天线座报警;经过宽带/RPG的报警是指来自宽带和RPG单元的报警。

3.1.1.5 伺服分系统

伺服分系统主要由天线、数据同步机构、汇流环、减速箱、电机、伺服控制器及附属设备组成。SB型新一代天气雷达伺服为伦茨系统,其组成如图3.9所示,分别安装于RDA机柜和天线座内。RDA计算机、伦茨控制器、伺服电机和同步器等构成闭环系统。

3.1.1.6 天馈线分系统

雷达天线是由背架支撑的抛物反射面和由支杆固定在反射面的焦点馈源组成。天线为雷达的室外部分,固定在天线座上,通过馈线与雷达的发射机和接收机设备连接。为适应发射支路的高功率,采用波导馈线,波导内还要充气保持干燥,CINRAD/CB雷达天馈线分系统组成如图3.10所示。

发射时,发射机产生的电磁波信号经馈线,最后由天线发射出去。其传播路径为发射机→40 dB/50 dB双定向耦合器→环流器→谐波滤波器→波导开关→环流器(用作收发开关)→长波导→方位旋转关节(方位铰链)→俯仰旋转关节(俯仰铰链)→波导→正交模耦合器→馈源喇叭→天线。

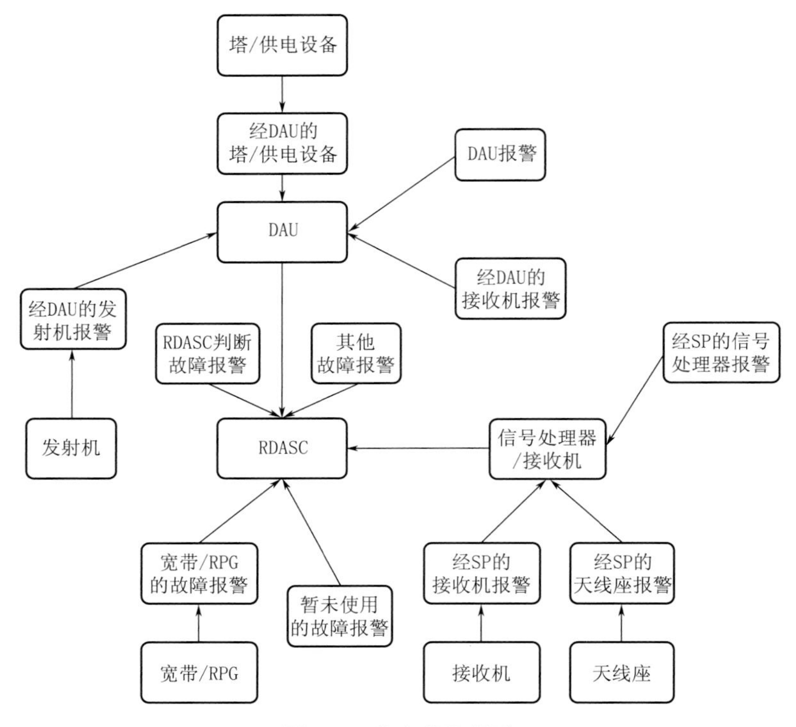

图 3.8 状态报警通道

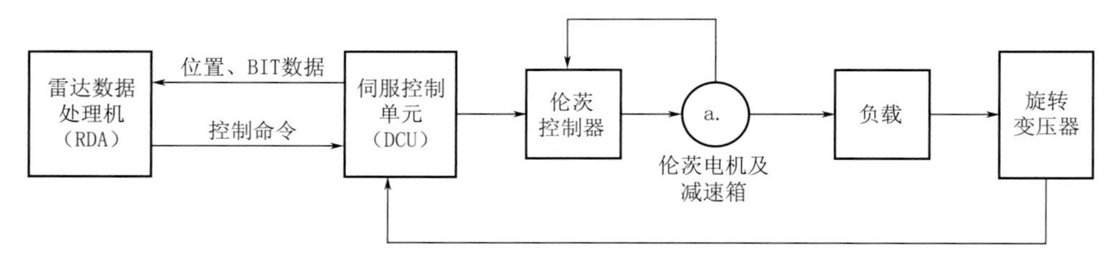

图 3.9 伺服分系统框图

接收时,回波信号经天线、馈线后由接收机接收。其传播路径为天线→馈源喇叭→正交模耦合器→波导→俯仰旋转关节(俯仰铰链)→方位旋转关节(方位铰链)→长波导→环流器(用作收发开关)→接收机保护器(由 T/R 管加限幅器组成)→接收机。

3.1.2 信号流程

CINRAD/SA/SB/CA/CB 四种型号新一代天气雷达系统整机组成大同小异,CINRAD/SA 雷达系统信号流程如图 3.11 所示,图中绿色表示发射和接收主通道,实现雷达电磁波信号发射和回波信号接收。红色表示测试和标定通道,用于在线或离线标定和测试,确保探测精度可靠。图中还包括时序和控制信号。

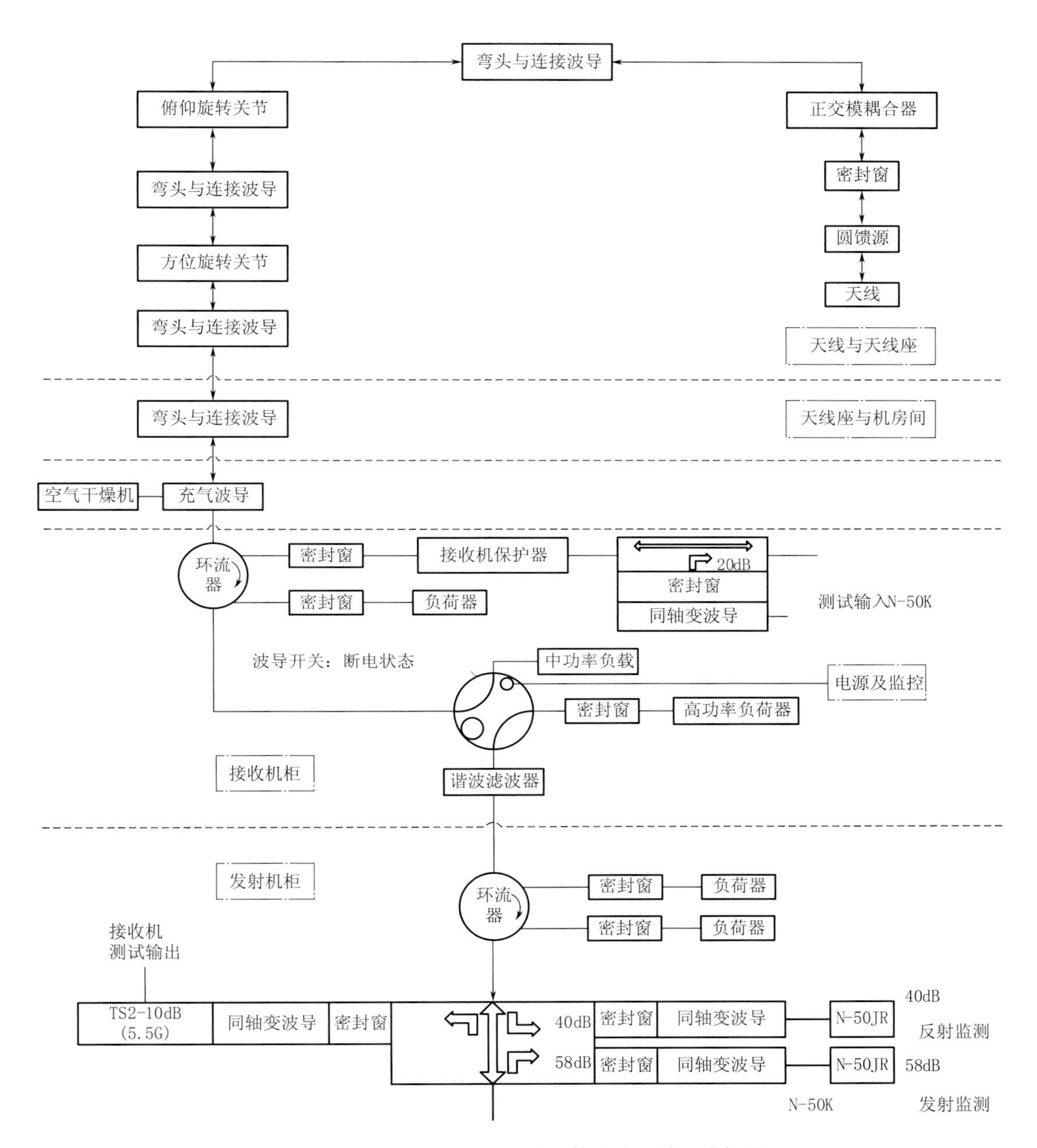

图 3.10 CINRAD/CB 雷达天馈线分系统组成框图

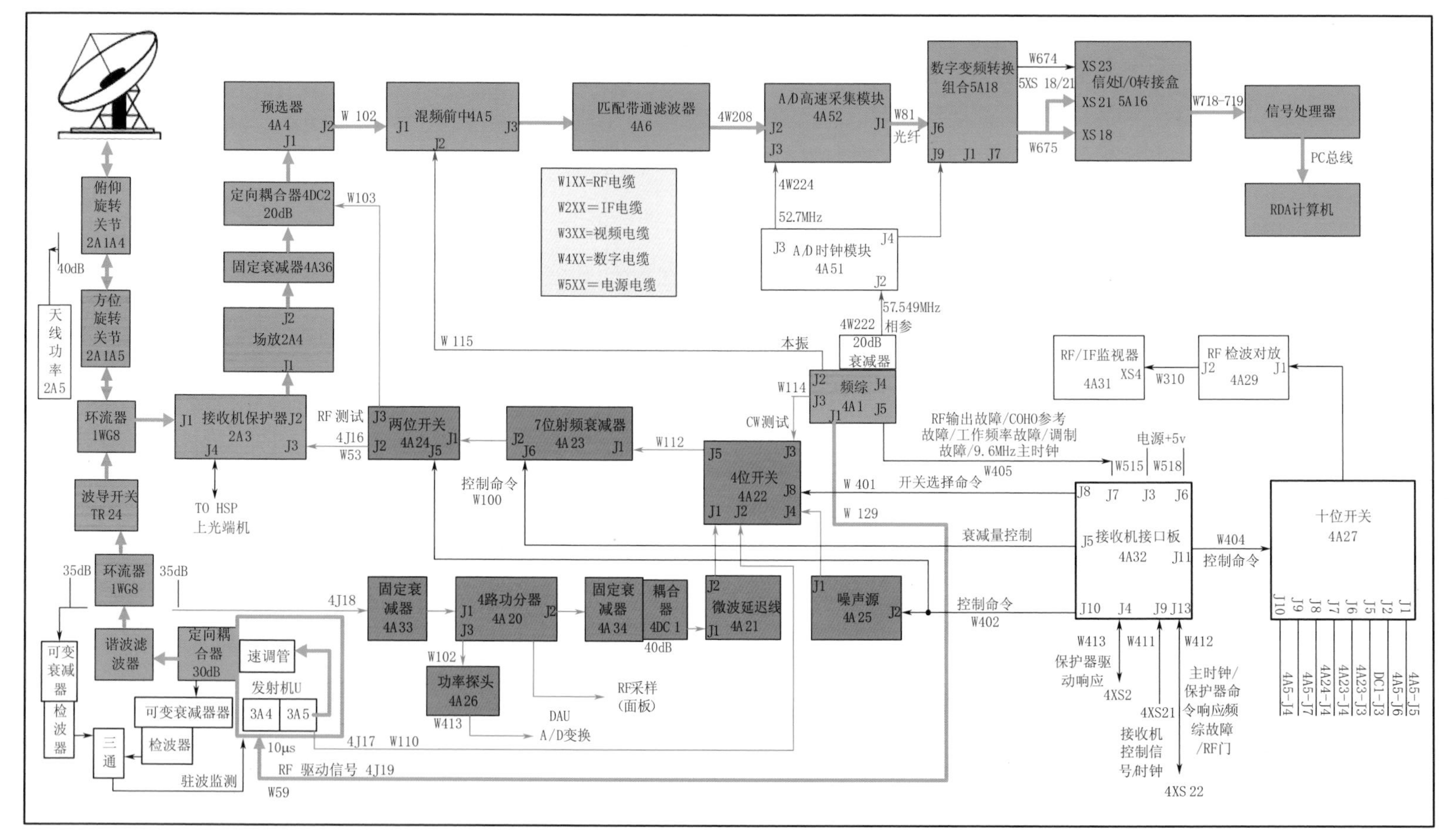

图 3.11 CINRAD/SA 总体信号流程图

3.2 雷达定标系统

天气雷达定标系统由定标硬件系统和定标软件系统组成，两者相互配合再加上机内/机外信号源或仪表共同完成雷达系统定标工作。

3.2.1 定标硬件系统

雷达定标主要通过测试通道来完成。CINRAD/SA 雷达的测试通道主要由 4 位开关、RF 数控衰减器、2 位开关、RF 噪声源、四路功分器、微波延迟线等部件组成，它们之间的关系如图 3.12 所示。根据来自接收机接口组件 4A32 的控制信号，选择四个射频测试信号其中的一个，所选信号自接收机保护器 2A3 的定向耦合器注入接收通道，或者自接收机机柜内的定向耦合器注入接收通道。

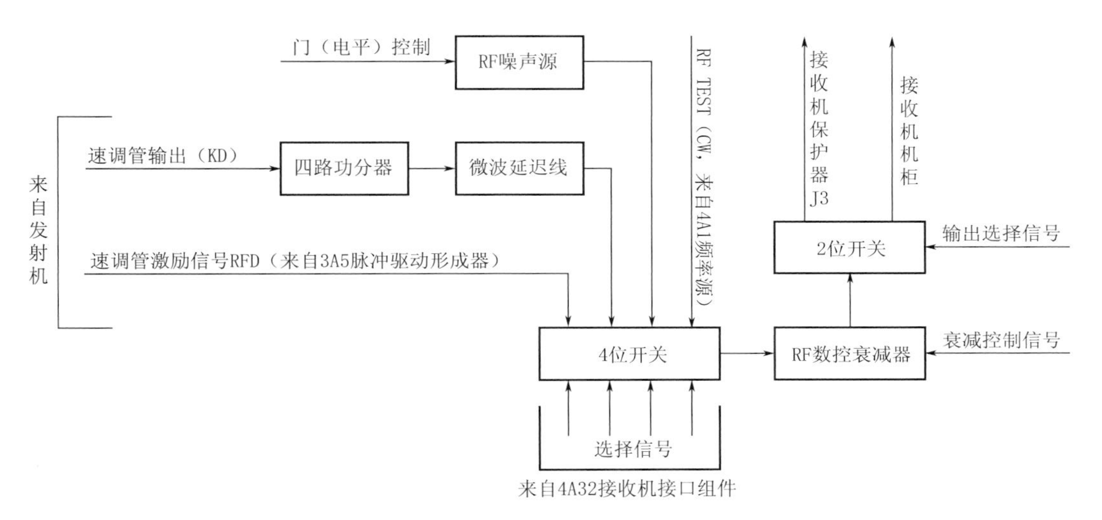

图 3.12 CINRAD/SA 雷达定标系统简化框图

4 位开关、RF 数控衰减器和 2 位开关的控制信号来自于 4A32 接收机接口组件，接收机接口组件从 HSP 接收控制数据和时钟信号，控制数据包含用于输入 RF 测试源选择、衰减电平控制、信号流向等开关动作以及接收机各测试点故障隔离的功能命令，而控制信号时钟输入被用来计时接收机控制数据以便有序地产生命令和控制信号。接收机接口中这一类的控制数据提供如下四个控制信号：

(1)噪声源控制：RF 噪声源 4A25 的控制，选择是否被激活；

(2)输入 RF 测试信号选择：4 位开关 4A22 的控制，选择四个 RF 测试信号之一(RFD，KD，噪声源信号和 CW)，如图 3.12 所示；

(3)RF 信号衰减控制：7 位 RF 测试衰减器 4A23 衰减量的控制；

(4)RF 测试信号输出目的地选择：2 位二极管开关 4A24 的控制，测试信号去向。

3.2.1.1 频率源(4A1)

频率源产生 5 种信号：主时钟信号、射频激励信号、射频测试信号、本振信号、中频相干信号。SA 和 SB 雷达频率源接口定义和信号大小见表 3.1。

表 3.1 SA 和 SB 型雷达频率源接口定义及信号大小

信号名称	SA 接口定义	SB 接口定义	峰值功率
射频激励信号(RF DRIVE)	J1	J1	≥10 dBm
射频测试信号(RF TEST SIGNAL)	J3	J2	+21.75～+24.25 dBm
本振信号(STALO)	J2	J3	+14.85～+17 dBm
中频相干信号(COHO)	J4	J4	26～28 dBm

(1)主时钟信号

主时钟信号为 9.6 MHz 的连续波信号。它由 57.55 MHz 的高定晶振生成,不加波门和移相控制,经 6 分频而得到。主时钟信号通过接口送到硬件处理器,用作整个 RDA 的定时信号。

(2)射频激励信号(RF DRIVE)

射频激励信号频率为雷达工作频率(S 波段或 C 波段),脉宽为 10 μs,峰值功率为 10 dBm 左右,信号经 J1 送到发射机,脉冲度被减窄到 1.5～5 μs,经放大变成发射的射频载波。

(3)射频测试信号(RF TEST SIGNAL)

射频测试信号又称“CW”测试信号,可以是连续波,也可以是一个脉冲,这取决于硬件信号处理器中产生的射频门(RF GATE0)。射频测试信号与射频激励信号的频率相同,输出功率为+21.75～+24.25 dBm。被送到 4 位开关,如果被选择,它将变成一个检查接收机的信号。在测试模式,用移相器把模拟多普勒相移加到射频测试信号上,相参基准信号将没有相移。这样,对射频有相移,对相参基准信号无相移,模拟的多普勒表现为它们之间的相位差值。

(4)本振信号(STALO)

本振信号与射频激励信号是相干信号,它比射频激励信号的频率低 57.55 MHz,输出功率为+14.85～+17 dBm,被送到混频/前中,在那里与雷达回波信号进行混频,把射频回波信号变换成中频回波信号。

(5)相干信号(COHO)

COHO 用作 A/D 时钟的基准信号,COHO 的频率为 57.55 MHz。

频率源中还有故障监测电路,该电路对主时钟信号,中频相干信号,射频激励信号,本振信号及射频测试信号进行采样、监控。这些信号中任何一个超出允许的限制范围,都将产生一个相应的故障码,该故障码经 J5 被送到监控功能组,产生 RDA 告警信号。

3.2.1.2 四位开关(4A22)

选择四个 RF 测试信号其中的一个,RF 测试信号选择的控制信号来自于接收机接口组件 4A32。四个测试信号分别为:

(1)来自频综 4A1 的射频测试信号 RF TEST SIGNAL(CW);

(2)来自微波延迟线 4A21 的发射机输出的射频测试信号(KD);

(3)来自发射机脉冲驱动形成器 3A5 的射频激励测试信号(RFD);

(4)来自RF噪声源4A25的宽带噪声测试信号。

3.2.1.3 数控衰减器(4A23)

RF数控衰减器的衰减量由硬件信号处理器的控制信号决定。零衰减时最大插损6.5 dB。7位衰减器的衰减量分别为1.0、2.0、4.0、8.0、16.0、32.0和40.0 dB,RF数控衰减器衰减量控制信号如表3.2所示。衰减量的准确度小于±0.7 dB。

表3.2 RF数控衰减器衰减量控制信号表

4A23/J6	P1/P2	P3/P4	P5/P6	P7/P8	P9/P10	P11/P12	P13/P14
1 dB	1/0	0/1	0/1	0/1	0/1	0/1	0/1
2 dB	0/1	1/0	0/1	0/1	0/1	0/1	0/1
4 dB	0/1	0/1	1/0	0/1	0/1	0/1	0/1
8 dB	0/1	0/1	0/1	1/0	0/1	0/1	0/1
16 dB	0/1	0/1	0/1	0/1	1/0	0/1	0/1
32 dB	0/1	0/1	0/1	0/1	0/1	1/0	0/1
40 dB	0/1	0/1	0/1	0/1	0/1	0/1	1/0
4A32/J8	P10/P29	P9/P28	P8/P27	P7/P26	P6/P25	P5/P24	P4/P23

3.2.1.4 二位开关(4A24)

用于射频测试信号目的地的选择。单刀双掷开关的两个输出分别加到接收机保护器2A3和加到4DC2(SB已取消)。最大插损2.5 dB。

3.2.1.5 RF噪声源(4A25)

RF噪声源用固态噪声二极管产生宽带噪声信号,用来检查接收机通道的灵敏度或噪声系数。所产生的宽带噪声测试信号被送到四位开关4A22。噪声测试信号的有或无,由来自信号处理器的控制信号决定。

3.2.1.6 四路功分器(4A25)

发射机输出的高功率射频信号经波导传输线的定向耦合器1DC2耦合输出,再经衰减器1AT4和4A33送到四路功分器4A20,四路功分器将这个信号等分成四路输出,一路经微波延迟线后送到4位开关,用作KD测试信号;一路送到RF功率监视器,变换成直流信号后用于发射机峰值功率的监视;一路送到检测板上的4J25接头,用作外部检查;最后一路用吸收负载吸收,作为备份接口。功率等分理论上每路衰减约6 dB。

四路功分器各路之间的隔离≥20 dB,插损≤0.5 dB,承受功率5W。

3.2.1.7 RF微波延迟线(4A21)

微波延迟线是石英晶体制成的体声波延迟线。在输入端通过换能器,把微波信号变换成声波,然后在石英晶体内以体声波形式向输出端传输。在输出端又通过换能器,把声波变换成微波信号。由于声波的传播速度是很低的,因此在一定距离上,传输的时间很长,信号延迟也就很长。在这里,要求微波延迟线的延迟时间约10μs。发射机速调管射频输出的采样信号,经过四路功分器4A20、衰减器4A34、定向耦合器4DC1等被送到微波延迟线4A21,

微波延迟线的输出接入到4位开关4A22,注入接收机前端时,由于它在时间上被延迟10 μs,故看上去像接收到的点目标回波信号一样。

3.2.1.8 接收机保护器(放电管)

接收机保护器(SA雷达)或放电管(SB雷达)主要是实现天馈线、测试标定通道与接收主通道的连接切换。在正常接收时,保护器切换使得天馈线与主通道连接,与测试通道隔离。在进行在线或离线测试定标时,保护器切换使得测试通道与主通道连接,与天馈线隔离。

3.2.1.9 耦合器和连接线缆

微波馈线中的耦合输出器和组件端子间的连接电缆,如发射机功率采样输出耦合器,射频信号检测输出耦合器,以及相关的信号连接电缆等,耦合器和线缆损耗值均存储在适配数据中,在定标时使用。

3.2.2 定标软件系统

SA/SB/CA/CB型新一代天气雷达定标相关的软件包括RCW软件和RDASOT软件。RCW软件实现在线定标和检测功能,也是雷达运行控制软件。RDASOT为集成测试平台,包括雷达参数设置,信号测试,噪声系数测试,动态范围测试,相位噪声测试,灵敏度测试,天线控制,DAU控制,太阳法测试,反射率标定测试及软件示波器等功能。

RDASOT与RCW软件共用一个适配数据,实现业务运行与调试维修参数同步统一,既可控制机内信号源完成机内定标和检测,也可控制外部高精度仪表对雷达系统进行机外标校。

3.2.2.1 RCW软件

RCW软件主界面如图3.13。RCW软件具有在线标定功能,自动完成发射机峰值功率、天线峰值功率、CW测试信号、KD、RFD、速度、谱宽、宽/窄噪声电平、发射机温度、机房温度及天线罩温度等检测工作,这些参数理论值、实测值在性能参数界面中均可查看。RCW软件根据定标结果自动对回波强度进行补偿,以确保回波强度测试的准确。RFD和KD的参数界面如图3.14。

无论是在线标定还是离线标定,当发现参数发生较大偏移时,系统将无法自动补偿,但是RCW软件提供了适配数据修改功能,可修改相应的选项对参数进行校正,比如发射机工作频率、发射信号脉冲宽度等。以SA型新一代天气雷达发射机峰值功率为例进行说明。雷达系统具有发射机峰值功率在线检测功能,接收机柜内的功率探头在每个体扫仰角0.5°扫描时自动进行发射机峰值功率测试,仰角0.5°扫描结束时在RCW性能参数界面显示发射机峰值功率机内测试值,在RCW软件PerformanceData→Transmitter1中查看,当发现机内测试值发生很大的偏移时,用机外功率计测试发射机输出峰值功率,修改RCW软件适配数据中Transmitter1界面中TR9(窄脉冲)发射机峰值功率因子,即可改变RCW软件发射机峰值功率显示值,如图3.15所示。

3.2.2.2 RDASOT软件

如图3.16所示,在“Radar Control Console”界面,点击右下角“RDASOT”按钮,弹出“Do you want to start RDASOT?”界面,点击“Yes”按钮后进入RDASOT软件主界面,如图3.17所示。图3.18为“信号测试”功能界面,接收机选项卡中的“二位开关”和“四位开关”用

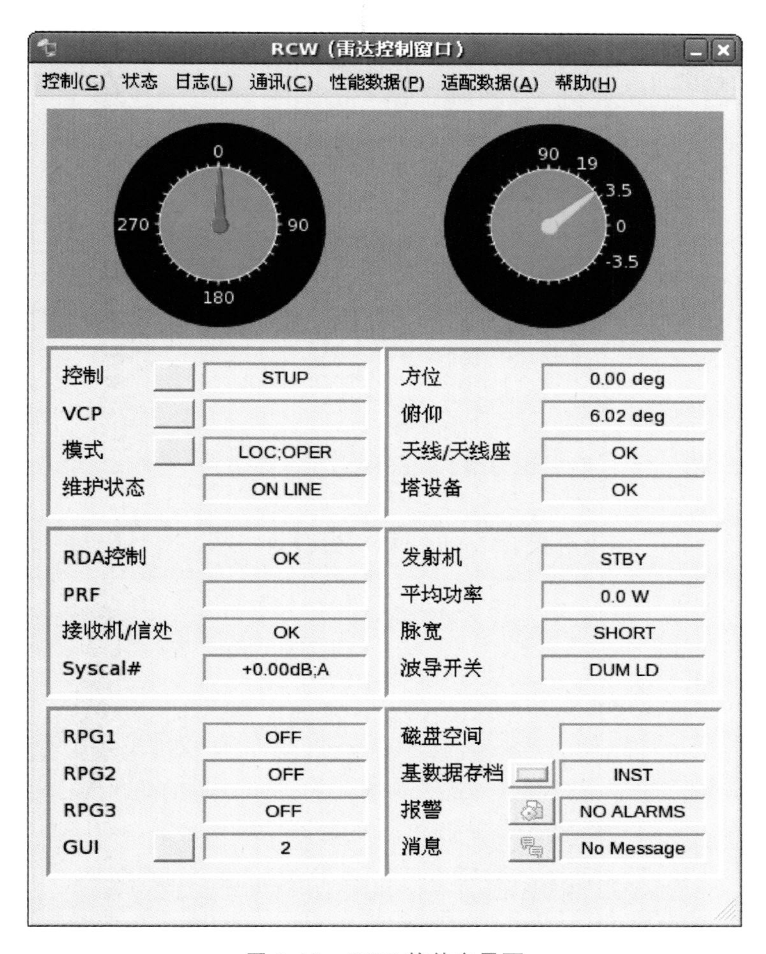

图 3.13 RCW 软件主界面

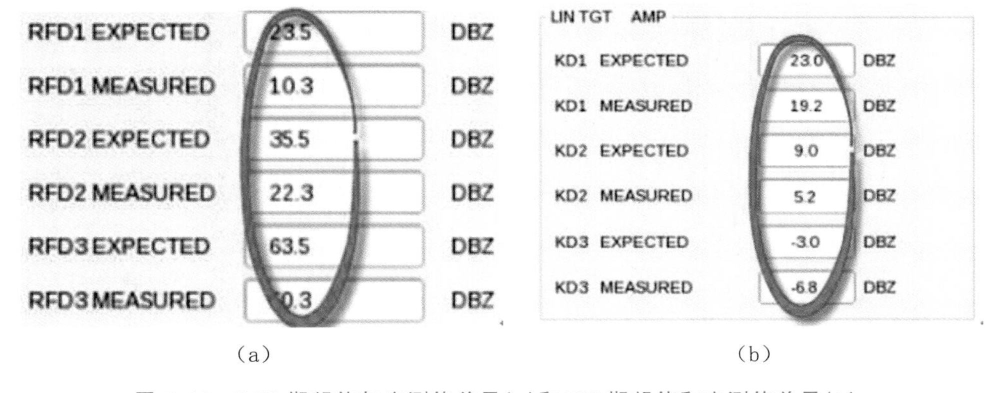

图 3.14 RFD 期望值与实测值差异(a)和 KD 期望值和实测值差异(b)

于设置二位开关和四位开关的切换位置,“连续波”可设置测试信号为连续波射频信号或脉冲射频信号,“RF 衰减器”可设置接收机数控衰减器的衰减量,“噪声源开”可控制噪声源开、

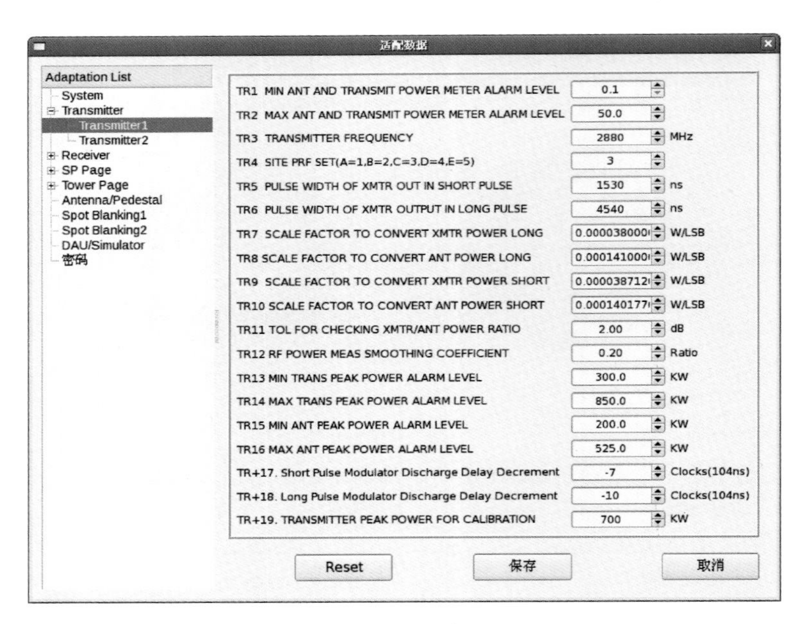

图 3.15 发射机适配参数设置页面

关,“移相控制”可选择测试信号的偏移相位;发射机选项卡中的“PRF 选择”可选择脉冲重复频率;“脉冲宽度”可选择窄脉冲和宽脉冲。图 3.19 为“动态范围测试”功能界面,可选择“自动测试”“单步测试”和“噪声测试”类型;“机内”和“机外”可选择机内动态范围测试和机外动态范围测试;“脉冲宽度”可选择窄脉冲和宽脉冲;“注入功率(dBm)可设置接收机前端注入基准功率;“结果”显示动态范围测试结果和数据;图形界面显示动态范围测试曲线。

图 3.16 Radar Control Console 界面

3.2.3 接收机测试通道定标

3.2.3.1 测试定标信号校准

在 Pathloss1 中实测频率源 J3 输出功率(应修改 R34 项与实测值一致)、SA 雷达接收机

图 3.17 RDASOT 软件主界面

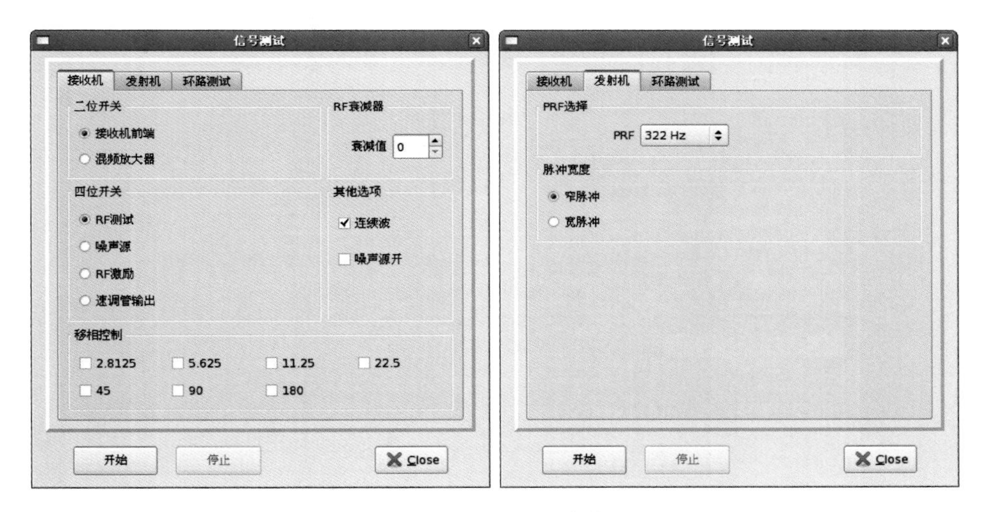

图 3.18 “信号测试”功能界面

保护器输出(SB/CA/CB:放电管)功率,调整 R59、R63、R66、R69 值使得四项总衰减值等于测试功率间的差值。查找接收机保护器(放电管)上对应雷达频点的耦合度(应修改 R72 项与标称值一致),则 INJECT POWER 数值会自动给出,如图 3.20 所示。

3.2.3.2 CW、RFD、KD 标定误差调整方法

对系统进行标定,需要对 CW、RFD、KD 标定进行误差调整,使得测试值和期望值一致。

图 3.21 是在 RCW 的 Performance 中得到的 CW、RFD 的标定结果,可以看到期望值与测试值相差较大,需要在参数中进行修改。

1)首先要关闭 Performance 窗口,点击 Adaptation,弹出的如图 3.22 所示界面;

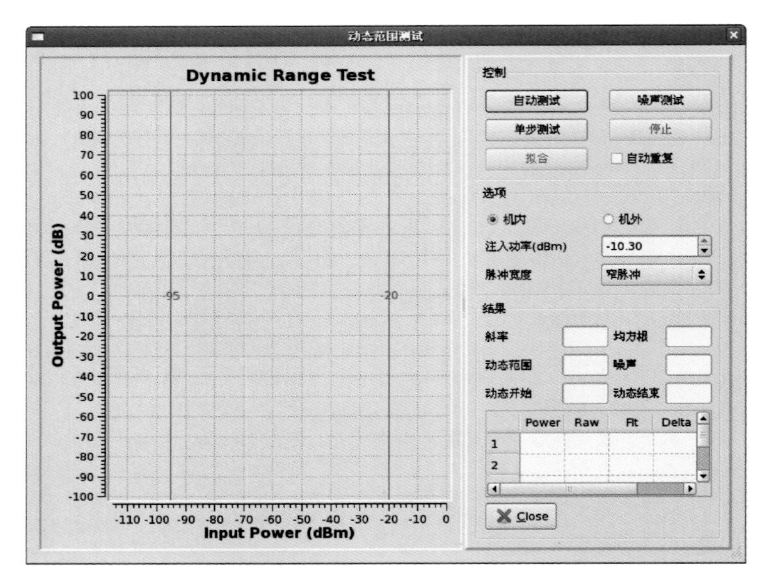

图 3.19 “动态范围测试”功能界面

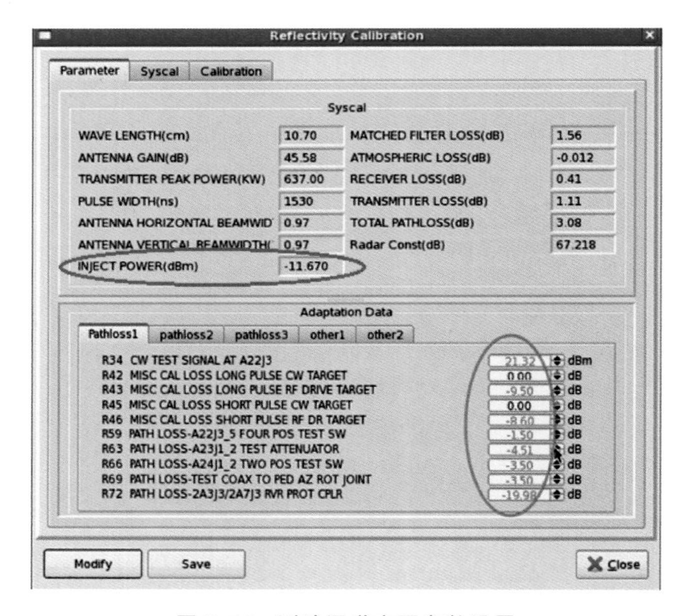

图 3.20 测试通道主要参数设置

2)点击①号按钮“Password”;

3)在②号区域输入密码(密码是大写的英文字母“HIGH”);

4)点击③号按钮“OK”;

5)然后选择④号区域的“Current Version”;

6)之后点击⑤号按钮“Inspect/Change”;

7)最后点击⑥按钮“OK”;

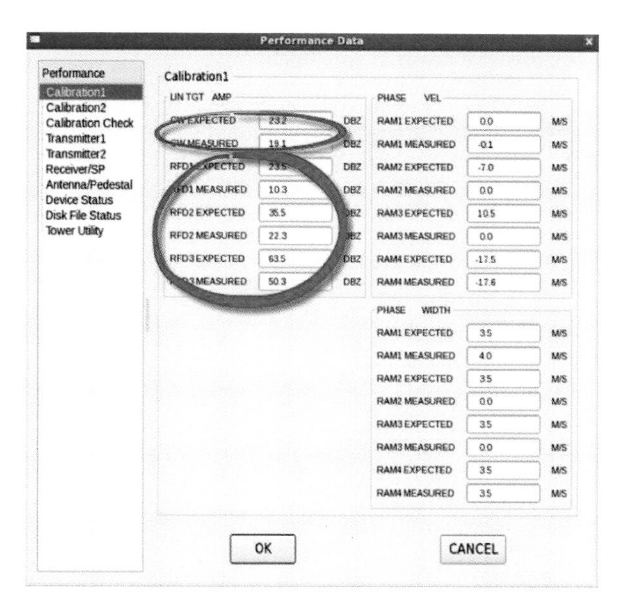

图 3.21　CW、RFD、KD 标定结果

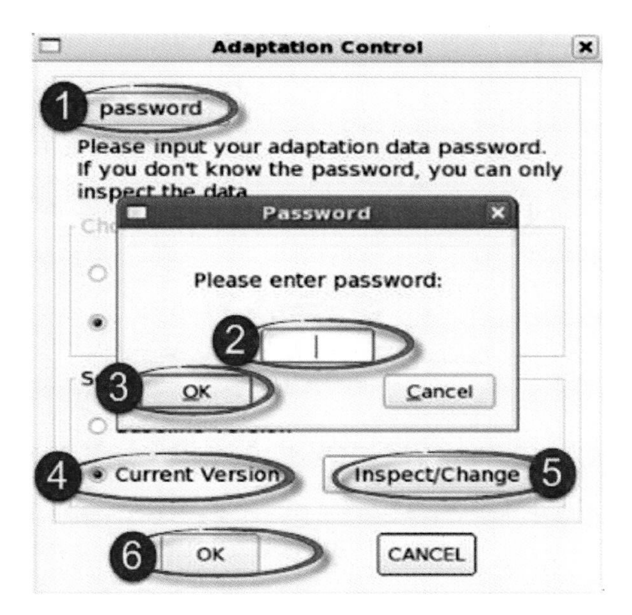

图 3.22　密码输入对话框

8)进入到适配参数修改界面，如图 3.23 所示；

9)鼠标点击 Receiver，并进入 Receiver12 界面，如图 3.24 所示；

10)更改 R234 项就可改变 CW 标定期望值与测试值之间的差异，在本例中我们看到期望值大，测试值小，差值是 4.1 dBZ，那么需要在 R234 项原有数值的基础上增加 4.1，也就是 13+4.1=17.1，即将 R234 项改成 17.1 即可；

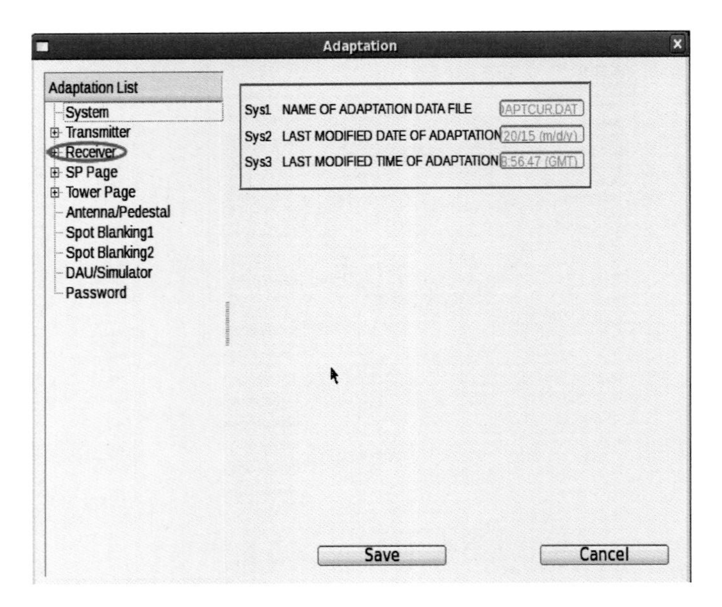

图 3.23 参数修改对话框-1

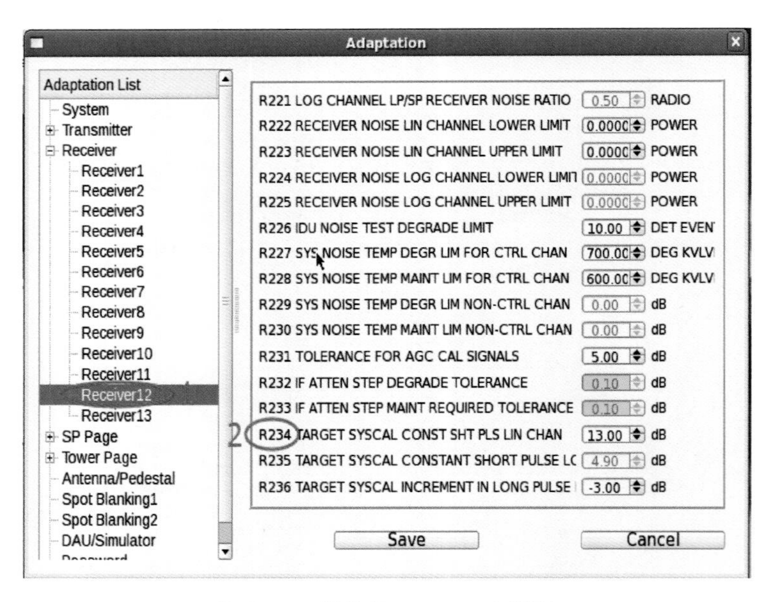

图 3.24 接收机 Receiver12 界面

11)更改 RFD 的标定差异需要进入到 Receiver3 界面,如图 3.25 所示;

12)更改 R43 对宽脉冲 RFD 标定有效,更改 R46 对窄脉冲 RFD 标定有效,本次标定的 RFD 结果如图 3.26 所示。

期望值大,测试值小,差值是 13.2 dB,因为本次标定的是窄脉冲的结果,那么需要更改 R46 项,在原有数值的基础上减 13.2,也就是 −8.6 − 13.2 = −21.8,即将 R46 项改成 −21.8 即可(该参数有调整范围限制,当调整超限时需要多项指标联合调整)。

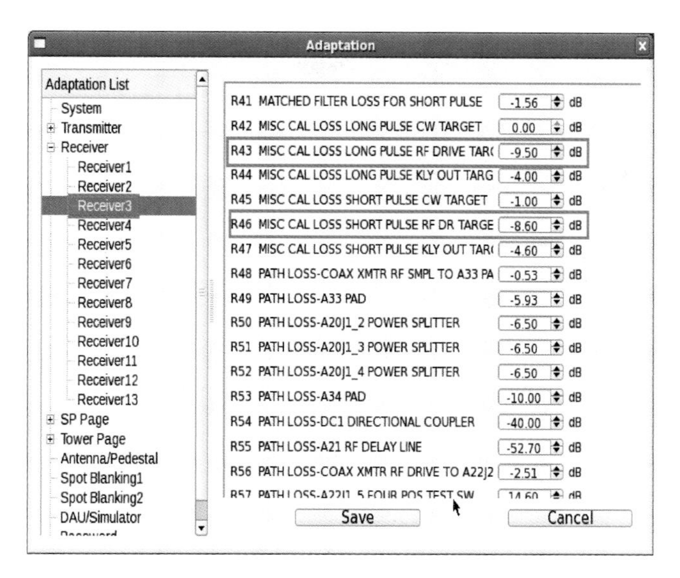

图3.25 RFD差异调整项

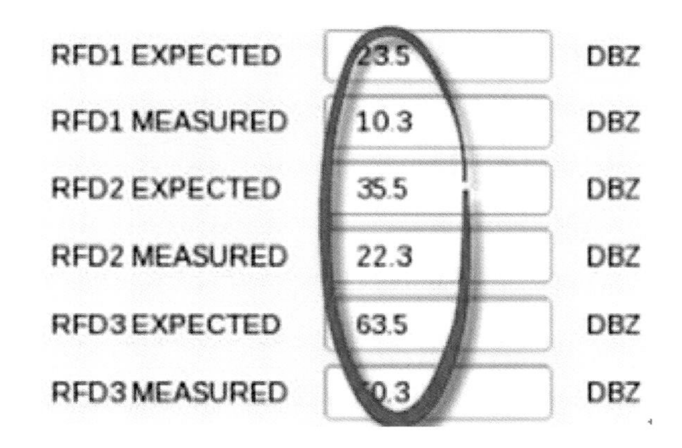

图3.26 RFD期望值与实测值差异

同理，我们如果对宽脉冲标定，只要更改R43项即可。

13)KD标定的修改同样在Receiver3界面中进行，需要更改的参数是R44项和R47项，更改R44项对宽脉冲有效，更改R47项对窄脉冲有效，如图3.27所示。

本次标定的KD结果如下：

期望值大，测试值小，差值是3.8 dBZ，因为标定的是窄脉冲的结果，那么需要更改R47项，在原有数值的基础上减3.8，也就是−4.6−3.8=−8.4，即将R47项改成−8.4即可。

同理，我们如果对宽脉冲标定，只要更改R44项即可。

小结：CW标定改的是测试值，测试值如果比期望值大了，就需要在R234中减去相应数值，测试值如果比期望值小了，就需要在R234中加上相应数值；RFD改的是期望值，期望值如果比测试值大了，就需要在R43或R46中减去相应数值，期望值如果比测试值小了，就需要在R43或R46中加上相应数值；KD与RFD相同，改的也是期望值，期望值如果比测试值

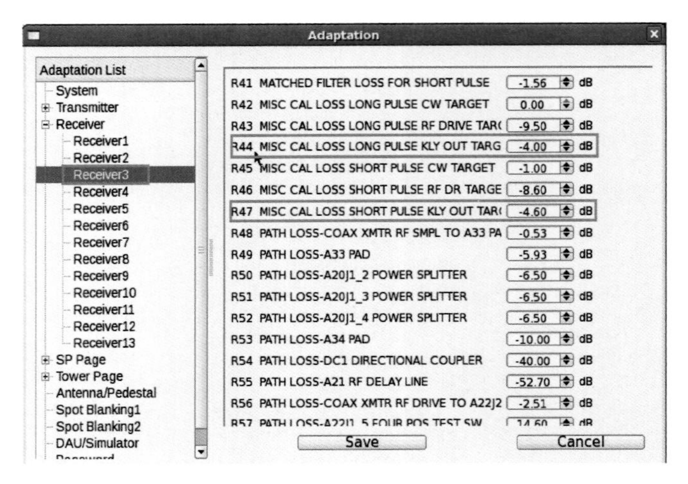

图 3.27 KD 差异调整项

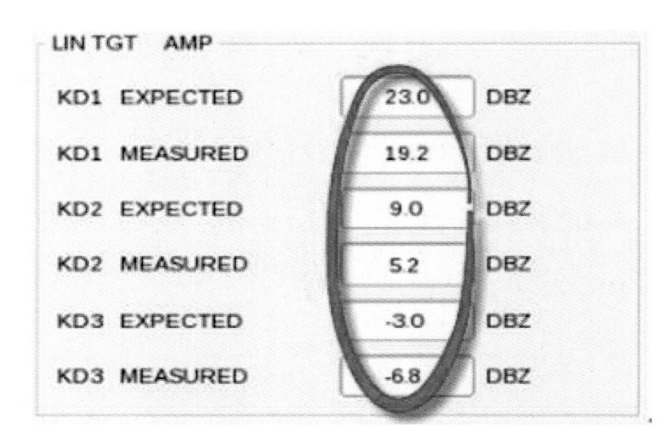

图 3.28 KD 期望值和实测值差异

大了，就需要在 R44 或 R47 中减去相应数值，期望值如果比测试值小了，就需要在 R44 或 R47 中加上相应数值。

3.3 雷达定标步骤

天气雷达定标项目分为天伺定标、发射机定标、接收机定标和系统定标共 4 部分 19 项，其中天伺定标包含天线座水平度定标检查、天线波束指向定标检查和天线控制精度检查定标共 3 项。发射机定标包含发射脉冲宽度定标、发射机峰值功率定标、发射机输出端极限改善因子测试、发射机输入端极限改善因子测试和发射支路损耗共 5 项。接收机定标包含接收支路损耗定标、机内/机外噪声系数(测试)定标、机内/机外动态范围测试共 5 项。系统定标包含相位噪声测试、机内/机外回波强度定标、机内/机外径向速度定标和实际地物对消能力检查共 6 项。

3.3.1 天伺定标

3.3.1.1 天线座水平度定标检查

(1)仪表及附件

1)合像水平仪。

2)所需工具:300 mm 活动扳手、600 mm 活动扳手、工作行灯、升降梯(≥5 m)、天线水平调整紫铜片若干。

(2)测试步骤

在天线座调整基本水平后,将合像水平仪摆放在天线座俯仰舱内,合像水平仪刻度标尺对向天线座轴心。选择一个测试点(例如0°)测试并读取、记录合像水平仪刻度盘读数(此时合像水平仪测试的结果实际是45°方向,应该记录为45°位置上的偏差,合像水平仪这种摆放方式,决定了实际测试的方向跟天线反射体的朝向相差45°),然后推动天线转动45°测试并读取、记录刻度盘读数,依次完成8个方向的测试。

将互成180°方向(同一直线上)的一组数相减(如0°和180°、45°和225°、90°和270°、135°和315°)得出4个数据,这4个数的绝对值最大值,即为该天线座的最大水平误差。

(3)天线座水平调整

天线座是通过天线座底边法兰上的六个螺栓将天线座固定在铁塔平台(铁塔)或天线座基环(水泥平台)上,每个紧固螺栓旁边都有一个调整螺栓,调整螺栓可进行天线座水平调整。

1)根据测试的结果,确定要垫高(或降低)的方位;

2)适当松开全部紧固螺栓,针对测试记录的结果,拧动水平调整螺栓,支撑起欲垫高(或降低)的方位;

3)根据合像水平仪测试记录水平调整的位移量,插入(或撤除)合适厚度的紫铜片,松开调整螺栓、拧紧紧固螺栓;

4)按测试步骤的水平测试方法进行再次测试。如此反复,一直调整到符合≤60″的要求为止;

5)调整紧固螺栓为紧固状态。

(4)注意事项

1)合像水平仪放置好后,不要碰撞合像水平仪,以防止合像水平仪位移引起测试误差。

2)合像水平仪和测试人员就位后,应撤掉升降直梯、整理好行灯电源线,确保推动天线时无意外发生。

3)调整完成后要确保紧固螺栓为紧固状态。

3.3.1.2 天线控制精度检查

(1)仪表及附件

RDASOT 软件。

(2)检查步骤

运行 RDASOT 中的 Antenna Control,点击 Selftest。

1)方位控制精度检查。在 AZ Position 内设置需测试的方位角,点击 Position,记录 AZ Pos 内显示值。每次步进为 30°,变化范围 0°~360°;

2)俯仰控制精度检查。在 EL Position 内设置需测试的方位角,点击 Position,记录 EL Pos 内显示值。每次步进为 5°,变化范围 0°~55°;

3)计算显示值与设置值之间的误差并记录。若结果不符合技术指标要求,应进行定标。SB/CB 雷达:若结果不符合技术指标要求,需由雷达厂家技术人员在现场重新烧录伺服控制程序。

(3)SA/CA 雷达定标方法

1)拉出伺服分系统数字控制单元(5A6),并打开上部盖板;

2)翻转 5A6 数字板(保持全部线缆连接正常、做好绝缘处理),露出模拟板;

3)天线控制软件给出"Park"指令,待 5A7 三相电源指示灯亮了后,调整 RP3(方位偏差)、RP11(俯仰偏差)电位器,让方位显示为 0.0°、俯仰显示为 6.0°;由于天伺系统存在 0.04°的显示误差,所以可将天线 Park 时方位、俯仰显示调到 0.02°、6.02°为最佳;

4)由于 Park 时间限制,可以先调整方位或者俯仰一项,而且可能需要多次调整才能达到理想状态,然后再调整另外一项;

5)恢复 5A6 数字板,盖上 5A6 箱盖,5A6 复位。

(4)注意事项

1)方位、俯仰的控制精度,应分开逐一测试、注意调整。

2)调整电位器时应缓慢匀速调整,同时观察角码变化。

3)调整电位器时应保证伺服分系统强电持续供应(5A7 三相电源指示灯亮)状态,一旦断电应停止调整,重新发出 Park 指令后再行调整。

4)CINRAD/CB 伺服关机和开机间隔必须大于 30 秒。

3.3.1.3 雷达波束指向定标检查

(1)仪表及附件

RDASOT 软件。

(2)测试步骤

1)检查天线座水平是否在 60″之内,RDA 计算机时间精确到秒,与北京时间误差<10s(打电话 01012117 对时),检查雷达站经度、纬度参数;

2)修改 RDA 计算机时间。在右上角的时间上点右键选择修改时间,在"Date & Time"界面中对时间进行修改;

3)运行 RDASOT 中的 Suncheck,点击 Start;

4)测试结束后,天线回到 Park 位,此时 Suncheck 界面内红色字体为测试结果,记录测试结果。若结果不符合技术指标要求,应进行定标。SB/CB 雷达:若结果不符合技术指标要求,需由雷达厂家技术人员在现场重新烧录伺服控制程序。

(3)SA/CA 雷达定标方法

方位和俯仰的角码显示由两个角码开关组来控制,SA1、SA2(见图 3.29(a)所示)控制方位显示,SA3、SA4(见图 3.29(b)所示)控制俯仰显示。每组开关组合起来共 16 位,为与 14 位的天线角码数据相匹配,每组开关组合的最后两位失效,即:SA2 的 7、8 两位失效,SA4

的7、8两位失效。

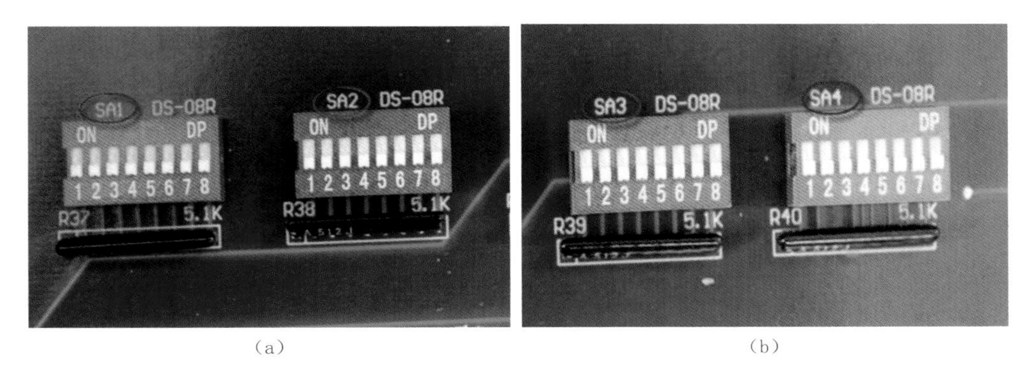

(a) (b)

图3.29 方位角码显示调整开关(a)和俯仰角码显示调整开关(b)

SA1的1～8位以及SA2的1～6位对应的14位天线方位角码数据，具体为：180、90、45、22.5、11.25、5.6、2.8、1.4、0.7、0.4、0.2、0.1、0.05、0.02，SA3的1～8位以及SA4的1～6位对应14位天线俯仰角码数据。

根据测试结果，如果方位、俯仰均符合技术指标要求，即完成波束空间位置指向定标；否则，就调整5A6数字板上的SA1～4拨码开关。

1)拉出伺服分系统数字控制单元(5A6)，并打开上部盖板；

2)把天线停在Park位(0.0°，6.0°)，如果测试误差值为正，则在当前Park位基础上通过拨码加上误差值，反之则减去误差值；

3)重复测试、调整，直至天线空间指向精度满足要求或误差接近角码显示误差(0.04°)。

(4)注意事项

1)为确保测试数据准确性，测试前必须检查雷达经纬度、校准计算机时间。

2)测试时应保证太阳高度角在8°～50°之间，最佳太阳高度角是15°～30°。

3)晴空无云状态下检测。

4)海边，或者雷达站四周有大面积湖泊的，可能上午、下午所测试结果会不一致，而且偏差比较大，这是因为水汽折射造成的，属正常，可根据当地主要探测方向确定测试结果。

5)如果在同一时段内的多次测试发现测试结果变化起伏不稳定，则需要检查机械传动、天线配重、天线水平等。

3.3.1.4 收发支路损耗测试

(1)仪表及附件

1)信号源(Agilent E4428C或同类型)；

2)功率计(Agilent E4418B)；

3)功率探头(Agilent N8481A)；

4)N型测试电缆(7米低损耗超柔同轴测试电缆)；

5)波导同轴转换器(HD-32WCANK/FAP)；

6)射频转接头1套；

7)N型短路器(HD-030CSCNJ)；

8)90 度射频转接头(HD-N90-KWK)。

(2)测试框图

SA/SB/CA/CB 雷达馈线系统示意图如图 3.30 所示,包括室内馈线(机柜内部及发射机顶部)、天线座部分以及中间的连接波导。图 3.31 为雷达馈线收发支路损耗测试点示意图,发射支路损耗:P1 到 P3 部分,实测 P1 到 P2 的损耗;接收支路损耗:P3 到 P4 部分,实测 P2 到 P4 的损耗。

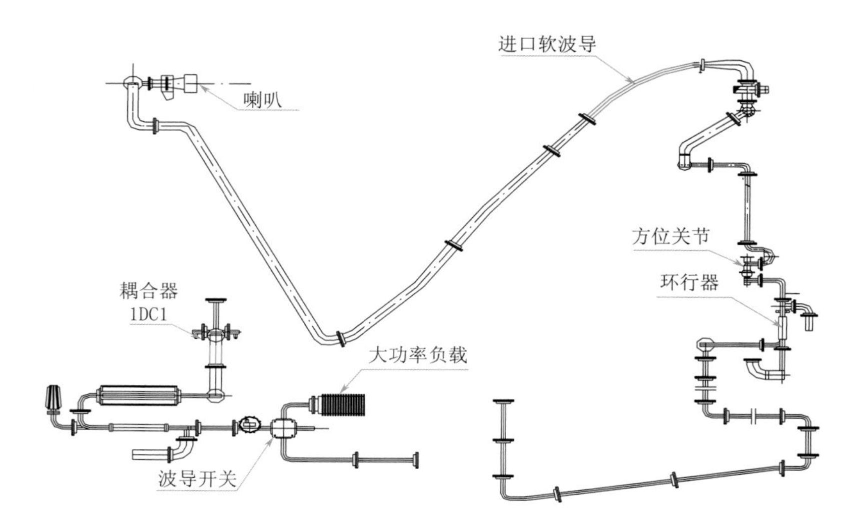

图 3.30 雷达馈线系统示意图

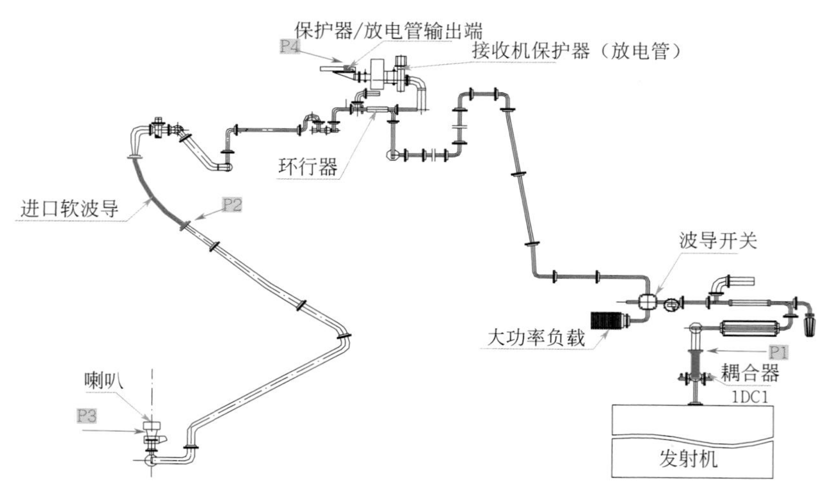

图 3.31 雷达馈线收发支路损耗测试点示意图

(3)发射支路损耗测试

图 3.32 为雷达馈线发射支路损耗测试工装接入示意图。测试发射支路损耗需要拆波导,分别是发射机顶的 1DC1 上弯波导两端 P1 点和天线座俯仰关节之上的进口软波导上口(靠近馈源端口)P2 点。测试信号的注入端口为 P1 点,测试信号的输出端口为 P2,测试信

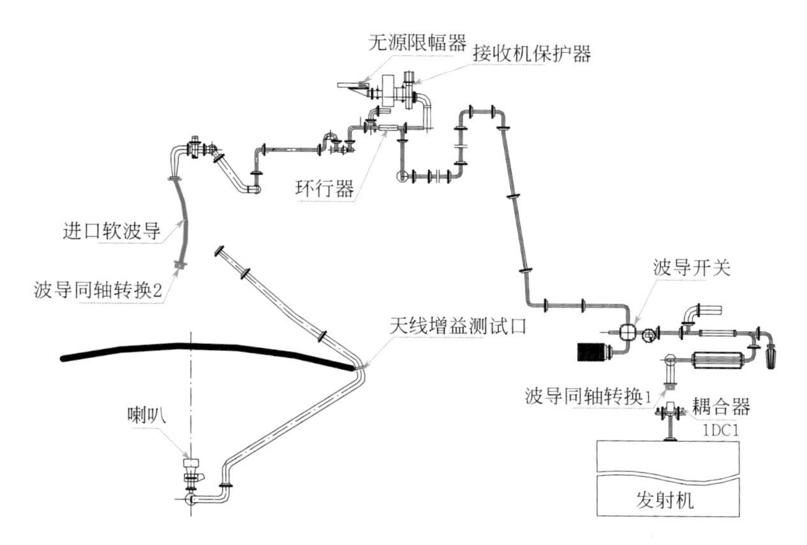

图 3.32　雷达馈线发射支路损耗测试工装接入示意图

号通过波导同轴转换工装(图 3.32 绿色标注部分)耦合输入输出。

图 3.33 中绿色或红色标注地方分别为 SA/SB/CA/CB 雷达需要拆卸的法兰盘接头，图 3.34、图 3.35 和图 3.36 红色标注部分为需要拆下的弯波导。

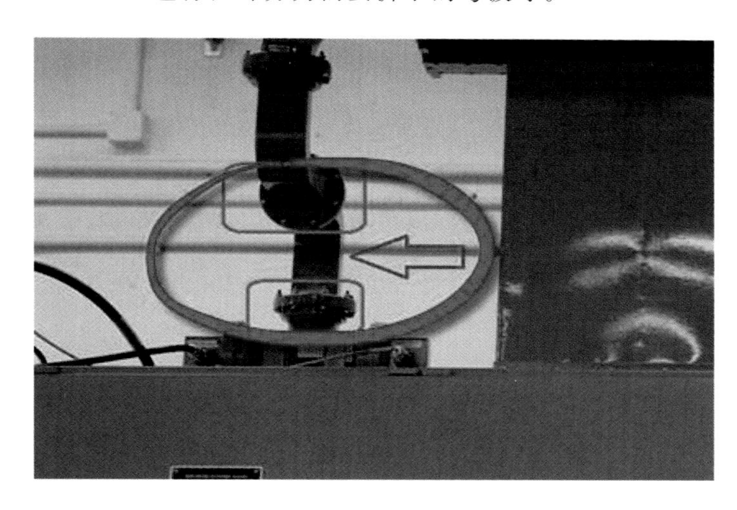

图 3.33　要拆下的弯波导(SA)

按照图 3.37 所示将波导同轴转换与波导口连接。用 N 型测试电缆将信号源与功率计连接，设置信号源的频率为本站工作频率，输出功率为 0 dBm。在功率计处读取经过电缆衰减后的功率值 PT-in(dBm)并记录。断开功率计与 N 型电缆的连接，将电缆接到波导同轴转换的 N 型接头上。

带着功率计和波导拆卸工具等进入天线罩内，拆开进口软波导的上端口，实物位置见图 3.38、图 3.39、图 3.40 和图 3.41 所示，按照图 3.42 所示连接波导同轴转换并将功率计的探头接到波导同轴转换的 N 型接头上。

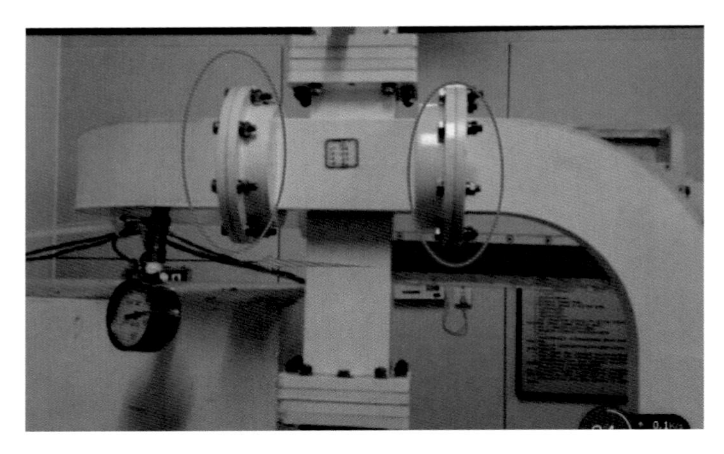

图 3.34　要拆下的弯波导(SB)

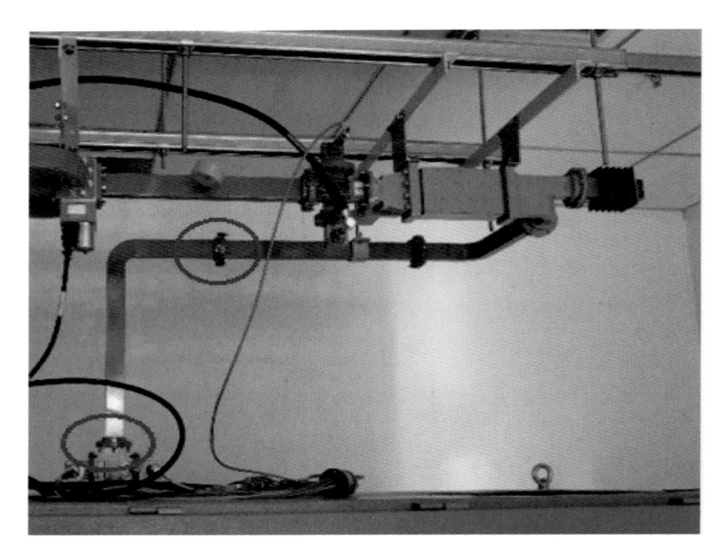

图 3.35　要拆下的弯波导(CA)

在 RDA 计算机上运行 RDASOT 中的 DAU 控制程序将波导开关的指向打到天线(Antenna),让信号源输出的测试信号通过发射支路送到功率计探头处。通常人员进入天线罩内时波导开关会自动处于假负载状态,需要关闭天线罩门。读取功率计的读数 $P_{T\text{-out}}$(dBm)。

从图 3.43 红圈标注框可以看出天线馈源与软波导之间有一段直波导(三节)没有被包含进去,因为此段波导不易拆卸和安装,且为可靠性非常高的直波导,根据经验此段波导的插损按照 0.1 dB 计算,所以测试和计算后的发射支路损耗应该为:

$$L_T = |P_{T-in} - P_{T-out}| + 0.1(\text{dB}) \tag{3.1}$$

(4)接收支路损耗测试

测试思路与发射机支路损耗测试一致,信号测试点如图 3.44 和图 3.45 所示。用信号源和 N 型测试电缆(长度约 7 m)从进口软波导的上端口(图 3.31 中的 P2 点)注入测试信号 *PR-in*(dBm),在图 3.31 中 P4 点,即接收机保护器输出口测试输出信号 *PR-out*(dBm)(需

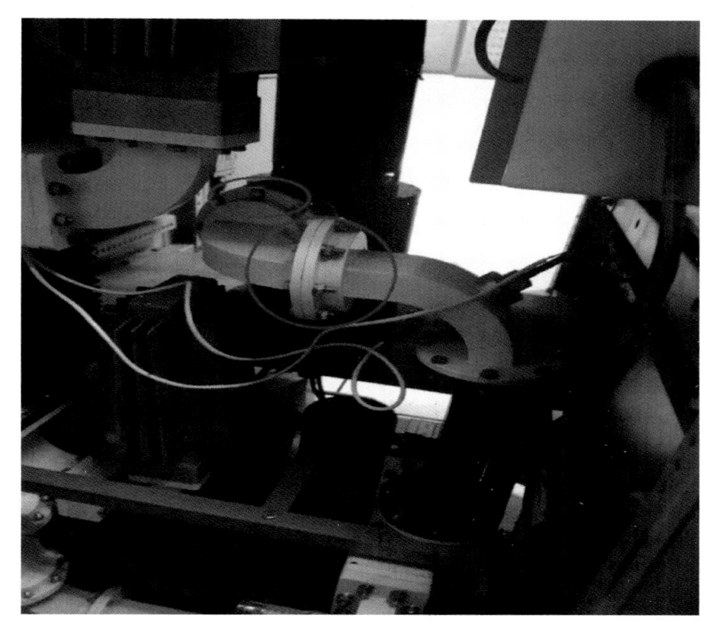

图 3.36 要拆下的弯波导(CB)

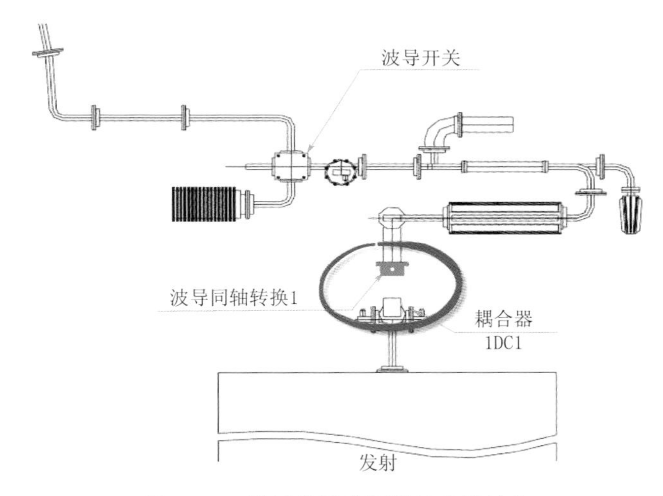

图 3.37 测试信号从同轴转换器输入

要 90 度 N 型弯头转接头，便于连接功率探头)，测试和计算的结果为：

$$L_R = |P_{R-in} - P_{R-out}| + 0.1(\text{dB}) \quad (3.2)$$

因为信号源比较重，测试电缆太长衰减太大，可采用以下方法来测试接收支路损耗：

在测试发射支路损耗得到测试结果后，取下功率探头，用短路器短接进口软波导处波导同轴转换，然后直接从无源限幅器的输出端测试功率值 P_{out}。因为短路器的全反射作用，使得发射的测试信号反射到接收支路，测试和计算的接收支路损耗为：

$$L_R = |P_{out} - P_{T-out}| + 0.1(\text{dB}) \quad (3.3)$$

为保证功率计测试准确，可将信号源和功率计直接相连，设置信号源的频率为本站工作

图 3.38　软波导拆卸实际位置(SA)

图 3.39　软波导拆卸实际位置(SB)

图 3.40　软波导拆卸实际位置(CA)

图 3.41 馈源罩拆卸位置(CB)

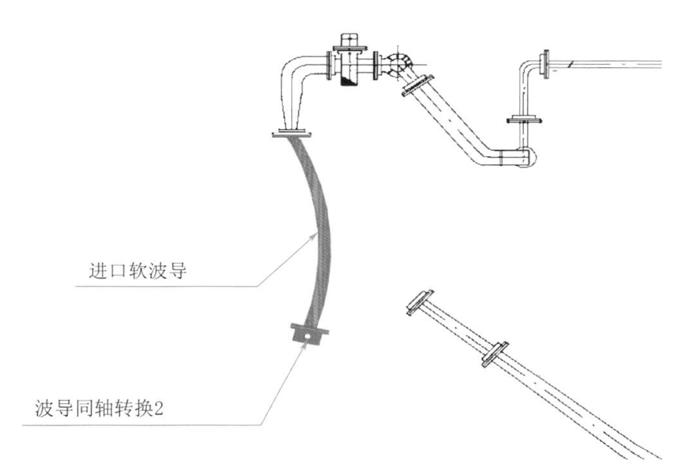

图 3.42 软波导接同轴转换器位置

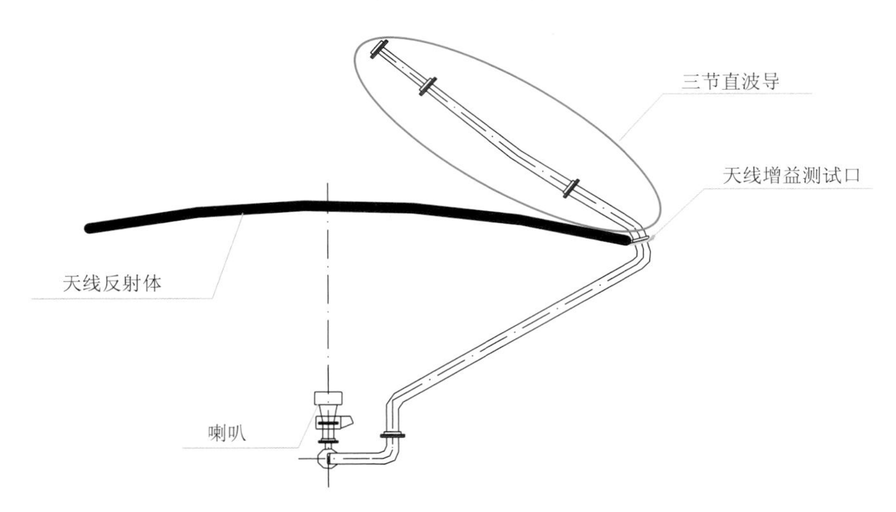

图 3.43 三节直波导估算 0.1 dB

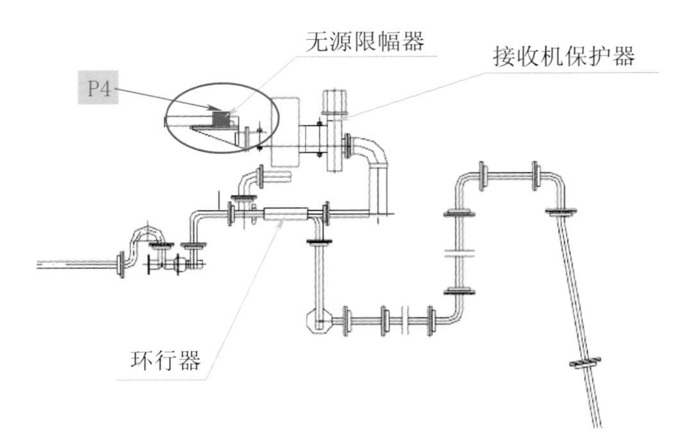

图 3.44 SA 雷达测试接收支路损耗输出口

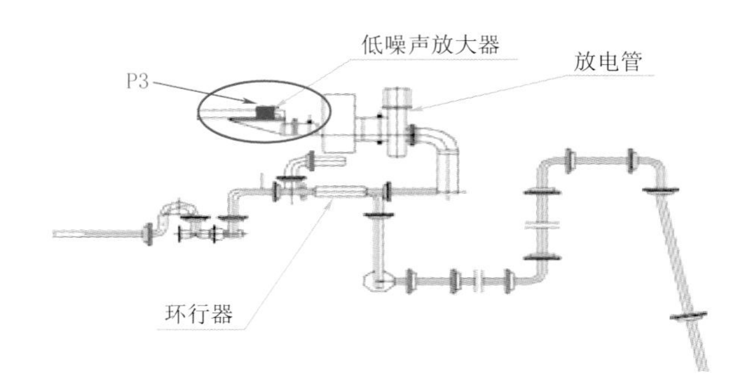

图 3.45 测试接收支路损耗输出口(SB/CA/CB)

频率，调整信号源输出功率，查看功率计测试功率值，得出功率计测试误差最小区间，然后用测试电缆将信号源与功率计连接，调整信号源输出功率使得经电缆衰减后信号强度在功率计测试误差最小区间内，在功率计读取经电缆衰减后的功率值。

(5)收发支路损耗定标

1)运行 RDASOT，选择 Reflectivity Calibration，正常打开界面之后所有参数数值均显示为灰色，不可修改，需要点击 Modify 才可对适配参数进行更改，见图 3.46；

2)将实测发射支路损耗、接收支路损耗与原适配参数进行比较，更改的时候需要注意的是 Pathloss2 中的数值只影响发射支路损耗；

3)Pathloss 3 中的 TR26、TR27、TR28、TR29、TR31 同时影响发射支路和接收支路损耗，TR34 项仅影响接收支路损耗，见图 3.47；

4)修改完毕后点击 Save。

(6)注意事项

1)将信号源架设在发射机后面，并开机预热(有些仪表的预热时间较长，避免因仪表预热时间不够带来的测试误差)。

2)正式测试前，必须标定全部参与测试的测试电缆。

3)停止雷达运行，关闭发射机所有开关，关闭配电机柜处发射机和伺服供电开关。

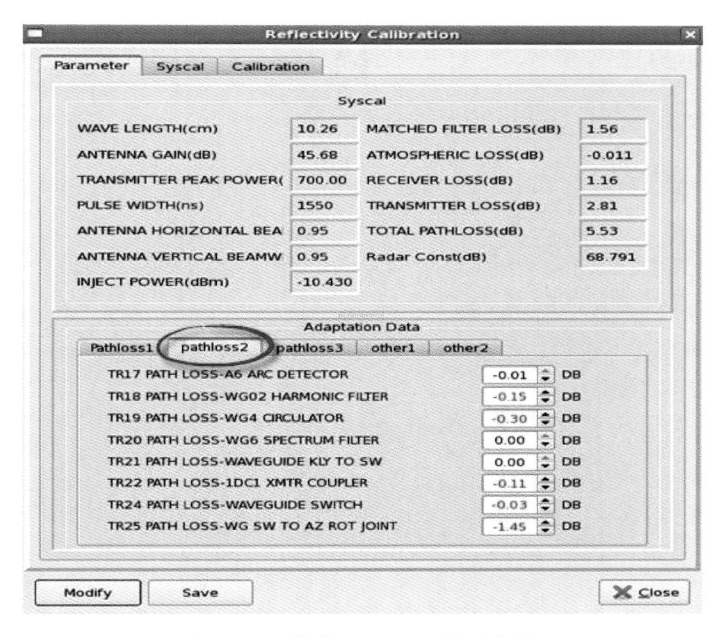

图 3.46　修改 Pathloss2 页面参数

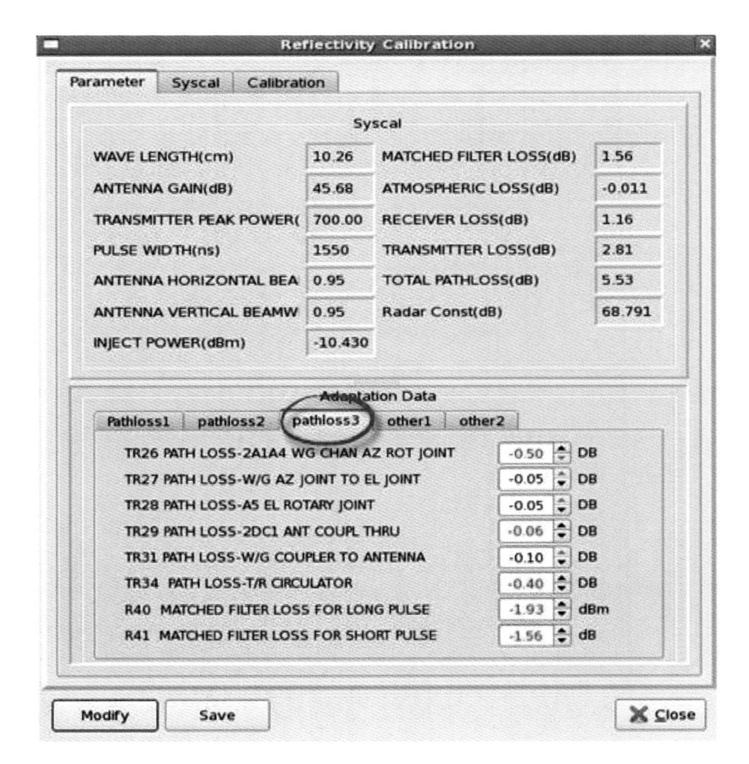

图 3.47　修改 Pathloss3 页面参数

4)关空压机供电开关。

5)在修改接收、发射支路损耗时,保证参数与实测值一致即可,有部分参数为接收、发射支路公用部分,修改时应慎重。

3.3.2 发射机定标

3.3.2.1 发射脉冲宽度定标

(1)仪表及附件

1)平衡检波器;

2)数字示波器(TDS3032B 或同类型);

3)低损耗高频测试电缆(N-N 型);

4)BNC 测试电缆(BNC-BNC);

5)固定衰减器(N 型 30 dB,N 型 7 dB 或 10 dB);

6)电缆转接头(N-50KK)。

(2)测试框图(图 3.48)

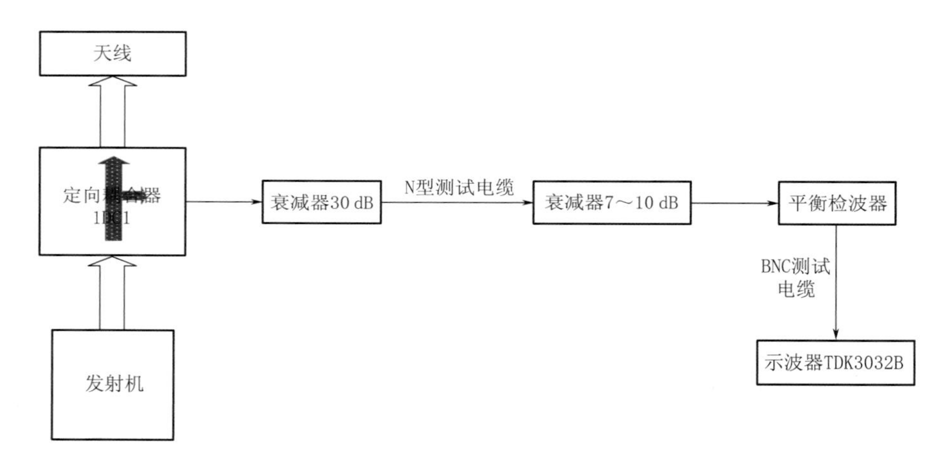

图 3.48　发射脉冲包络测试框图

(3)测试步骤

1)按图 3.48 方式连接测试设备(送至检波器的功率应小于检波器额定最大功率值,一般检波器额定最大平均功率为 10 dBm);

2)在 RDA 电脑上运行 RDASOT 程序,点击 Signal Test 按钮,在弹出对话框中选择 Transmitter 页面,最终显示发射机测试信号选择对话框;

3)选择脉冲重复频率和宽/窄脉冲,在选择好频率和脉宽后,点击“Start”按钮;

4)发射机预热完毕,通过发射机控制面板控制区的“本/遥”、“自动/手动”按钮,将发射机切换到“本控”“手动”模式;

5)使雷达系统处于正常工作状态,发射机手动加高压;

6)正确设置示波器,按示波器“自动测试”按钮,再改变示波器的横轴和纵轴刻度旋钮,使示波器上能见到合适的脉冲包络波形,然后读取脉冲包络的各参数值(F、τ、τ_r、τ_f、δ);

7)关掉发射机高压,改变发射机脉冲重复频率和脉宽进行测试,如果测试结果符合技术指标要求,记录测试数据,否则应按照维修手册调整脉冲宽度直至符合指标要求,重新测试并记录新的测试数据;

8)如不能解决脉冲宽度异常问题,则需进一步调整和检修。

(4)注意事项

1)在进行宽/窄脉冲切换前,必须先切断高压,再进行脉宽切换,否则易烧坏发射机。

2)为避免大功率假负载吸收发射功率引起发热或打火,应尽量避免在测试状态下长时间开高压。

3)平衡检波器所能承受的最大平均功率为 10 dBm,为保证平衡检波器的使用安全,必须保证平衡检波器输入信号平均功率小于 10 dBm。通常在测试线缆靠近发射机功率测试输出耦合器处接 30 dB 固定衰减器,线缆另一端接 7 dB 或 10 dB 固定衰减器和检波器,经 BNC 线缆连接至示波器。如图 3.49 所示。CB 雷达:为保证检波器的使用安全,通常在测试线缆靠近发射机功率测试输出耦合器处接 10 dB 固定衰减器,经 BNC 线缆连接至示波器。

4)示波器匹配阻抗设置为 50 Ω。

图 3.49　CB 雷达测试连接实物图

3.3.2.2　发射脉冲峰值功率定标

(1)仪表及附件

1)功率探头(Agilent 8481A 或同类型);

2)功率计(Agilent E4418B 或同类型);

3)低损耗测试电缆(N-N);

4)电缆转接头(N-50KK);

5)固定衰减器(N 型 30 dB,N 型 7 dB 或 10 dB);

6)RDASOT 软件。

(2)测试框图(图 3.50)

(3)机外仪表测试步骤

1)按照 3.3.2.1 节步骤测试脉冲包络,并记录测试结果;

2)功率计调零、标定;

3)按图 3.50 连接测试设备(送至功率探头的峰值功率应小于功率探头额定最大功率值,一般随机功率探头额定最大功率值为 20 dBm,串联在测试链路中的固定衰减器的总衰减量应不小于 37 dB),设置功率计的占空比和衰减量,以及标校系数;CB 雷达:按图 3.49 连接测试设备(送至功率探头的峰值功率应小于功率探头额定最大功率值,一般随机功率探头额定最大功率值为 20 dBm,串联在测试链路中的固定衰减器的总衰减量应不小于 10 dB),设置功率计;

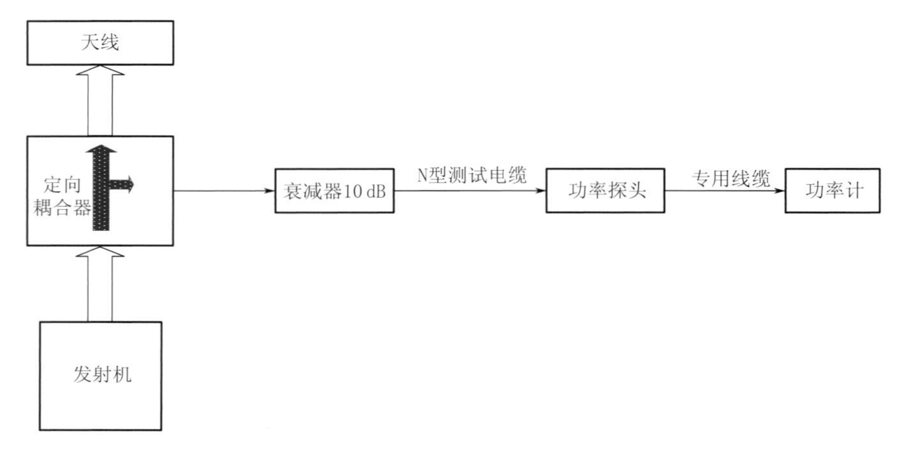

图 3.50 发射脉冲峰值功率测试框图

4)按照 3.3.2.1 测试步骤中第 2 步至第 5 步操作,发射机加高压;

5)分别读取不同重频的发射机功率值;如果测试结果符合技术指标要求,记录测试数据,否则应按照维修手册调整发射脉冲功率直至符合指标要求,重新测试并记录新的测试数据;

6)如不能解决功率异常问题,则需进一步调整和检修。

(4)机内自动测试步骤

RCW 软件每个体扫自动监控发射机输出功率,在软件 Performance Data→Transmitter1 可查看,如图 3.51 所示,并将结果记录到日志文件中。

(5)发射脉冲峰值功率定标

若发射脉冲峰值功率小于 650 kW(CA/CB 雷达:发射脉冲峰值功率小于 250 kW),需进行如下检查和调整:

1)检查发射机输出脉冲宽度是否符合指标要求,视情况调整;CA/CB 雷达:检查发射机输出脉冲宽度是否符合指标,视情况调整;

2)检查人工线电压是否符合指标要求(SA/SB≥4200 V,CA/CB 约 4000 V 且最高不超过 4300 V),视情况调整;

3)检查磁场电流是否正常(查看速调管铭牌值与实际值是否相符),视情况调整(CB 为

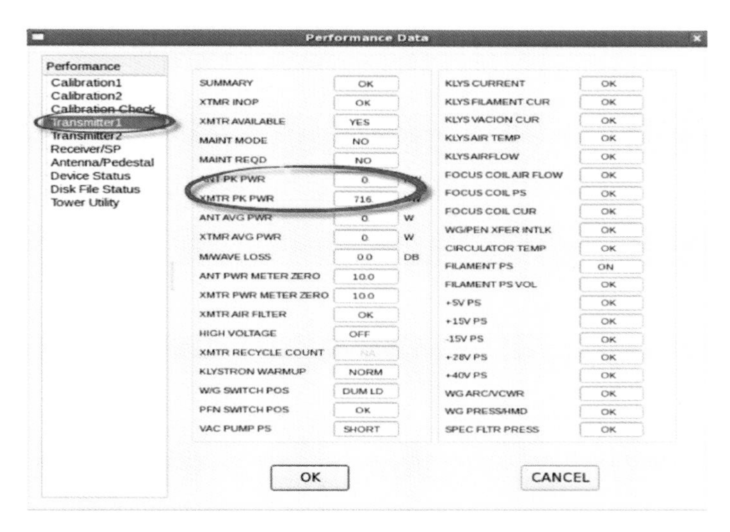

图 3.51　查看机内发射机功率和天线功率

永磁)；

4)检查灯丝电流是否正常(查看速调管铭牌值与实际值是否相符)，视情况调整。

若机内、机外测试发射脉冲峰值功率相差 50 kW 以上(SA/SB 雷达)和 20 kW 以上(CA/CB 雷达)，应对机内功率测试进行定标。步骤如下：

1)进入 RCW 中 Adaptation 界面；

2)进入到图 3.52 中的 Transmitter1 界面，TR9 和 TR10 对应窄脉冲发射机功率和天线功率，TR7 和 TR8 对应宽脉冲发射机功率和天线功率；

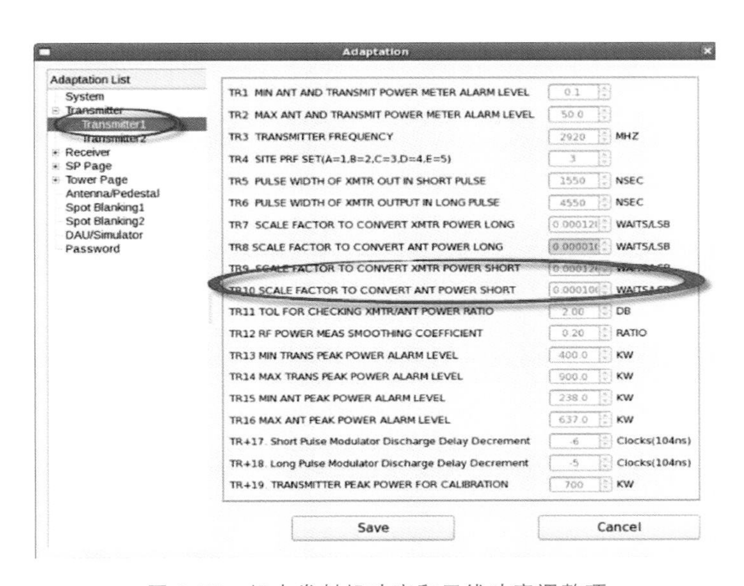

图 3.52　机内发射机功率和天线功率调整项

3)如本例中我们读取到的发射机机内功率为 716 kW，假设在发射机定向耦合器 1DC1

的耦合输出端测得的发射机 322 Hz 窄脉冲实际功率是 650 kW，需将 716 kW 调整为 650 kW，TR9 中的数值 0.00012，根据 0.00012 × 650/716 = 0.0001089，将 0.00012 改为 0.0001089；CA/CB 雷达类同；

4）机内天线功率的修改方法与上述方法相同，宽脉冲的机内发射机功率和天线功率对应修改 TR7 和 TR8。

（6）注意事项

1）在进行宽/窄脉冲切换前，必须先切断高压，再进行脉宽切换控制，否则易烧坏发射机。

2）为避免大功率假负载吸收发射功率发热或打火，应尽量避免在测试状态下长时间开高压。

3）确保进入功率探头的信号强度小于功率探头的额定输入功率。

4）应使用标定过的测试电缆。

5）SA/SB 雷达发射机脉冲峰值功率一般不超过 750 kW，CA/CB 雷达发射机脉冲峰值功率一般不超过 300 kW。

6）SA/SB 雷达发射机人工线电压不应大于 5000 V。CA/CB 雷达人工线电压不应大于 4300 V。

7）示波器匹配阻抗设置为 50 Ω。

3.3.2.3 发射机输出极限改善因子测试

（1）仪表及附件

1）频谱仪（Agilent E4445A 或同类型）；

2）低损耗高频测试电缆（N 型）；

3）射频连接器（N-50KK）；

4）固定衰减器（N 型 30 dB，N 型 7 dB 或 10 dB）。

（2）测试框图（图 3.53 和图 3.54）

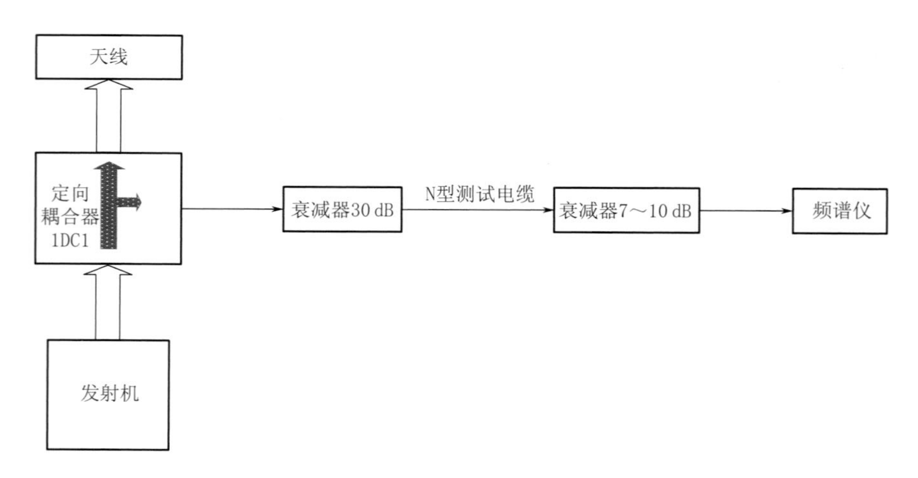

图 3.53 发射机输出极限改善因子测试框图（SA/SB/CA）

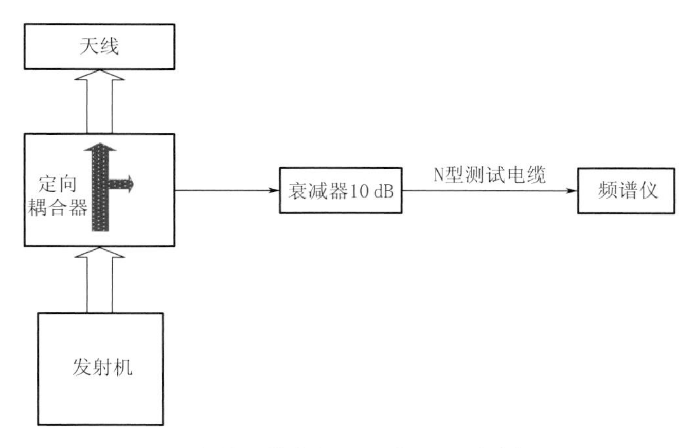

图 3.54 发射机输出极限改善因子测试框图(CB)

(3)测试步骤

1)按图 3.53 或图 3.54 连接测试设备(送至频谱仪的峰值功率应小于频谱仪额定最大功率),测试发射机 1DC1 耦合输出信号;

2)按照 3.3.2.1 节测试步骤中第 2)至第 5)操作,发射机加高压;

3)设置频谱仪,得到信噪比;

4)计算发射机输出极限改善因子。

(4)注意事项

1)在进行宽/窄脉冲切换前,必须先切断高压,再进行脉宽切换,否则易烧坏发射机。

2)为避免大功率假负载吸收发射功率引起发热或打火,应尽量避免在测试状态下长时间开高压。

3)频谱仪的输入信号额定最大功率≤30 dBm,在测试前,应对所测试信号的功率大小有充分了解,加入适当衰减器,以保证进入频谱仪的信号强度小于频谱仪的输入信号额定最大功率。

3.3.2.4 发射机输入极限改善因子测试

(1)仪表及附件

1)频谱仪(Agilent E4445A 或同类型);

2)测试电缆(SMA);

3)射频连接器(N-SMA)。

(2)测试框图(图 3.55)

图 3.55 发射机输入极限改善因子测试框图

(3)测试步骤

1)按图 3.55 方式连接测试设备;

2)使雷达系统处于正常工作状态,发射机关高压;

3)设置频谱仪,测试信噪比;

4)撤除测试电缆,恢复雷达系统线缆连接;

5)根据公式计算发射机输入极限改善因子。

(4)注意事项

如果从发射机前置放大器输出端测试则应加 20 dB 固定衰减器。

3.3.3 接收机定标

3.3.3.1 噪声系数测试

(1)仪表及附件

1)固态噪声源(Agilent 346B);

2)频谱仪(Agilent E4445A);

3)测试电缆;

4)BNC 线缆;

5)RCW 软件。

(2)测试框图

(3)机外噪声源测试步骤

1)SA 雷达和 SB/CA/CB 雷达的测试连接框图如图 3.56、图 3.57。将频谱仪标配的噪声源连接到接收机无源限幅器输入端(SA 雷达使用预留在机房和天线罩间的 BNC 电缆作为噪声源电源线缆,连接频谱仪后面板上的 28 V 电源),如图 3.58 所示;SB 雷达:将频谱仪标配的噪声源连接到接收机低噪声放大器输入端(可使用 W53 线缆和 BNC-N、N-SMA 转接头串接成噪声源电源线缆,连接频谱仪后面板的 28 V 电源),如图 3.59 所示;CA 雷达:将频谱仪标配的噪声源连接到接收机低噪声放大器输入端(使用预留在机房和天线罩间的 BNC 电缆作为噪声源电源线缆,连接频谱仪后面板上的 28 V 电源),如图 3.60 所示;CB 雷达:将频谱仪标配的噪声源连接到接收机低噪声放大器输入端,如图 3.61 所示;

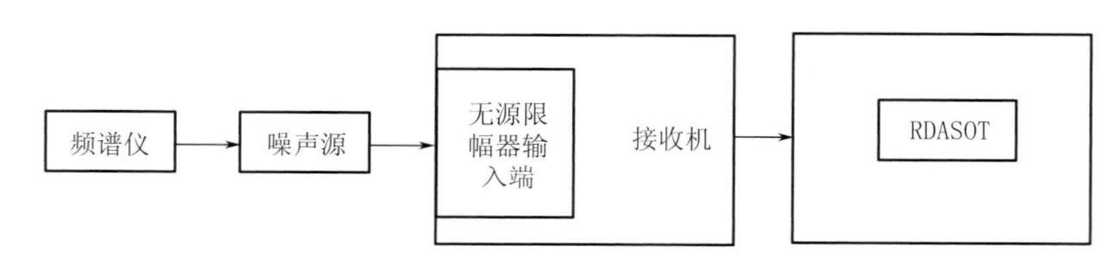

图 3.56 机外噪声源测试噪声系数(SA)

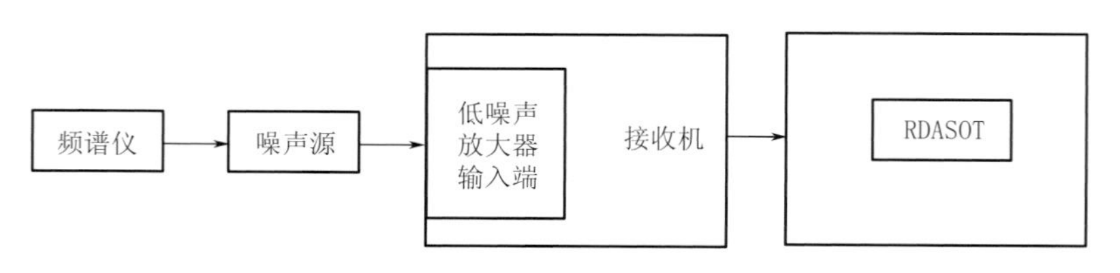

图 3.57 机外噪声源测试噪声系数(SB/CA/CB)

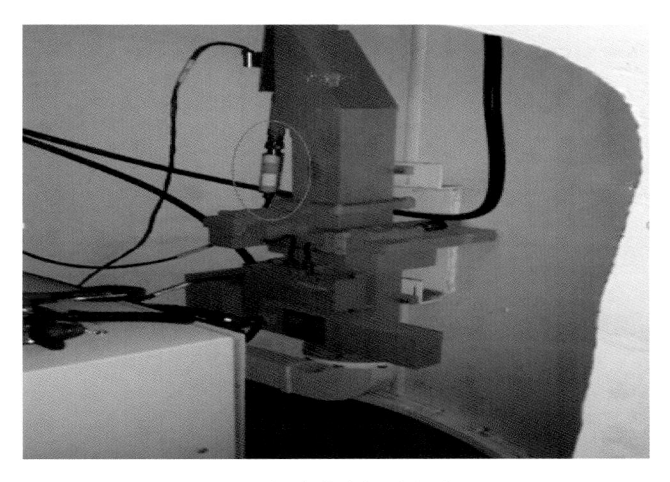

图 3.58　机外噪声源注入点(SA)

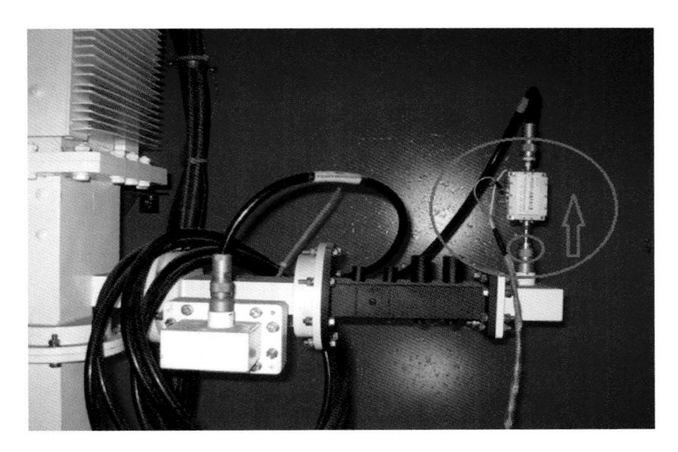

图 3.59　机外噪声源注入点(SB)

图 3.60　机外噪声源注入点(CA)

图 3.61　机外噪声源注入点(CB)

2)运行 RDASOT,选取“Noise Figure”项;

3)设置好频谱仪;

4)频谱仪选“Off”(噪声源冷态,关噪声源),在“Noise Figure”项,选择“Cold”,点击“Test”,自动显示测试结果,如图 3.62 所示;

5)频谱仪选“On”(噪声源热态,开噪声源),在“Noise Figure”项,选择“Hot”,点击“Test”,自动显示测试结果,如图 3.63 所示;

6)撤除测试电缆,恢复雷达系统线缆连接。

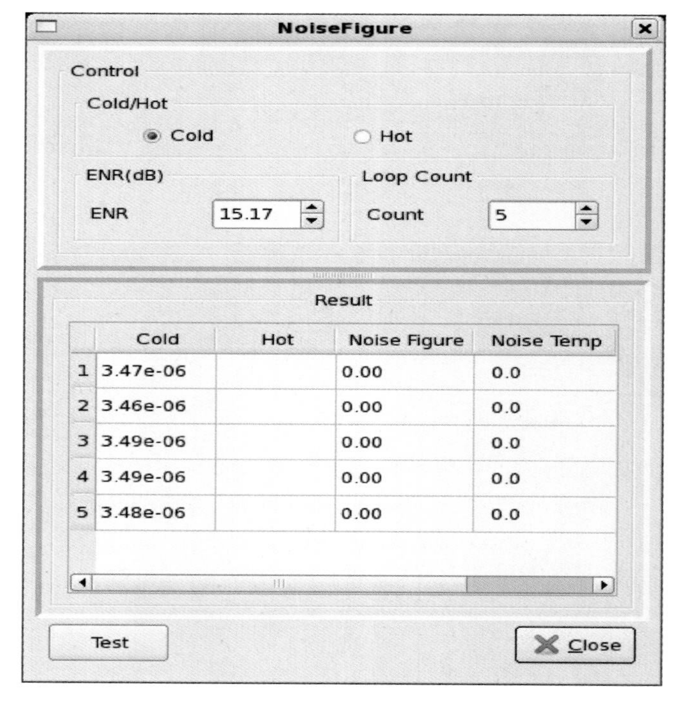

图 3.62　冷态测试

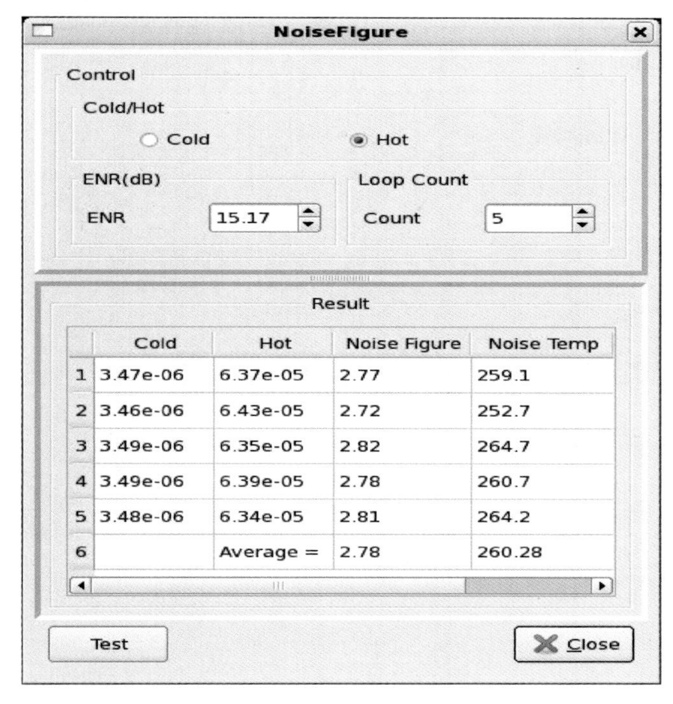

图3.63 热态测试

(4)机内噪声源测试步骤

1)启动RCW程序,在完成自动标定以后(状态为"Standby")即可在Performance性能参数中Receiver/SP页SYSTEM NOISE TEMP中读取测试数据;

2)在State菜单中选择Off-line Operate,可自动连续测试。

(5)噪声系数定标

如果机内噪声温度换算为噪声系数与机外测试值不一致,需要进行噪声系数定标。

1)将机外噪声系数换算为噪声温度,以噪声系数为2.8为例,对应的噪声温度约为263 K;

2)进入RCW中Adaptation界面Receiver2,更改R35项,如图3.64所示(增大R35项值,噪声温度随之增大);

3)更改R35项之后要删除标定文件computer/filesystem/opt/rda/config/RDACAL-IB.dat,重新进行系统标定。一般需多次更改直到机内、机外噪声温度值达到一致。

(6)注意事项

使用外接噪声源时,固态噪声源的超噪比ENR取值应对应雷达工作频率。

3.3.3.2 动态范围测试

(1)仪表及附件

1)信号源(Agilent E4428C或同类型);

2)功率计(Agilent E4418B或同类型);

3)功率探头(Agilent N8481A);

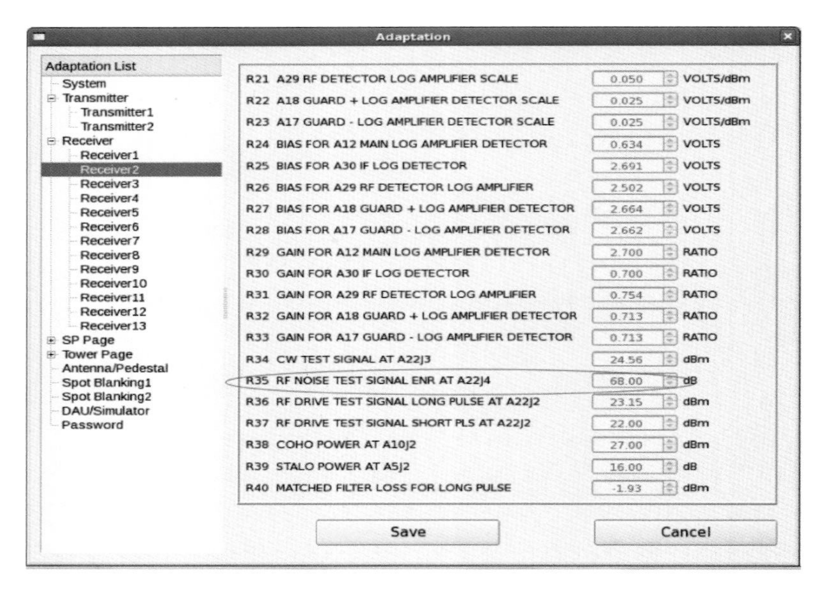

图 3.64 噪声温度调整项 R35

4)测试电缆；

5)网线；

6)RDASOT 软件。

(2)测试框图(机外信号源)

SA 雷达、SB/CA 雷达和 CB 雷达的测试连接框图如图 3.65、图 3.66、图 3.67 所示。

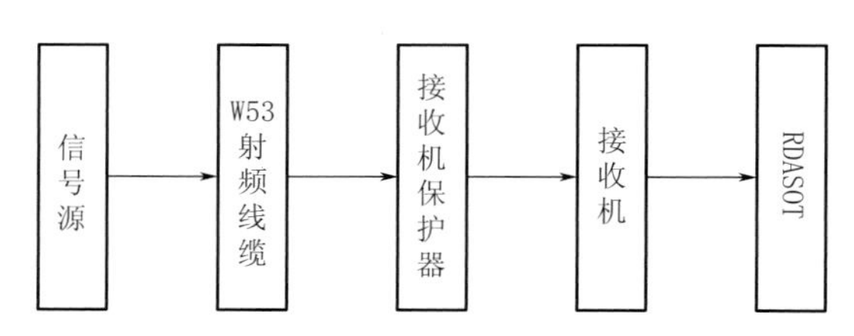

图 3.65 机外信号源测试框图(SA)

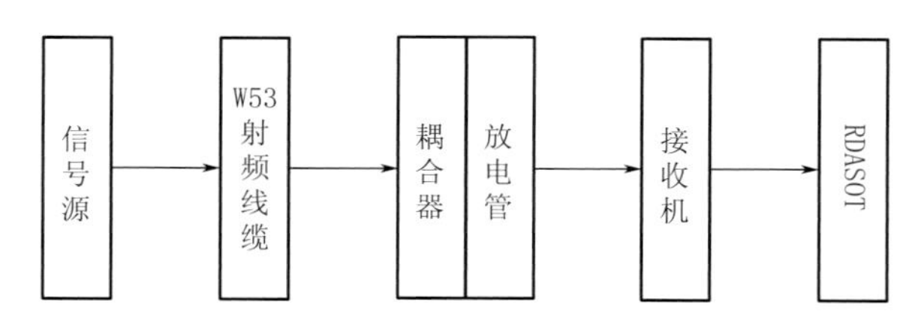

图 3.66 机外信号源测试框图(SB/CA)

(3)机外信号源测试步骤

1)SA 雷达：如图 3.68 所示，从二位开关输出端和 W53 射频线缆连接处脱开，或从二位开关输入端脱开，信号源输出通过测试电缆经半钢电缆输入 W53 射频线缆，或信号源输出通过测试电缆接入二位开关输入端，用网线连接 RDA 计算机和信号源；SB 雷达：如图 3.69

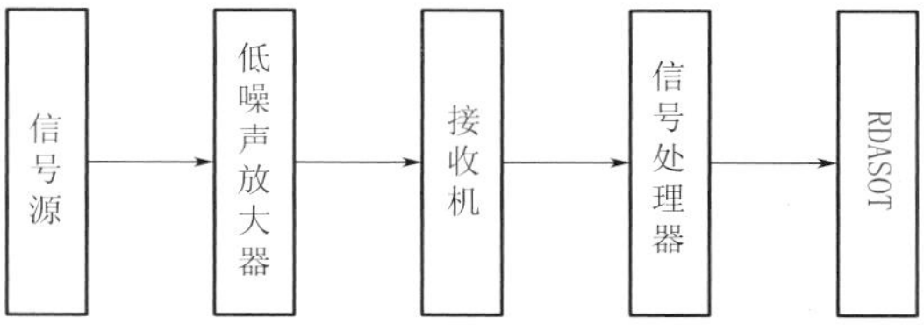

信号源 → 低噪声放大器 → 接收机 → 信号处理器 → RDASOT

图 3.67 机外信号源测试框图(CB)

所示，从隔离器输出端和半钢电缆处脱开，信号源输出通过测试电缆经半钢电缆端输入 W53 射频线缆，用网线连接 RDA 计算机和信号源；CA 雷达：如图 3.70 所示，从数控衰减器输出端和半钢电缆处脱开，信号源输出通过测试电缆经半钢电缆输入 W53 射频线缆，用网线连接 RDA 计算机和信号源；CB 雷达：如图 3.67 所示，将信号源功率设置为 −110 dBm，信号源输出通过测试电缆注入低噪声放大器，用网线连接 RDA 计算机和信号源；

2）先查询 RDA 计算机的 IP 地址，然后将信号源的 IP 地址设置为与 RDA 计算机的 IP 同一网段（不能相同），设置 IP 地址后应将信号源重新启动；

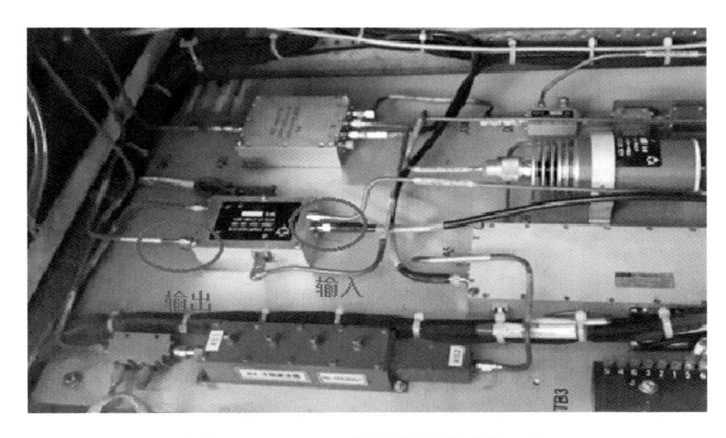

图 3.68 SA 二位开关输出/输入点

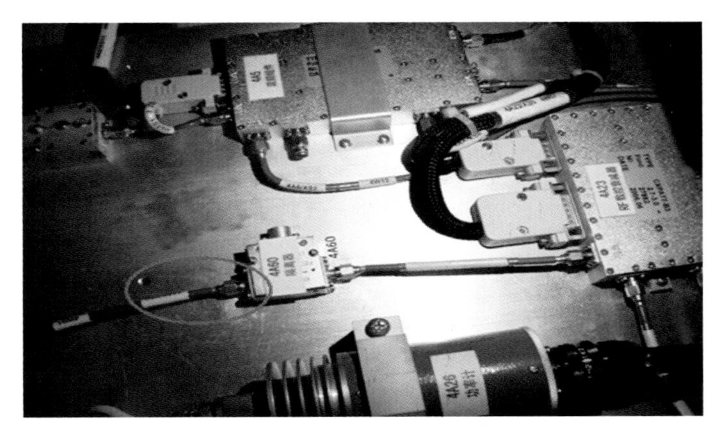

图 3.69 SB 雷达隔离器输出

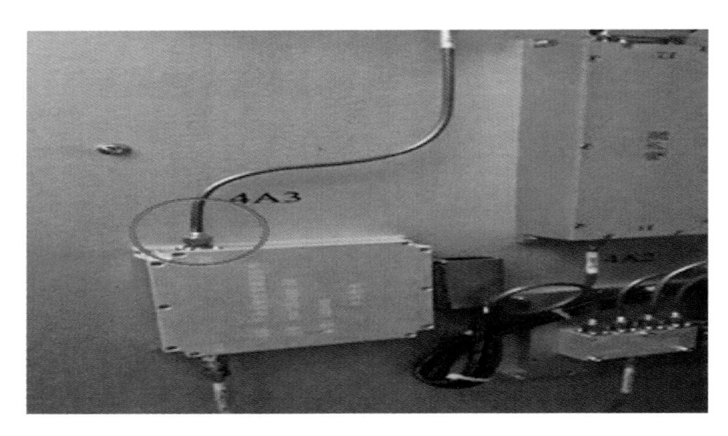

图 3.70 CA 雷达机外信号源注入点

3)设置 RDASOT 中仪器 IP 地址；

4)在弹出的对话框中设置如下：首先将控制信号源的对勾选中，然后输入仪器的 IP 地址、雷达频点和测试电缆损耗(Cable Loss 为测试电缆衰减，电缆衰减已标定)，保存后退出；

5)在 RDASOT 中选择 Dynamic Range；

6)在动态范围测试界面，在网格线区域单击鼠标右键，选 dBZ；

7)选择 outside，然后点击 Auto Test，RDASOT 控制信号源自动完成机外动态范围测试，测试数据保存在 computer/filesystem/opt/rda/log/Dyntest_date.txt 中；

8)撤除测试电缆，恢复雷达系统线缆连接；

9)将记录的数据按照最小二乘法进行拟合，得出动态范围、拟合直线斜率以及拟合均方根误差、方差等参数；

10)如果测试结果不满足技术指标要求，则需要对雷达系统进行进一步检查或维修。

(4)机内信号源测试步骤

做机内动态时将参数设置中的控制信号源的对勾去掉，在动态范围页面中选 dBZ，inside，然后点击 Auto Test，结果保存位置同机外动态。

(5)注意事项

在测试接收机动态范围前，确保已按正确的标定方法标定完接收机测试通道。

3.3.4 系统定标

3.3.4.1 系统相位噪声测试

(1)仪表及附件

1)RCW 软件；

2)RDASOT 软件。

(2)测试框图

系统相位噪声机内测试连接如图 3.71。

(3)RCW 离线定标步骤

1)发射机预热完毕后打到遥控、自动的位置；

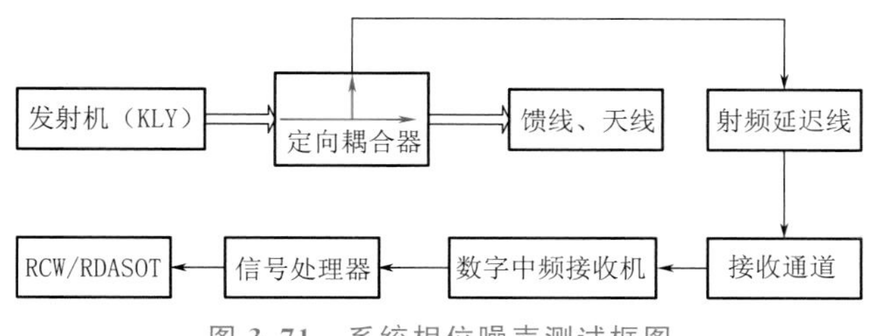

图 3.71 系统相位噪声测试框图

2)启动 RCW 软件，自动标定结束后在 State 中选择 Off-line Operate，连续标定 10 次，在文件 computer/filesystem/opt/rda/log/date-IQ62.log 中记录结果，“SQUARE ROOT＝”即为测试结果。

(4)RDASOT 自动测试步骤

系统相位噪声机内测试连接如图 3.71。

1)打开 RDASOT 中 Phase Noise；

2)设置如图 3.72 所示，其中采样点数可以修改(若确定修改采样点，则 RCW 中适配参数对应项也应随之修改)；

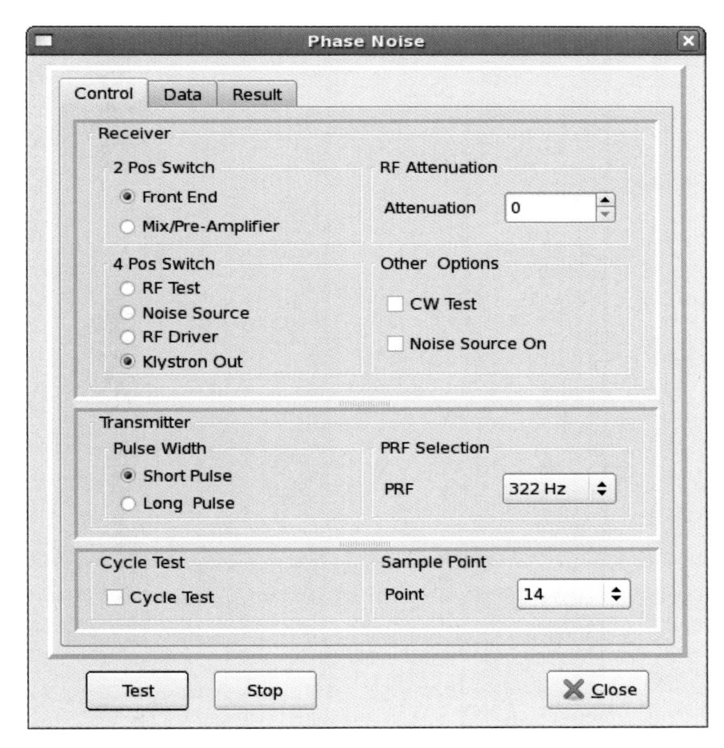

图 3.72 Phase Noise 设置

3)将发射机置于手动、本控状态，开高压；

4)点击 Test 即可完成一组检测并可显示检测结果，如图 3.73 所示(若选中 Cycle Test 可连续检测)。

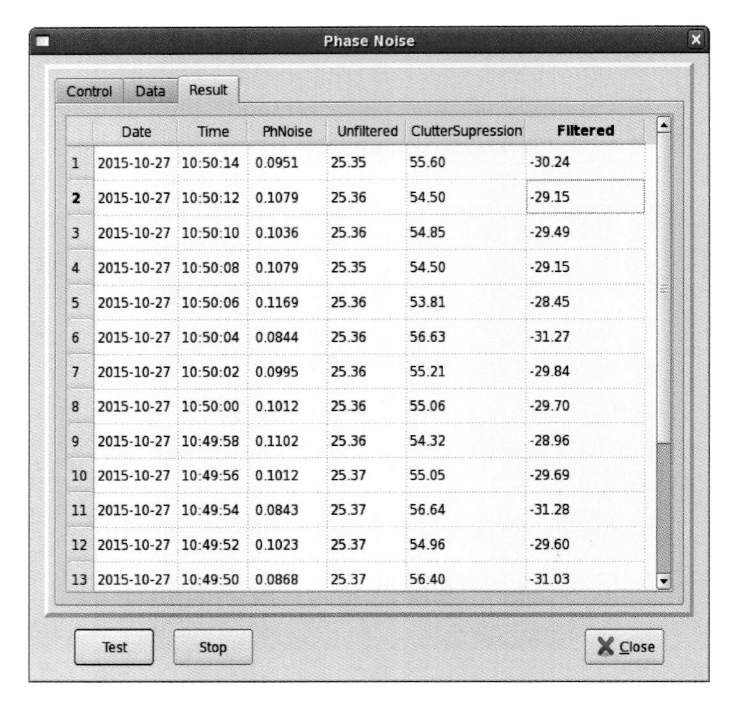

	Date	Time	PhNoise	Unfiltered	ClutterSupression	Filtered
1	2015-10-27	10:50:14	0.0951	25.35	55.60	-30.24
2	2015-10-27	10:50:12	0.1079	25.36	54.50	-29.15
3	2015-10-27	10:50:10	0.1036	25.36	54.85	-29.49
4	2015-10-27	10:50:08	0.1079	25.35	54.50	-29.15
5	2015-10-27	10:50:06	0.1169	25.36	53.81	-28.45
6	2015-10-27	10:50:04	0.0844	25.36	56.63	-31.27
7	2015-10-27	10:50:02	0.0995	25.36	55.21	-29.84
8	2015-10-27	10:50:00	0.1012	25.36	55.06	-29.70
9	2015-10-27	10:49:58	0.1102	25.36	54.32	-28.96
10	2015-10-27	10:49:56	0.1012	25.37	55.05	-29.69
11	2015-10-27	10:49:54	0.0843	25.37	56.64	-31.28
12	2015-10-27	10:49:52	0.1023	25.37	54.96	-29.60
13	2015-10-27	10:49:50	0.0868	25.37	56.40	-31.03

图 3.73 滤波前后检测结果

3.3.4.2 回波强度定标测试

(1)仪表及附件

1)信号源(Agilent E4428C 或同类型);

2)功率计(Agilent E4418B 或同类型);

3)功率探头(Agilent N8481A 或同类型);

4)连接电缆 1 根(N-N 型);

5)连接电缆 1 根(N-SMA 型);

6)射频连接器(N/SMA-KJ、N-50KK);

7)网线;

8)RDASOT 软件。

(2)测试框图(机外信号源)(图 3.74、图 3.75、图 3.76)

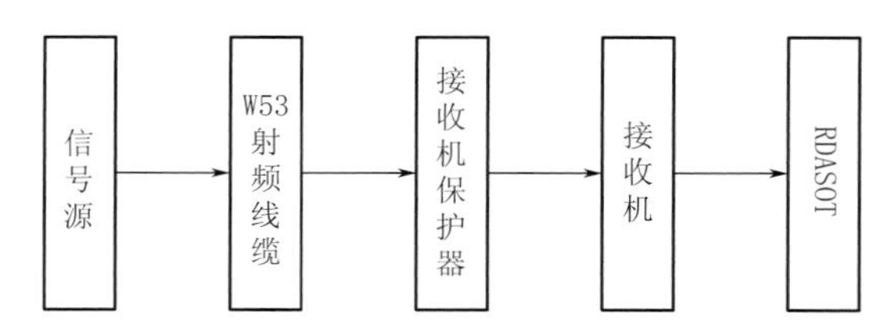

图 3.74 测试框图(SA)

(3)测试通道定标

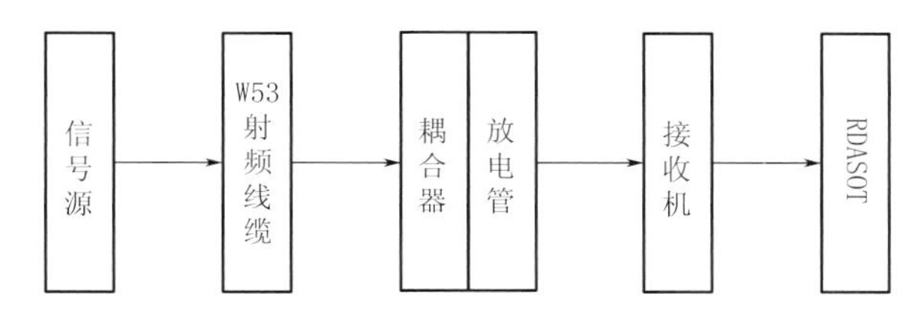

图 3.75　测试框图(SB/CA)

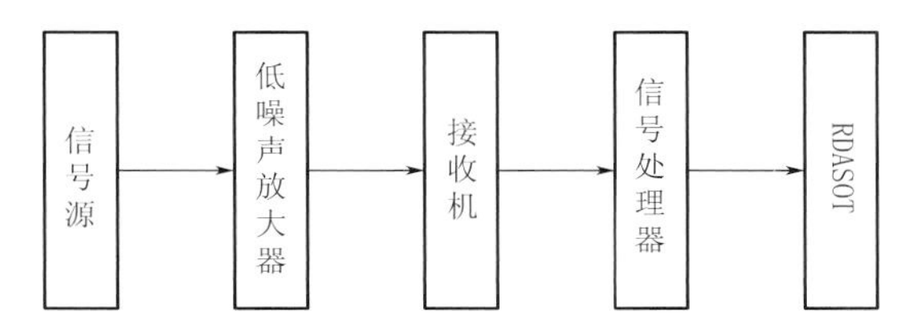

图 3.76　测试框图(CB)

1)打开 RDASOT 软件,点击"反射率标定",进入反射率标定界面;

2)打开界面之后所有参数数值项显示为灰色,不可修改,需要点击 Modify 才可对适配参数进行更改,如图 3.77 所示;

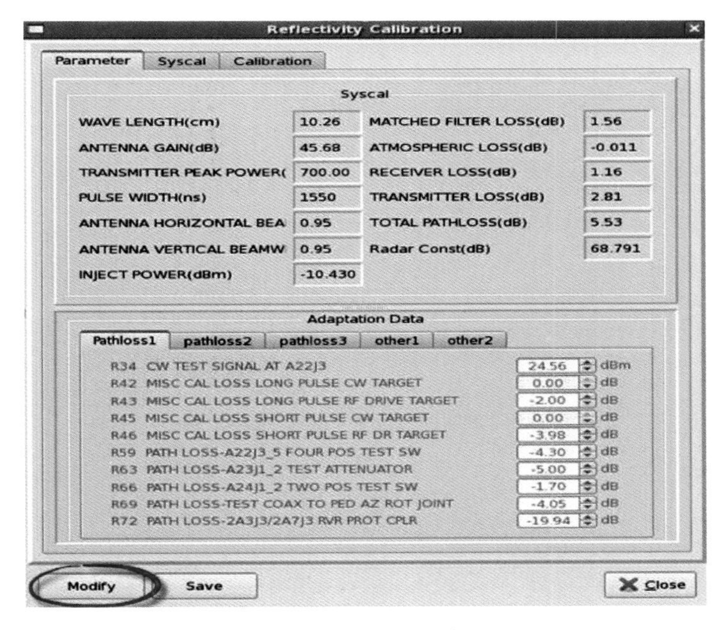

图 3.77　修改适配参数

3)首先在 Other 2 中确定雷达系统的波长、天线增益、发射机峰值功率、脉冲宽度、天线的水平和垂直波束宽度,如图 3.78 所示;

4)在 Pathloss1 中实测 SA/CA 雷达频率源 J3(SB/CB:XS2)输出功率(应修改 R34 项与实测值一致)、SA 雷达接收机保护器(SB/CA/CB:放电管)输出功率,调整 R59、R63、R66、R69 值使得四项总衰减值等于测试功率间的差值。查找接收机保护器(放电管)上对应雷达

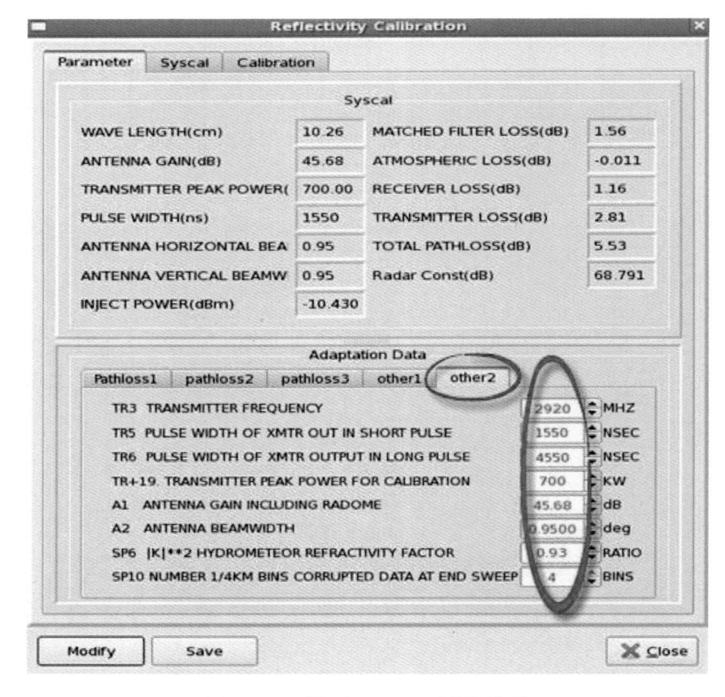

图 3.78 修改 Other2 页面参数

频点的耦合度(应修改 R72 项与标称值一致),则 INJECT POWER 数值会自动给出;如图 3.79 所示。

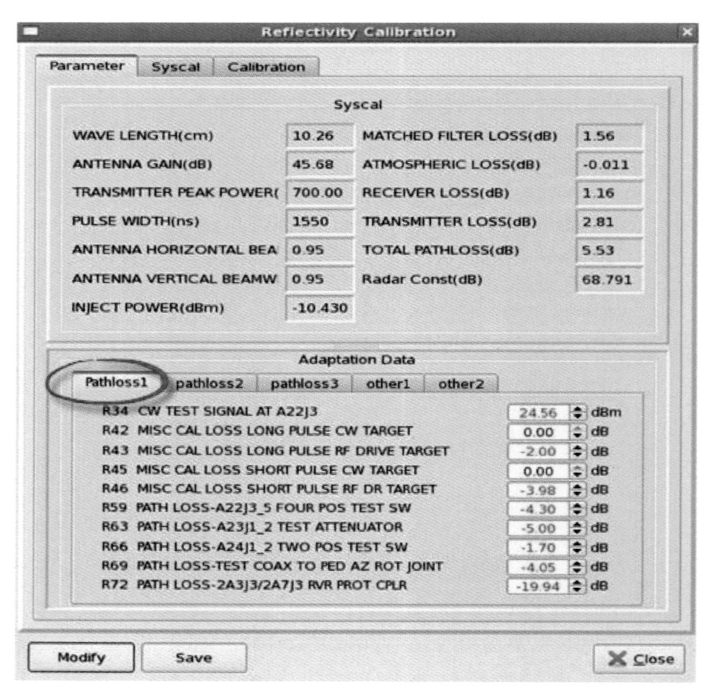

图 3.79 修改 Pathloss1 页面参数

5)使用信号源和功率计实测发射支路损耗、接收支路损耗。与原适配参数进行比较,更改的时候需要注意的是 Pathloss2 中的数值只影响发射支路损耗,如图 3.80 所示;

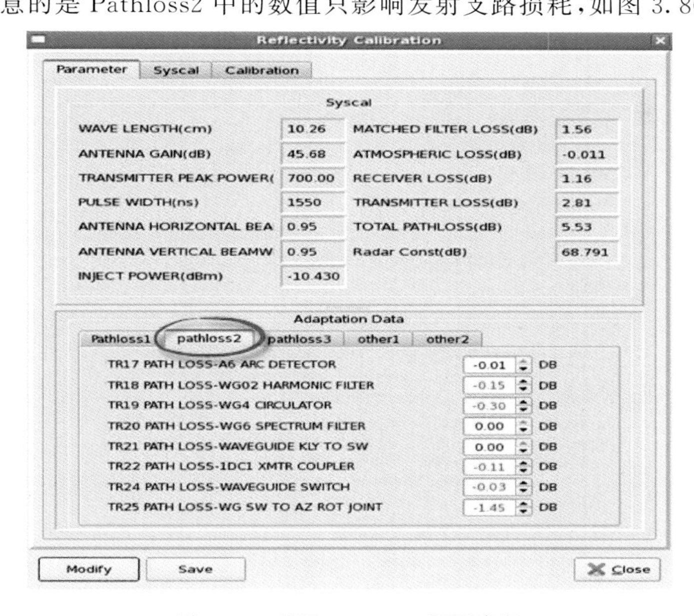

图 3.80　修改 Pathloss2 页面参数

6)Pathloss 3 中的 TR26、TR27、TR28、TR29、TR31 同时影响发射支路和接收支路损耗,TR34 项仅影响接收支路损耗,如图 3.81 所示;

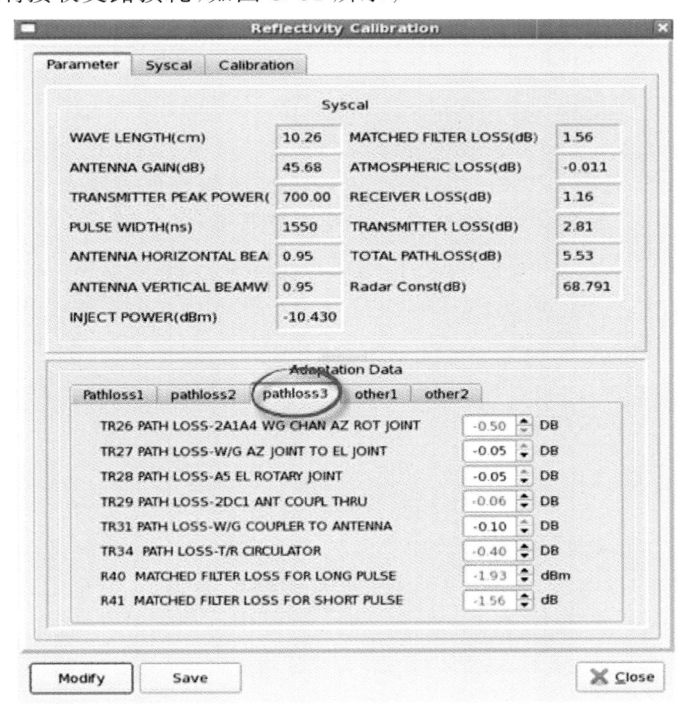

图 3.81　修改 Pathloss3 页面参数

7)修改完毕后点击 Save,然后关闭窗口并重新打开“反射率标定”,标定结果如有超差,可更改 Other1 中的 R234 项进行修正,见图 3.82 所示。

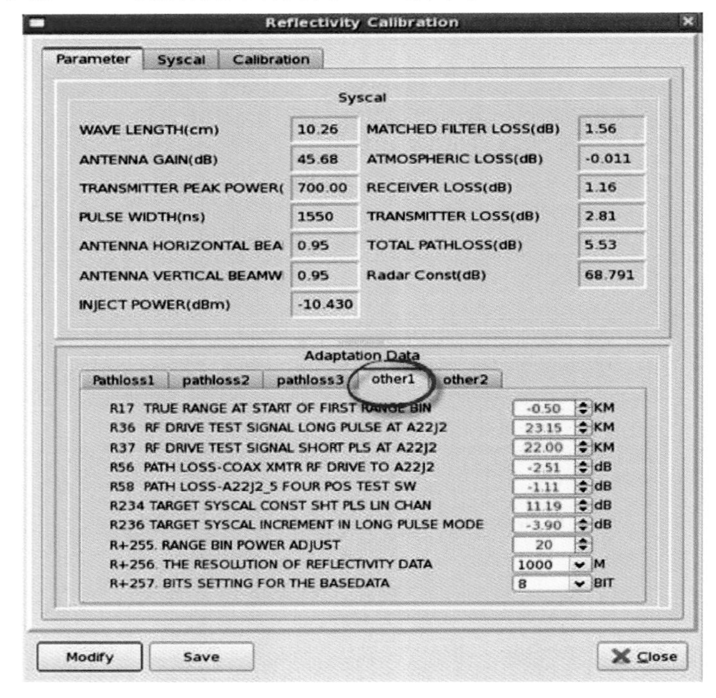

图 3.82 修改 Other1 页面参数

(4)机内信号源测试步骤

运行 RDASOT 中的 Reflectivity Calibration,选择 Calibration,internal Test,点击 Start,则系统自动运行标定程序。记录标定结果。

台站周、月维护中机内强度定标以检查为主,以便及时发现异常。若定标检查中发现反射率偏差不符合技术指标要求,应先进行接收机测试通道定标(使强度定标软件中显示的注入功率 INJECT POWER 值和机外注入功率测试值一致),重新进行机内强度定标检查,并根据新的偏差调整 R234 项,使机内定标偏差符合指标要求。若未进行接收机测试通道定标,则不能直接调整 R234 项。

在 RDASOT 中修改适配参数后,应对 RCW 适配参数中的对应项进行修改。适配参数变化会影响定标误差,应慎重修改。

(5)机外信号源法

SA 雷达、SB/CA 雷达和 CB 雷达的测试连接框图如图 3.74、图 3.75、图 3.76。

1)从二位开关(SB:隔离器;CA:数控衰减器)输出端和 W53 射频线缆连接处脱开,信号源输出通过测试电缆(电缆衰减已标定)经半钢电缆端输入 W53 射频线缆(CB:信号源输出通过测试电缆注入低噪声放大器);

2)用网线连接 RDA 计算机和信号源,设置信号源 IP 地址、雷达工作频率和测试电缆损耗(Cable Loss 应为测试电缆衰减加上保护器耦合度);

3)运行RDASOT中的Reflectivity Calibration，选择Calibration，external test，外接信号源的输出功率设置应该满足如下条件：接收机保护器输出功率=信号源输出功率+线缆衰减(负值)；

4)在信号源输出设置完毕的基础上再依次衰减30 dB、40 dB、50 dB、60 dB、70 dB、80 dB，测试6次；

5)撤除测试电缆，恢复雷达系统线缆连接。

机内、机外的Input Power应一致，如有略微差别通常为测试电缆标定误差，可通过微调Cable Loss值使之一致。

3.3.4.3　径向速度测试

(1)仪表及附件

1)信号源(Agilent E4428C或同类型)；

2)连接电缆1根(N-N型)；

3)射频连接器(N-50KK)；

4)RDASOT软件。

(2)测试框图

SA雷达、SB/CA雷达和CB雷达的机外信号源测试连接框图如图3.83、图3.84、图3.85。

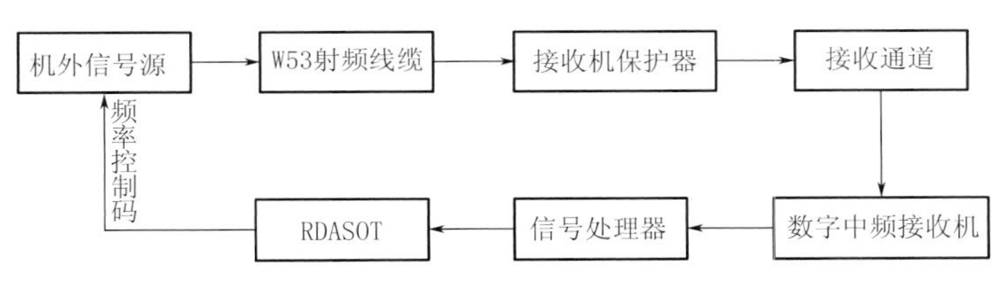

图3.83　机外信号源测试框图(SA)

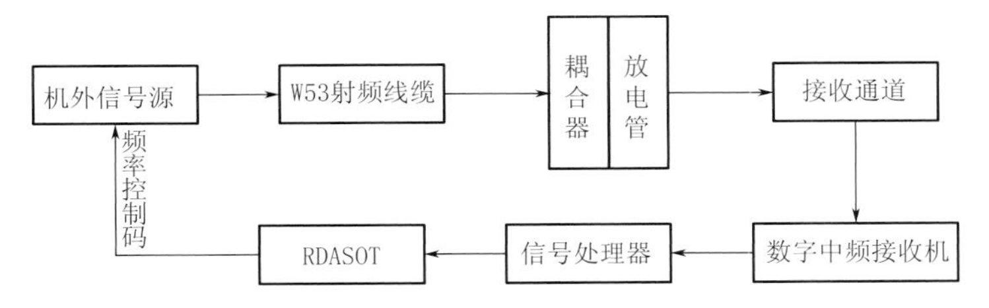

图3.84　机外信号源测试框图(SB/CA)

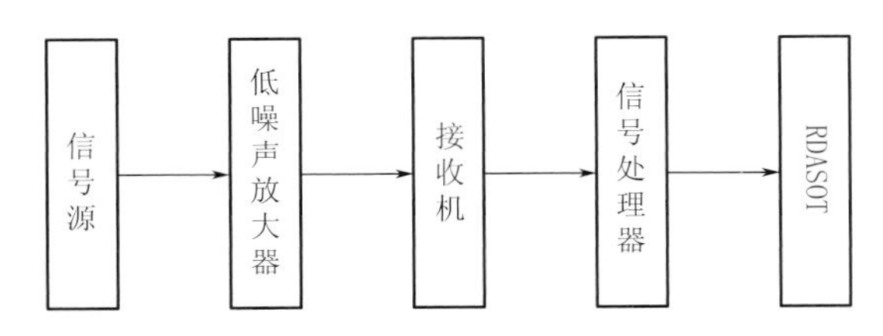

图3.85　机外信号源测试框图(CB)

(3)机外信号源测试步骤

1）从二位开关（SB：隔离器；CA：数控衰减器）输出端和 W53 射频线缆连接处脱开，信号源输出通过测试电缆（电缆衰减已标定）经半钢电缆端输入 W53 射频线缆（CB：信号源输出通过测试电缆注入低噪声放大器）；

2）设置信号源；

3）运行 RDASOT 中的 Ascope，重复频率（PRF）先设置为 1014 Hz，DPRF 设置为单重频模式（即选择“None”），设置如图 3.86 所示；

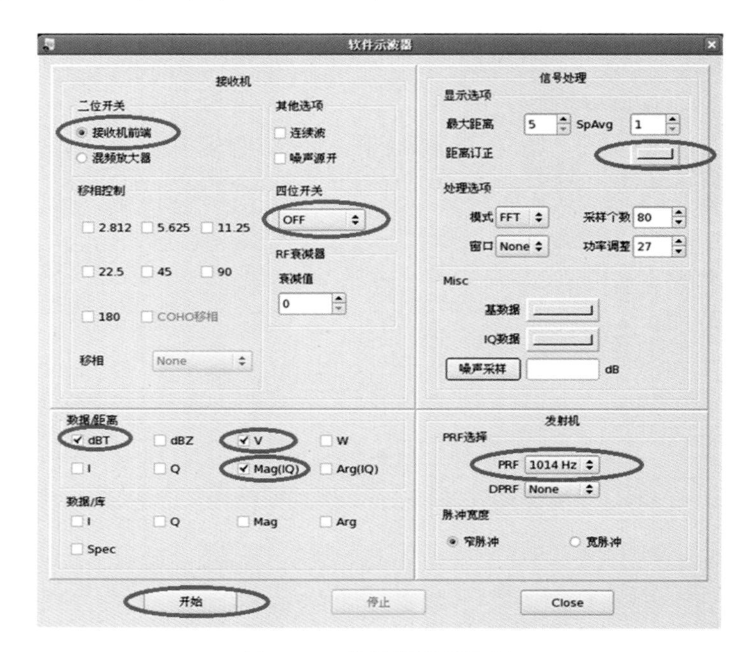

图 3.86　单重频设置界面

4）设置完毕后点击 Start；

5）改变信号源的频率，找速度 0 点：先从“百位”上改频率，方法为按下频率键，将光标移动到“百位”上粗调，当速度接近 0 点时，再移动左右箭头键，移动左右箭头，在“十位”和“个位”上细调，直到如图 3.87 所示找速度 0 点；

6）在 Ascope 界面中，DPRF 再设置为 4∶3 双重频模式，检查图 3.85 中速度是否也为 0 点，如不是，则信号源的频率重新设置为雷达工作频点，然后改变信号源的频率，方法为按上频率键，将光标移动到“百位”上粗调，当速度接近 0 点时，再移动左右箭头，在“十位”和“个位”上细调，直到如图 3.87 所示找速度 0 点，只有 DPRF 双重频和单重频两种模式下，均为 0 点，才说明找到真 0 点；

7）如图 3.87 所示，待找到速度真 0 点以后，将信号源的光标移动到百位上，即每次步进为 100 Hz，负速向上变频至 1 kHz，记录数据；正速向下变频至 1 kHz，记录数据；

8）若测试结果不符合技术指标要求，需要按照维修手册进一步检修；

9）撤除测试电缆，恢复雷达系统线缆连接。

（4）机内信号源测试步骤

1）运行 RCW 软件，在 Performance 中的 Calibration1 中查找 PHASE VEL；

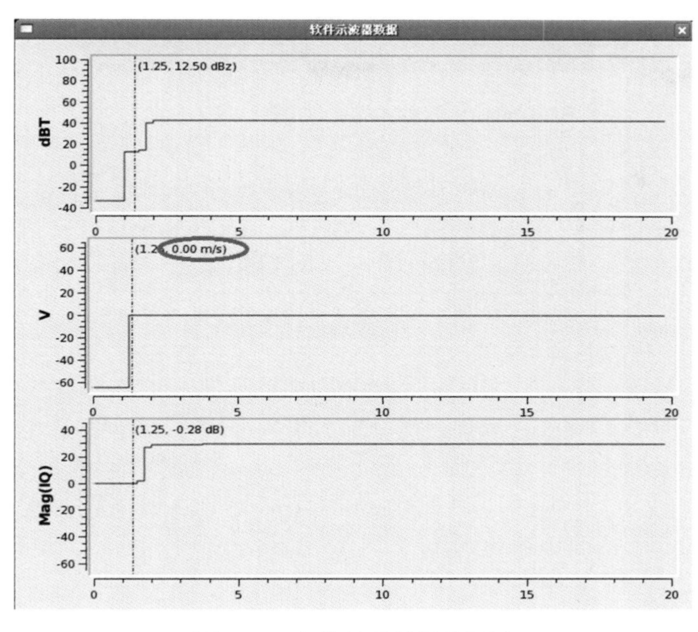

图 3.87 机外信号源测试框图

2)记录 RAM1、RAM2、RAM3、RAM4 中实测值与期望值的最大差值。

3.3.4.4 实际地物对消能力检查

(1)仪表及附件

1)RCW 软件；

2)BDAVC5. EXE 程序；

3)RPG 程序。

(2)检查步骤

1)首先在 RDA 上运行 RCW 软件，在 RDA 计算机上存 dBT 基数据，同时在 RPG 计算机上存相同文件名的 dBZ 基数据；

关于存基数据格式的方法如下：

dBT：控制窗口主菜单选择 Control，下拉菜单中点击 ACHIVE A 选项，如图 3.88 在弹出窗口中可以选择本地(RDA 计算机)存基数据的个数为 1。设置会于下一个体扫生效。

图 3.88 RDA 计算机上基数据存储设置

另外，在 RCW 控制窗口主菜单选择 Control，下拉菜单中点击 Base date format，如图 3.89 在弹出窗口中选中第一项(dBT instead of dBZ)，设置会于下个体扫生效，dBT 格式基数据保存于本地(RDA 计算机)computer/filesystem/opt/rda/bin/archive2 文件夹中。

下一个体扫结束后，在本地/opt/rda/bin/archive2 文件夹中生成 dBT 基数据文件；同时

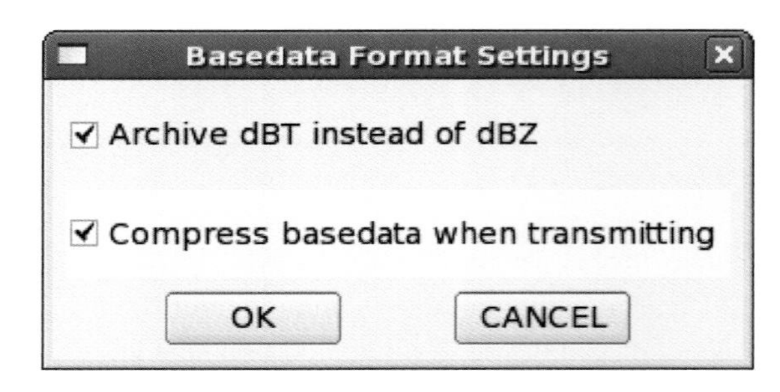

图 3.89 取消地物滤波

在 RPG 计算机上 D:/archive2 文件夹中生成相同文件名的 dBZ 格式基数据文件。

2)将 RDA 计算机和 RPG 计算机的两个同名文件分别拷入运行 BDAVC5.EXE 程序的计算机的不同文件夹里;

3)打开 BDAVC5.EXE 程序,点击带有圆圈的 R,分别选择上述方法中保存的 dBZ 和 dBT 格式的基数据,在程序中生成反射率强度,两者可先后在同一界面显示,如图 3.90 所示;

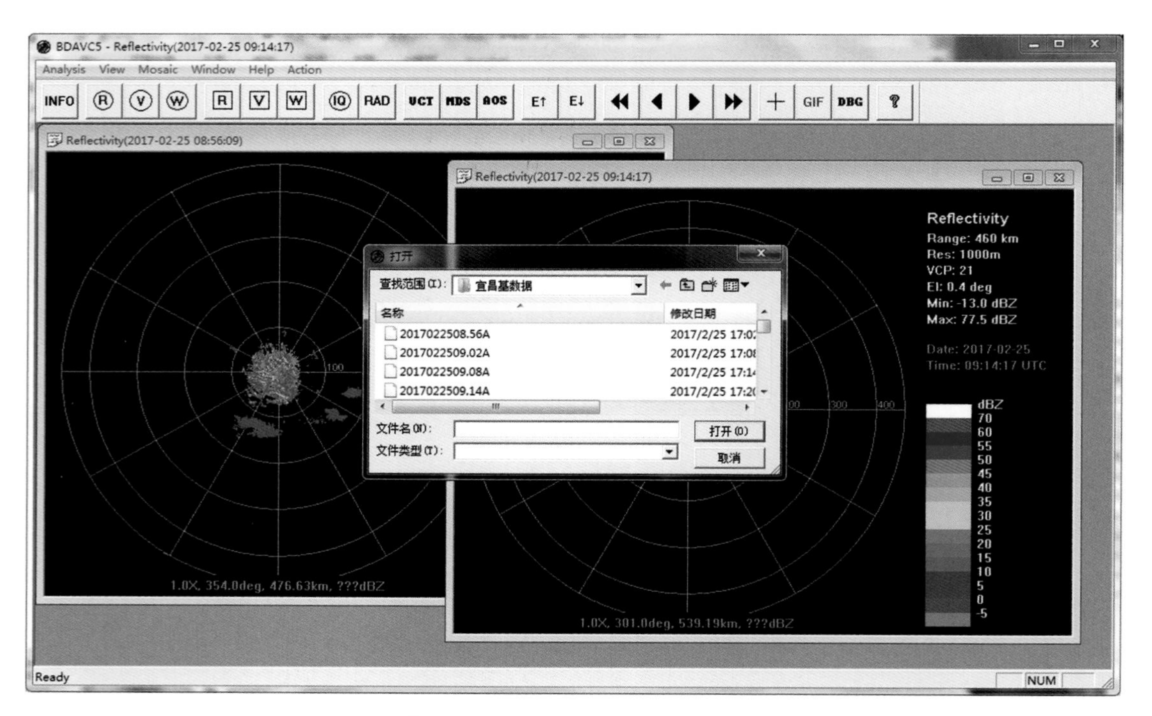

图 3.90 BDAVC5.EXE 程序界面

4)选中"+"(鼠标联动功能)并点击鼠标右键选择放大功能;

5)旋转鼠标滑轮放大选取的最大地物强度区域读取固定位置地物对消前后 *dBT* 值(+显示对应方位距离库的 *dBZ* 值),如图 3.91 和图 3.92。

6)点击带有圆圈的 V,选择上述方法中保存的 *dBZ* 或 *dBT* 格式的基数据,在程序中生成速度图，检查同样距离库、方位、仰角的地物速度值是否小于 1 m/s，如果速度大于 1 m/s，说明不是地物，或者地物上面存在降水，该数据无效。

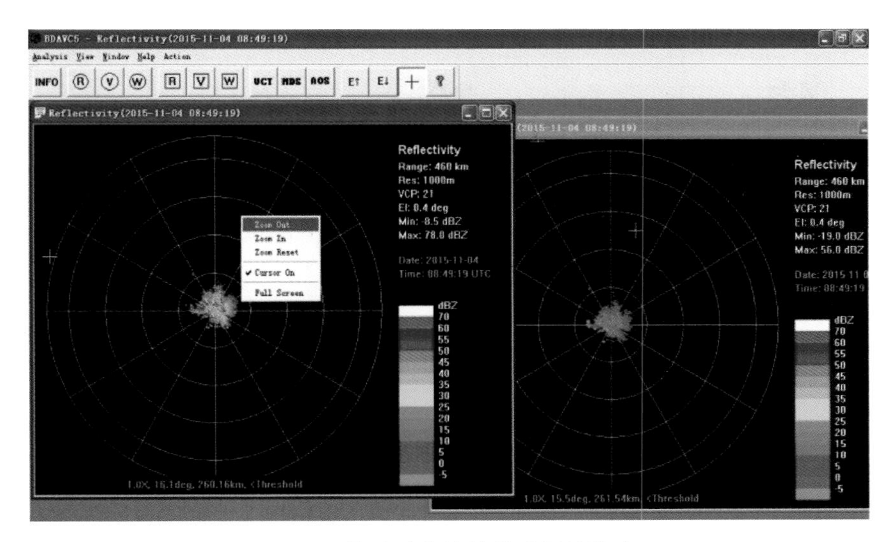

图 3.91　取消地物滤波前后回波强度-1

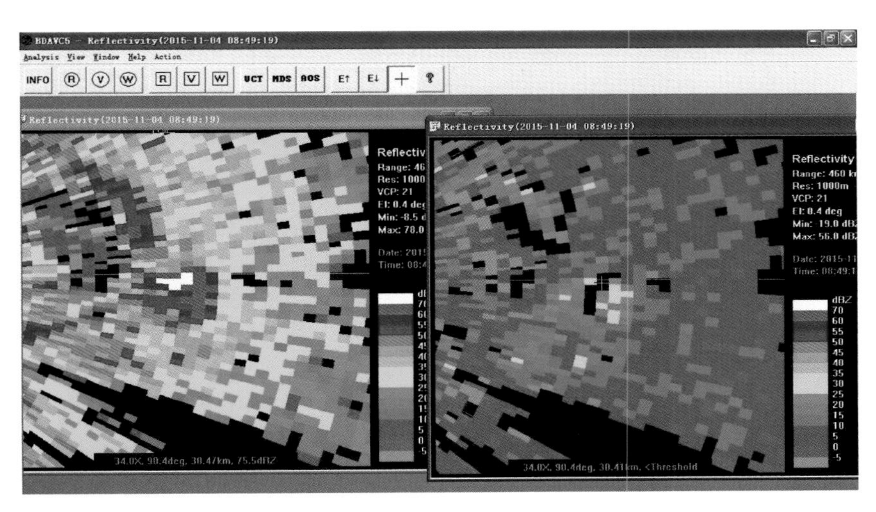

图 3.92　取消地物滤波前后回波强度-2

(3)注意事项

1)应选择晴空、无风或微风天气。

2)一定要取同一位置的地物回波在滤波前和滤波后的强度值。

3)所选地物回波处径向风速应小于 1 m/s。

第4章

CINRAD/SC/CD雷达定标技术

4.1 雷达系统结构

CINRAD/SC/CD 两种型号新一代天气雷达均由成都锦江电子系统有限公司研制并生产，其技术体制基本相同。在近 20 年的发展历程中，该公司充分吸收了近年来计算机技术革新和微电子技术的最新成果，对这两种型号天气雷达在发射机、接收机、伺服分系统等方面进行了不断改进和技术升级。

4.1.1 设备组成

CINRAD/SC/CD 两种型号新一代天气雷达系统主要包括发射机、接收机、信号处理系统、天馈线分系统、伺服分系统、监控系统、数据处理与显示系统(也称终端系统)以及配电分系统等 8 个部分组成，通常雷达站设备部署在雷达机房和天线罩内。其整机结构示意图如图 4.1 所示。

采用直流伺服分系统的雷达机房内共有 5 个机柜，它们分别是调制、高频、接收、伺服、监控机柜。其中调制、高频、接收这三个机柜紧靠在一起，它们都是高 2000 mm、宽 800 mm、深 800 mm 的标准机柜；伺服、监控两个机柜紧靠在一起，它们都是高 2000 mm、宽 600 mm、深 600 mm 的标准机柜。而采用交流伺服分系统的雷达则取消了伺服机柜，将直流伺服分系统中的伺服分机、伺服驱动分机与监控机柜合并到了综合机柜中，尺寸与前者相同。CINRAD/SC 型雷达除有上述几个机柜外，在机房外还配置有一个风冷柜。

图 4.1 所示的结构示意图中展示的是采用交流伺服分系统的雷达，其各机柜的组成结构说明如下：

调制机柜：该机柜内装有发射监控分机、高功率电源分机、充电控制分机、可控硅(SCR)调制分机、触发器、充电二极管和吸收网络以及充电变压器和饱和电感等。

高频机柜：该机柜内装有磁场电源分机、功放分机及其组合电源、灯丝电源分机、钛泵电源、速调管和磁场线圈、磁场变压器、人工线、阻尼网络、门开关以及脉冲变压器等。

接收机柜：该机柜内装有接收监控分机、接收电源分机、接收机信号通道和测试通道中的各部件、2 个接线板和 2 个插座支架、双通道脉冲功率计、天馈系统馈线部分的四端环形器、定向耦合器、小孔耦合器、TRL 放电管、波导同轴转换器等。

综合机柜：该机柜内装有伺服驱动分机监控系统的监视器、监控数据采集分机、键盘、鼠标、RVP9 信号处理系统工控机等部件。

4.1.1.1 发射机

发射机由调制柜、高频柜等组成；主要器件有功放分机(包括：功放电源、固态功放)、脉冲速调管放大器、钛泵电源、灯丝偏磁分机(包括：灯丝电源、偏磁电源)、整流分机、充电控制分机、充电变压器、充电二极管、人工线、高压脉冲变压器、可控硅调制分机(包括：可控硅调制开关、反峰电路、驱动脉冲变压器、触发产生器)、阻尼电路、配电底板和冷却风机等组成。

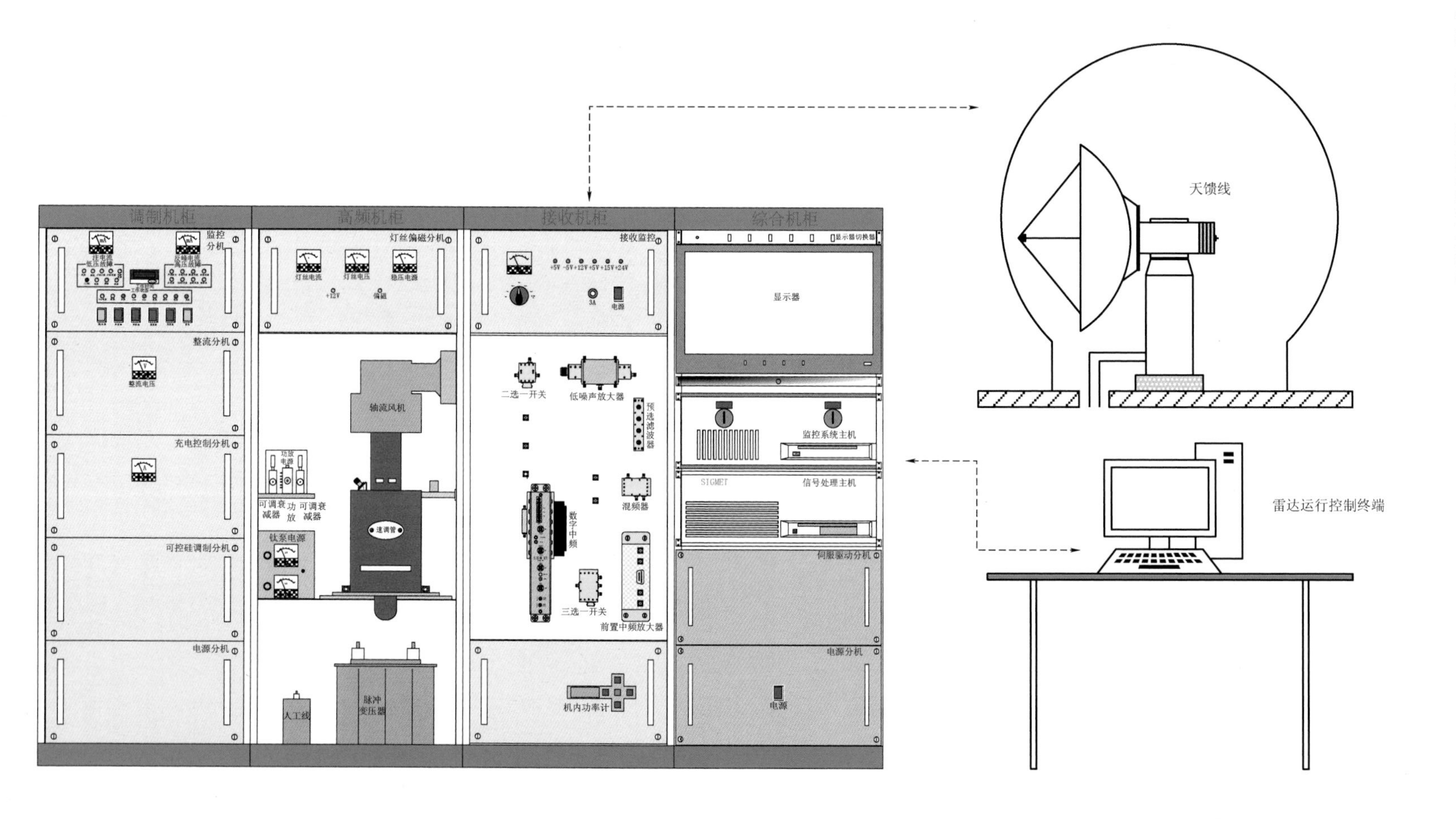

图 4.1　CINRAD/SC/CD 型雷达整机结构示意图（采用交流伺服分系统）

CINRAD/SC/CD型雷达发射机为一只固态功放和一只大功率单注脉冲速调管级联结而成的主振放大式发射机。将来自频综的射频脉冲激励信号放大为大功率射频脉冲,输出经馈线系统送至天线向空间辐射。

发射机调制器采用串联可控硅作调制开关的线型调制器或者刚性调制器,如图4.2所示。线性调制器的高压电源采用回扫充电电源,可方便地调节速调管的阴极高压,防止连通出现,稳压精度高;通过高压真空继电器、充电基准的转换可实现人工线两个脉宽的切换;刚性调制器的高压电源采用高压开关电源,可方便地调节速调管的阴极高压;采用导前触发脉冲,使开关电源在调制器工作期间停止工作,降低了高压调制脉冲脉间电压起伏,避免了调制开关对开关电源的短路放电,提高了发射系统的改善因子和可靠性;其调制开关采用两组并联的IGBT串联开关。

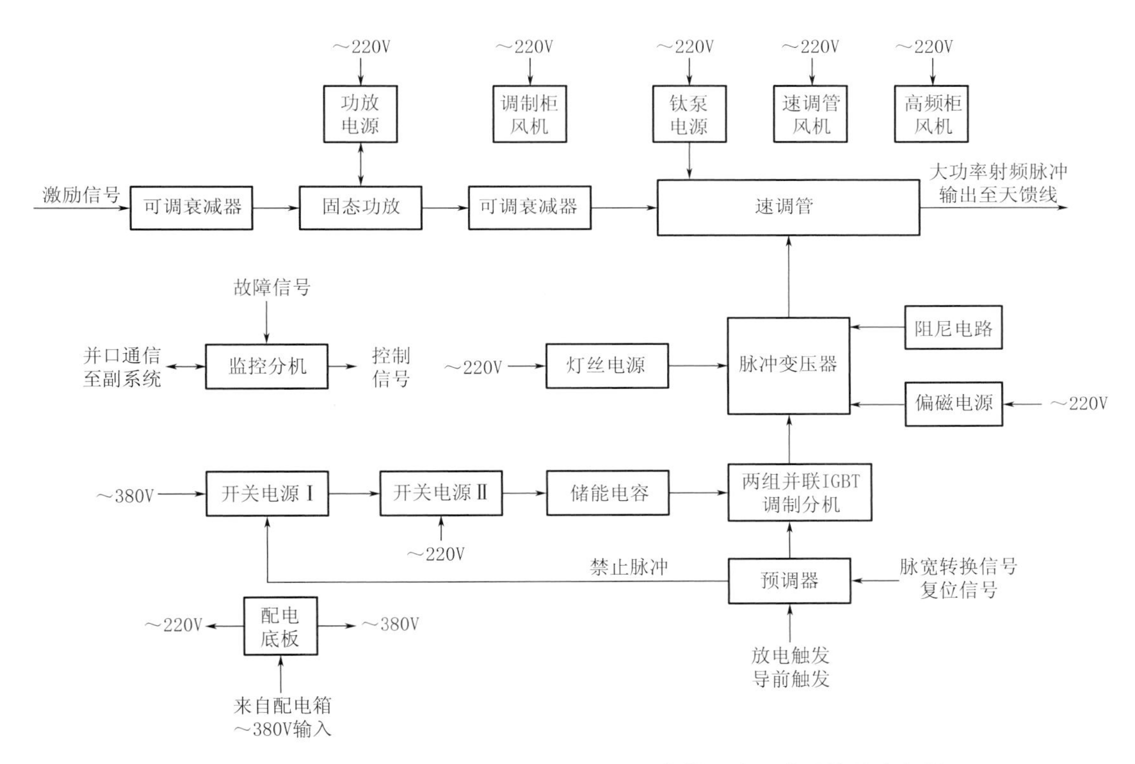

图4.2 CINRAD/SC/CD型雷达刚性调制器发射系统组成及信号流程图

速调管收集极的冷却由三相风机提供。CINRAD/SC型雷达速调管聚焦需要聚焦线圈生成聚焦磁场,CINRAD/CD型雷达速调管聚焦采用永磁磁钢。发射系统的控制和保护采用可编程逻辑控制器(PLC)为核心组成的控制系统,该控制系统通过串口或并口通讯完成发射系统与终端之间的控制和状态传输,以可编程逻辑控制器(PLC)为核心组成的控制系统适合在复杂电磁环境下工作,稳定可靠。

4.1.1.2 接收机

以老接收机为例,接收系统由接收机、接收监控、数字中频分机和电源分机四部分组成。

接收机将来自天线的微弱信号放大、混频、A/D 变换，为信号处理器提供数字中频信号，以便对气象回波的强度、速度及谱宽进行估值。接收机还提供相参的脉冲调制的微波信号，作为发射机的激励信号，以实现雷达整机的全相参功能。

数字中频分机将接收机接收到的中频模拟信号转换成中频数字信号送往信号处理器，同时产生随机相位码和触发脉冲。

此外，该系统具有测试标校及故障定位功能。利用频率综合器产生的初相可调的测试信号，接收系统可手动或自动进行雷达强度及速度标校、动态范围及灵敏度测试、判断场放、前置中频放大器的工作情况、对测试源及发射信号电平进行监测。

接收监控分机面板上设有电表、波段开关、指示灯等，通过波段开关、电表和指示灯，可检查场放工作状态及各组电源的工作电压。

由于生产批次不同，其结构和某些器件略有改变。新老接收系统存在差异。我们以老接收系统为例进行分析。接收机由信号通道、测试信号通道以及故障检测三部分组成。接收机原理框图如图 4.3 所示。

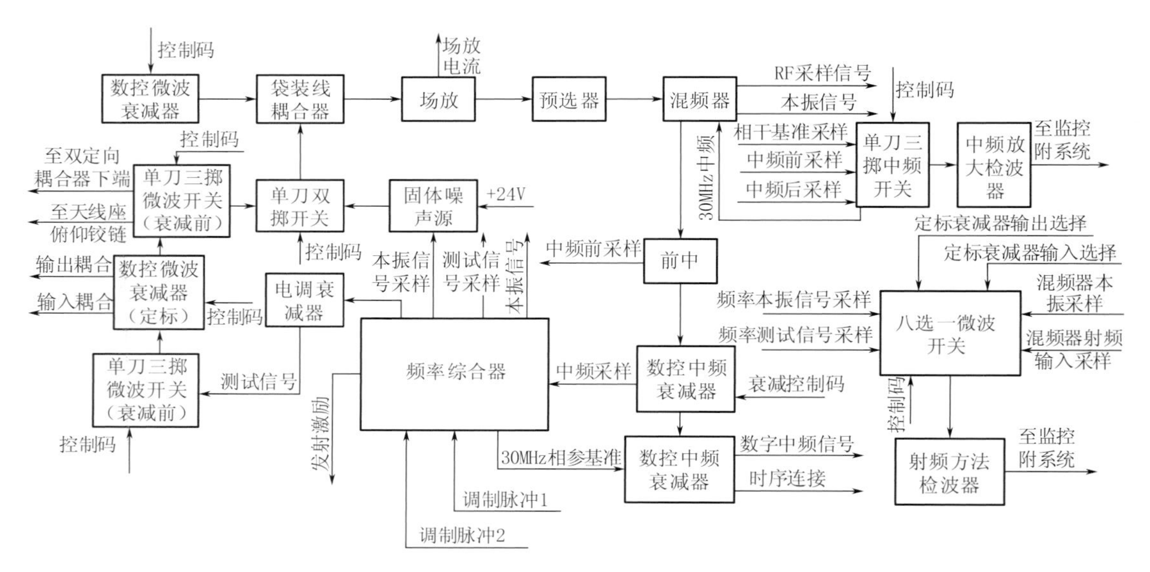

图 4.3 CINRAD/SC/CD 型雷达老接收机框图

(1)接收机信号通道

由图 4.3 可见接收机完成天气信息的接收及标校、测试功能是共用一个信号通道。该通道由接收前端(模拟部分)和数字式中频接收两部分组成。从微波衰减器(MSTC)到数控中频衰减器为模拟部分，数字中频转换器(IFD)为数字中频接收通道部分。回波信号经 MSTC 进入接收机，而测试信号和噪声源在 MSTC 后通过带状线耦合器的耦合端送入接收机。频率综合器为信号通道提供本振源及相参基准，同时为测试通道提供测试信号。信号通道采用宽带工作形式，接收系统的中频信号带宽将由信号处理器中的数字滤波器通过软件控制确定。

回波信号及送入馈线的测试信号经 MSTC 送至低噪声场效应管放大器，放大后经预选器进入混频器，信号在混频器中与来自频率综合器的本振信号变频得到 30 MHz 的中频信号。此外，在混频器的射频输入端和本振输入端均加有微带线耦合器，分别取出射频和本振的采样信号，以供检测系统完成故障检测。

来自混频器的中频信号由低噪声、大动态的前置中频放大器(前中)进一步放大，求得适当的系统增益后，经中频定向耦合器分为两路输出，副路输出成为前中采样信号供故障检测用，主路信号进入数控中频衰减器，在中频衰减器的输出端通过定向耦合器，信号又一次分为两路输出，副路提供故障检测采样信号，主路送往数字中频转换器。至此，接收机完成了模拟信号的处理过程。

来自数控中频衰减器的回波信号和来自频率综合器的相参基准信号，两信号一起送入数字中频转换器。在数字中频转换器中，两信号先经 A/D 采样分别转换成数字信号，再经电光转换器转换为光信号，接收机完成了模拟与数字的转换，以光的形式输出数字中频信号，经光纤送往信号处理器，直接在数字域进行相参处理并运算、估值，实现全相参多普勒接收，完成天气信息的提取。

(2)测试信号通道

测试信号通道用于传输和选择不同信号和不同路径，并将选择的信号按特定的路径送入接收机，以满足接收机和雷达系统对噪声系数、动态范围、强度、速度馈线损耗以及相位噪声的测试与定标的需要。

由图 4.3 可见，频率综合器产生的初相可调的测试信号(机内信号源)和速调管输出的、并经延时了 5μs 的信号以及功放耦合器输出信号，一同加到单刀三掷微波开关(衰减前)，经控制码的选择，可分别将他们送往数控微波衰减器(定标衰减器)，即实现了对三个信号进行切换。定标衰减器的衰减量可根据测试内容和目的由计算机软件控制，以实现雷达系统测试和自动标校的功能。其中，测试信号用于接收机动态范围和雷达系统强度、速度的测试与自动标校，速调管延时信号用于雷达相干性检测，而功放耦合信号用于检测功放的性能。同时为满足雷达系统故障定位的要求，在定标衰减器的输入和输出端，均设有微波定向耦合器，在特定的信号强度范围内，实现对传输信号的取样，以供故障监测系统检测。

当来自(衰减后)单刀三掷微波开关的信号，送至单刀双掷微波开关时，该开关同时加有两个信号可供选择，一个信号是固态噪声源信号，另一个是微波延迟信号。通过该单刀双掷开关的选择，可将测试信号或噪声信号送入接收机的信号通道。可以看出低噪声放大器前端的单刀双掷开关是接收系统信号通道和测试信号通道的连接点，即接收与测试、标校共用了一个信号通道。测试信号送入接收机的信号通道后，通过计算机软件的控制，即可测试接收机的噪声系数、动态范围、以及强度、速度的测试和自动定标，其中包括雷达系统相位噪声的测试。

4.1.1.3　天馈线分系统

天馈系统包含反射面天线、馈源、馈电波导、密封窗、耦合器、四端环形器、定向耦合器、方位旋转关节、俯仰旋转关节、激励器、放电管等。

发射机发射的大功率脉冲能量，经充气波导、小孔耦合器、四端环形器、定向耦合器进入方位、俯仰旋转关节，馈源和天线向空中发射电磁波，天线和馈源接收目标散射回来的信号经俯仰旋转关节、方位旋转关节、定向耦合器、四端环形器、放电管进入接收机，再送入终端信号处理系统，完成整个雷达工作过程中的电磁波发射与接收，如图 4.4 所示。

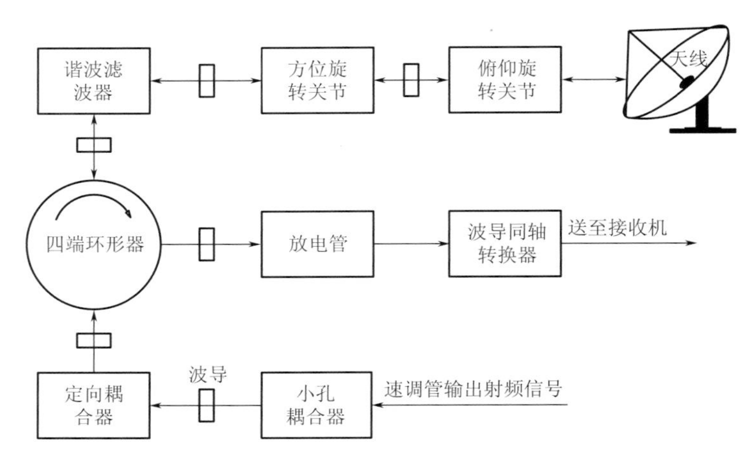

图 4.4 CINRAD/SC/CD 型雷达天馈系统组成框图

4.1.1.4 伺服分系统

以采用交流伺服分系统为例，伺服分系统包括天线方位伺服分系统、天线俯仰伺服分系统两个分系统。天线方位伺服分系统主要由方位和俯仰共用的伺服分机、驱动分机、方位驱动执行电机、方位减速器、方位主发送器等组成。天线俯仰伺服分系统主要由方位和俯仰共用的伺服分机、驱动分机、俯仰驱动执行电机、俯仰减速器、俯仰主发送器等组成，如图 4.5 所示。

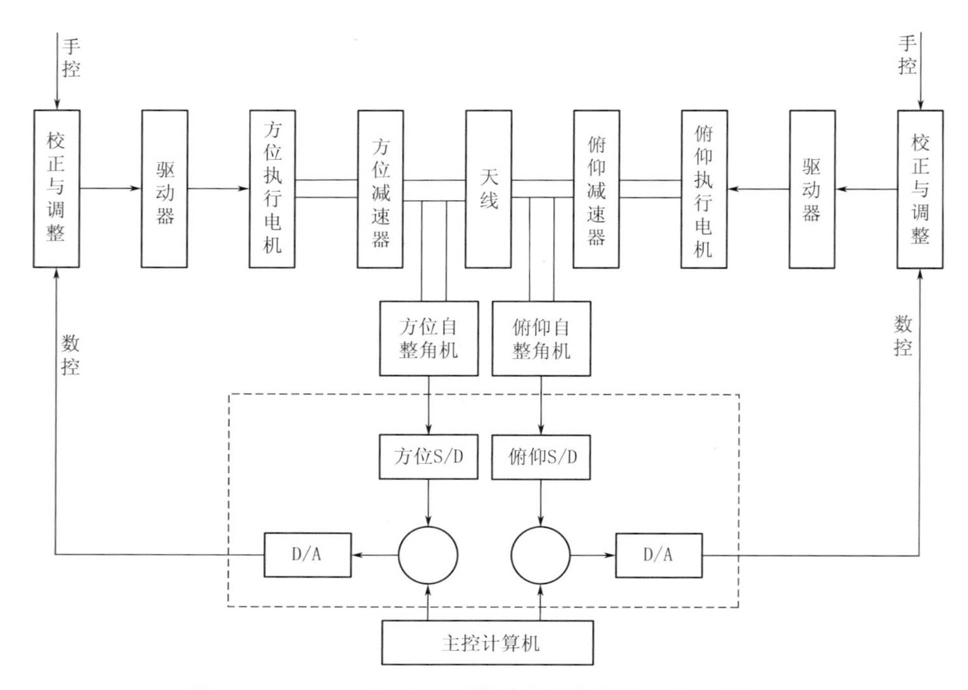

图 4.5 CINRAD/SC/CD 型雷达交流伺服分系统组成框图

伺服分机主要是用来完成伺服分系统的开关机，提供低压直流电源，选择控制方式，信号调整。它与驱动分机、方位执行电机、方位减速器、方位主发送器等组成方位伺服分系统，实现对方位角的控制。伺服分机与驱动分机、俯仰执行电机、俯仰减速器、俯仰主发送器等组成俯仰伺服分系统，实现对仰角的控制。伺服分机由伺服控制器、电源变压器、控制继电器、控制开关、电压表和手动电位器等组成。

驱动分机主要是用来完成伺服分系统对天线方位执行电机和俯仰执行电机的驱动。驱动分机主要由方位驱动器、俯仰驱动器、接触器、保险丝、控制开关等组成。

驱动分机内装有两个驱动器，一个用于方位执行电机，一个用于俯仰执行电机。这两个驱动器为伺服电机专用驱动器，其反馈元件为旋转变压器。两个驱动器的内部参数在出厂时均已设置好，出厂后一般不需调整。当伺服分机面板上的工作开关处于接通状态时，按下驱动分机上方位、俯仰开关，两个驱动器分别联通到方位执行电机和俯仰执行电机。

4.1.1.5　信号处理器

RVP9 数字中频信号处理器硬件分为独立的两部分，主机和数字中频接收机。主机安放在监控信号柜内，数字中频接收机安放在接收机柜内。主机和数字中频之间通过网线连接，如图 4.6 所示。其中虚线框内部分为数字处理系统。来自接收机频率源的参考信号 30 MHz(COHO)和来自前中的中频回波信号(IF)输入至数字中频接收机。数字中频接收机和雷达接收机其他模块安装在同一接收机内，以使 IF 和参考时钟的传输距离尽可能短，以降低模拟信号的传输衰减和噪声影响。数字中频接收机进行中频回波数字化转换、完

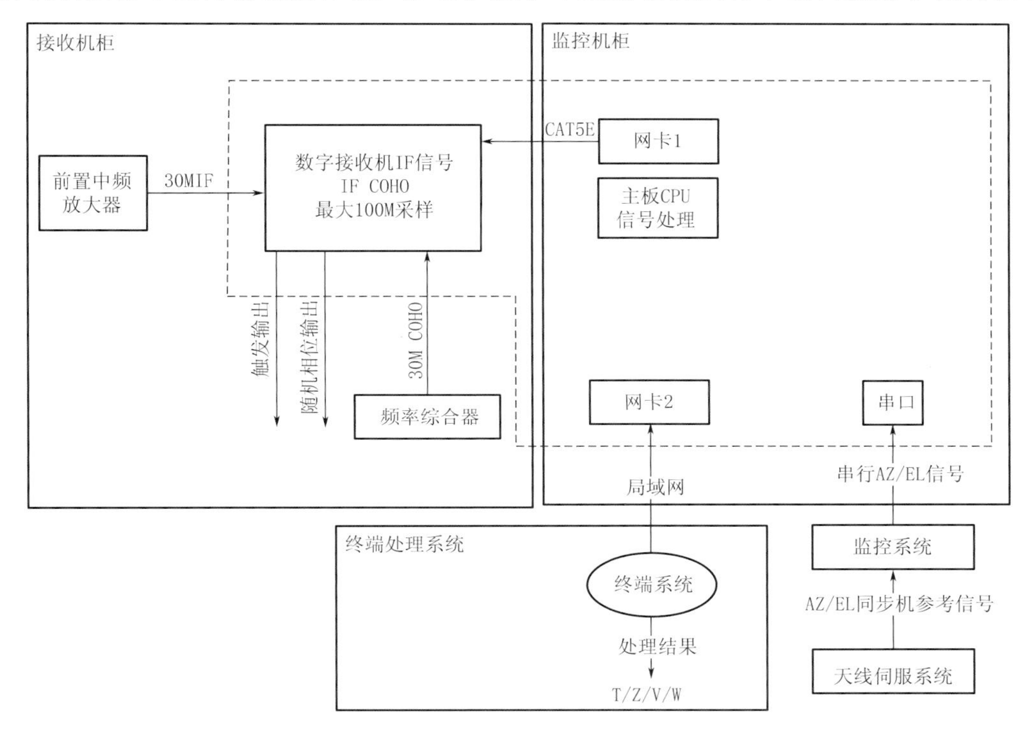

图 4.6　CINRAD/SC/CD 型雷达信号处理系统组成框图

成数字下次变换、数字下变频、抽取并通过数据格式化变换后的I/Q数据通过CAT-5E网线传输至信号处理器。信号处理器的CPU根据接收到的数字I/Q信号进行各种多普勒参数的估计和运算。同时信号处理器将终端发来的各种命令通过网络接口传给数字中频接收机，数字中频接收机根据参考时钟信号和收到的主机命令产生雷达系统的各种差分触发定时信号。信号处理系统和终端之间通过局域网总线进行数据通信，包括各种控制命令和处理结果。

4.1.1.6 监控系统

监控系统在终端计算机的控制下，根据雷达天线当前的方位和俯仰角码产生对雷达天线方位和俯仰进行控制的误差电压，实现对雷达天线工作状态和工作姿态的控制操作；通过并行方式实现对伺服分系统工作状态和故障状态的实时监测；通过串行方式实现对接收系统工作状态和故障状态的实时监测，并对接收系统的工作状态进行串行控制操作；通过串行方式实现对发射系统的全功能监控，包括对发射系统的工作状态和故障状态的实时监测，以及对发射系统工作状态的遥控操作；通过串行方式实现对配电系统工作状态和故障状态的实时监测，以及对配电系统的电源通断的遥控操作；通过串行方式与功率计、频率计连接，实时检测当前的功率和频率信息，并经检测结果上报终端；提供与信号处理系统连接的网口。

监控系统由分别设置在发射系统、接收系统、配电系统中各自的监控组件以及数据处理柜中的监控数据采集分机组成，如图4.7所示。各监控组件与监控数据采集分机之间通信通过各自专门的通信线路(RS485)连接。

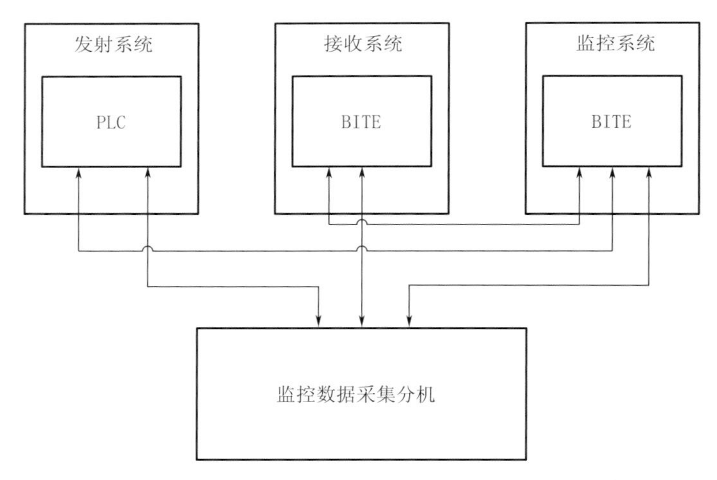

图4.7 CINRAD/SC/CD型雷达监控系统组成

4.1.2 信号流程

CINRAD/SC/CD两种型号新一代天气雷达系统整体设备组成及信号流程如图4.8所示，图中红色表示发射和接收主通道，实现雷达电磁波信号发射和回波信号接收。绿色表示测试和标定通道，用于在线或离线标定和测试，确保探测精度可靠。

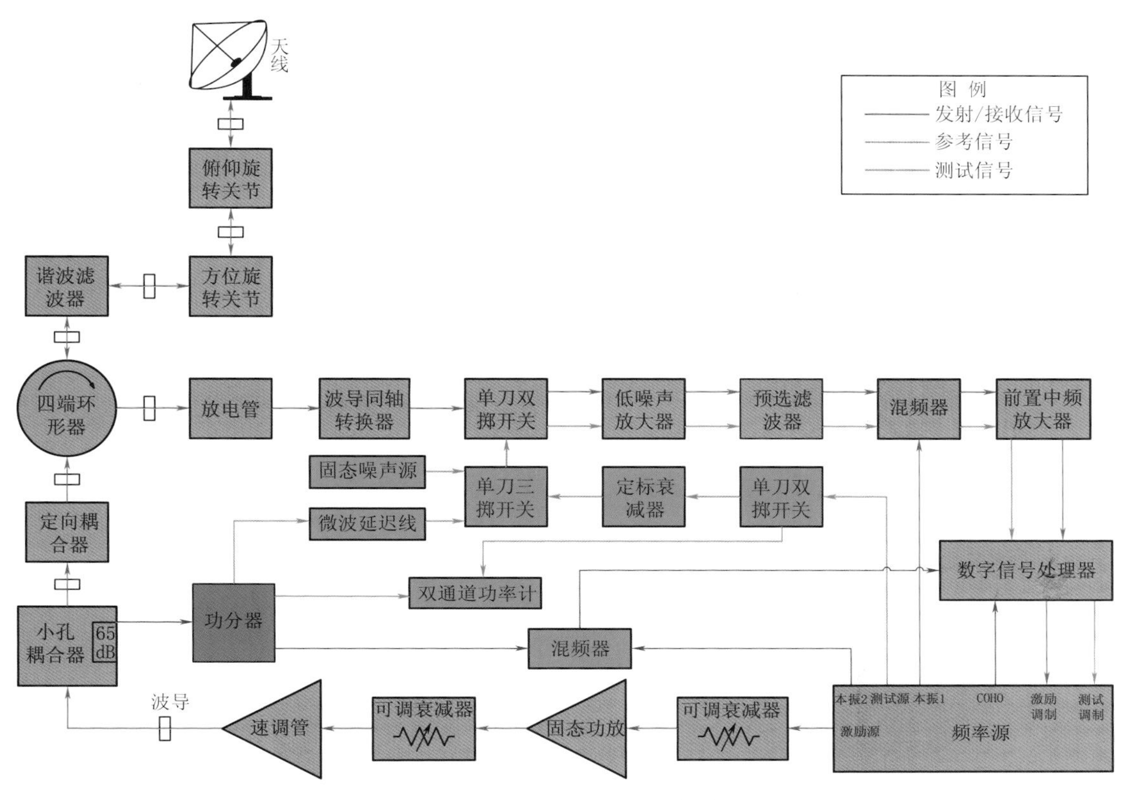

图 4.8　CINRAD/SC/CD 型雷达总体信号流程图

4.2 雷达定标系统

天气雷达定标系统由定标硬件系统和定标软件系统组成，两者相互配合再加上机内/机外信号源或仪表共同完成雷达系统定标工作，确保天气雷达探测数据的准确性和可靠性。

4.2.1　定标硬件系统

雷达定标主要通过测试通道来完成。测试通道主要由开关组件、定标衰减器、单刀双掷开关、固态噪声源、功分器、微波延迟线等部件组成，它们之间的关系如图 4.9 所示。根据来自接收系统的控制信号，选择 3 个射频测试信号其中的一个，所选信号在单刀双掷开关的输出端注入接收通道中的低噪声放大器。

4.2.1.1　频率综合器

频率综合器为点频直接式频率源，如图 4.10 所示。采用高相噪的晶振作为主振源(120 MHz 晶振)，并采用恒温措施。经一系列数学运算，得到雷达所需的频率。该频率综合器除提供本振源、发射激励源、30 MHz 相参基准源、30 MHz 相参基准源副路、测试源，还提供一路供激励源和测试源功率测试的＋3.5V 直流电压，各信号强度值如表 4.1 所示。

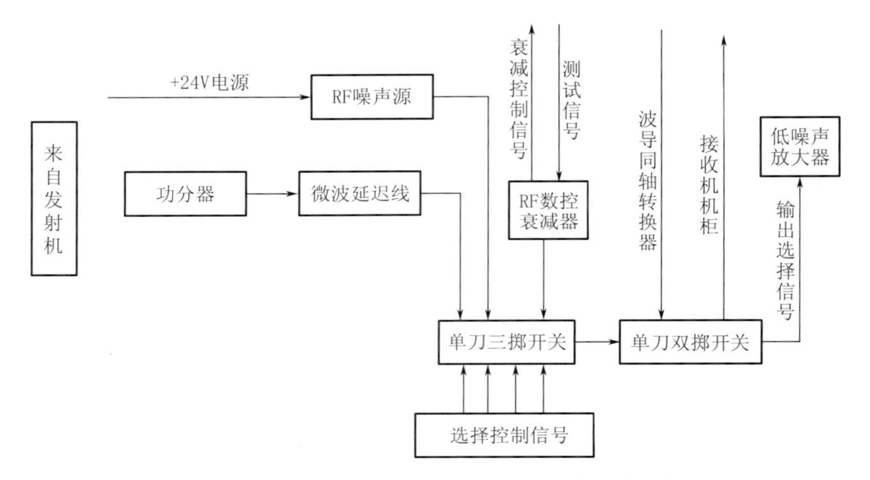

图 4.9 CINRAD/SC/CD 型雷达定标硬件系统结构图

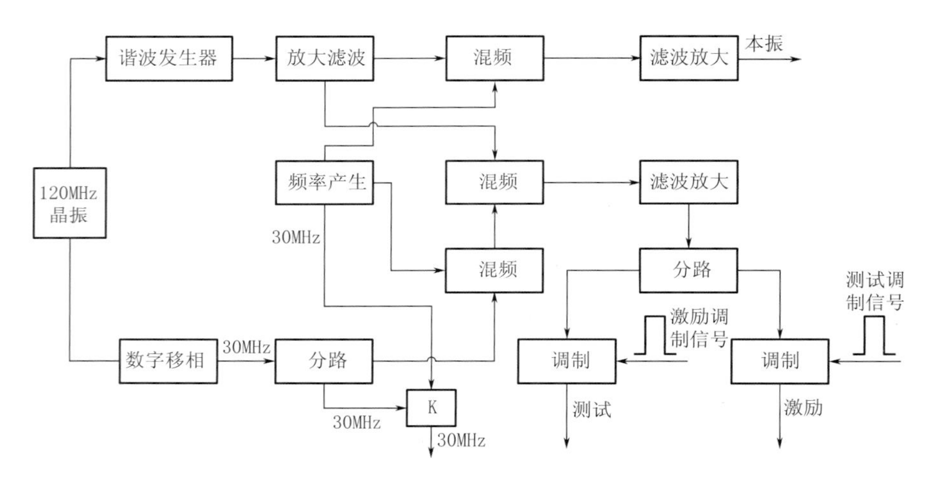

图 4.10 CINRAD/SC/CD 型雷达频率综合器结构图

表 4.1 CINRAD/SC/CD 型雷达频率综合器信号强度

信号名称	信号峰值功率
激励源	15±1 dBm
测试源	15±1 dBm
本振源	15±1 dBm
相参基准源主路	6±1 dBm
相参基准源副路	−10±1 dBm

速度标校功能：在终端计算机的控制下，可送入八位移相控制码，使发射激励源、测试源的初始相位相对于本振源和 30 MHz 相参基准能在 1.4°～358.6°内改变。用该相位的变化模拟回波的多普勒频移，被移相的测试信号与相参基准比相检出模拟的多普勒频率。这样即可完成雷达整机的速度标校。移相最低位为 1.40625°，最高位为 180°。

4.2.1.2　定标衰减器

定标衰减器用于在接收机的动态范围测试、强度和速度定标测试中对测试信号进行定量衰减。在输入和输出端均有一个耦合器，以便从耦合端送出信号对混频器进行测试，其技术指标如表 4.2 所示。

表 4.2　定标衰减器技术指标

指标名称		指标描述
衰减步进(dB)	0.5、1、2、4、8、16、32、64	
总衰减量(dB)	128	
衰减控制精度(dB)	1～10	±0.2
	10～30	±0.3
	30～40	±0.4
	40～70	±0.5
	70～80	±0.6
	80～90	±0.7
	90～110	±0.8
	110～115	±1.5
插入损耗(dB)	≤10	
承受功率(平均功率)(W)	0.5	

4.2.1.3　噪声源

RF 噪声源用固态噪声二极管产生宽带噪声信号，用来检查接收机通道的灵敏度或噪声系数。噪声功率经单刀三掷开关、单刀双掷微波开关送入接收机，噪声测试信号的有或无，由来自信号处理器的控制信号决定，其工作电源为＋24V 直流电。

4.2.1.4　功分器

发射机输出的高功率射频信号经波导传输线的小孔耦合器耦合输出，送到功分器，功分器将这个信号等分成四路输出，一路经微波延迟线后送到单刀三掷开关，用作相位噪声测试信号；一路经单刀双掷开关送到双通道功率计，用于发射机峰值功率的监视；一路送到接收机混频器，与本振信号混频，用作外部检查；最后一路用吸收负载吸收，作为备份接口。功率等分理论上每路衰减约 6 dB。

4.2.1.5　微波延迟线

微波延迟线用于延迟发射机(耦合)输出信号。该信号经单刀三掷开关进入接收主通道，由终端对信号采集，由此计算出整机相位噪声。

4.2.1.6　单刀双掷开关和单刀三掷开关

在系统中放在场放前面的单刀双掷开关用于切换回波或测试信号；放在频综后面的单刀双掷开关用于切换测试信号送入测试通道或功率计。单刀三掷开关用于切换测试信号、噪声信号和发射延迟信号。两种开关的插入损耗均≤1 dB

4.2.1.7　放电管

放电管接在四端环形器的第三端口与接收机之间，当雷达发射机的大功率脉冲经四端环行器时，因四端环行器隔离有限，会有信号漏到四端环行器第三端口的接收支路，进入放电管，放电管放电打火，使之短路，信号反射回去，从四端环行器端口 4 输出，由四端环行器端口 4 后端所接的中功率负载吸收。如果短路后还有信号漏出，它还得经限幅器限幅。这样，能漏到接收支路的发射信号就非常微弱，达到保护接收机的目的。

4.2.1.8 定向耦合器

定向耦合器是将发射机输出高功率脉冲信号耦合一部分出来用以检测功率、频率用。定向耦合器由一段主波导、一段副波导、一个激励器和一个负载组成，在主波导宽边开有一个十字槽耦合孔。

定向耦合器是具有过渡衰减和方向性的微波器件。当发射机工作时，高频大功率脉冲能量几乎无损耗地送往天线。耦合端将大功率能量耦合并将耦合出的微小信号通过激励器送到功率计，可检测出发射机功率。如送到示波器，就能测试频率并监视发射机脉冲波形。

4.2.2 定标软件系统

CINRAD/SC/CD 型雷达软件系统中，分为实时监控和采集程序、实时处理程序，实时监控和采集程序只能在数据采集计算机上运行。实时处理程序通过获得雷达回波数据，并对雷达的各系统进行控制和故障检测。实时监控和采集程序通过网络连接（TCP/IP 协议）接收实时处理程序的控制合集，完成对雷达工作状态的控制和切换；雷达数据的实时采集和传输。雷达正常工作的情况下一般通过实时处理程序对雷达进行控制，完成雷达的定标工作。在 Windows 桌面用鼠标左键双击“实时处理程序”图标，即出现该程序的主窗口，随后弹出登录窗口，在用户名一栏输入 radar1，密码一栏输入 qxld784 即可获取雷达的最高控制权限，图 4.11 为雷达实时处理程序界面。

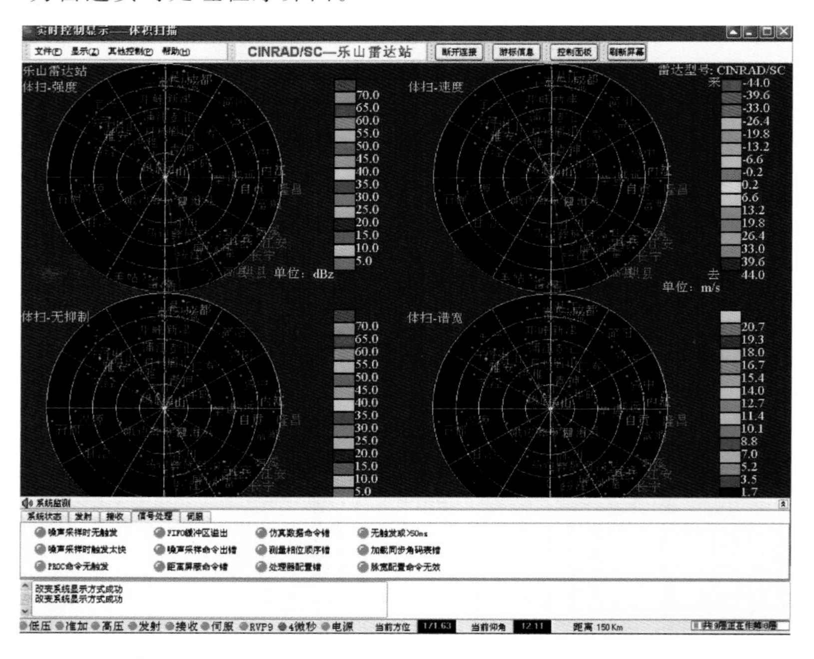

图 4.11 CINRAD/SC/CD 型雷达实时处理程序界面

4.2.2.1　“控制面板”菜单

控制面板完成雷达的控制和设置，为方便用户，采用分页分类的显示方式，用户通过点击方式打开或关闭控制面板。它包括：雷达控制、天线控制、接收机控制、RVP 控制、工作模式、雷达测试、系统设置、软件参数设置和显示设置。

4.2.2.2　“天线控制”菜单

天线控制是控制天线的工作方式。其中包括“天线转速”“启动天线”“停天线”“命令方位”“命令仰角”“RHI 仰角上限”“RHI 仰角下限”“方位标校”“俯仰标校”，如图 4.12 所示。

图 4.12　CINRAD/SC/CD 型雷达“天线控制”界面

4.2.2.3　“接收机控制”菜单

接收机控制是在做机内强度和速度定标测试时，控制由雷达机内信号源输出的强度测试信号的大小和速度测试信号的相位，如图 4.13 所示。

4.2.2.4　“RVP9 控制”菜单

RVP9 控制雷达工作的脉冲重复频率、频率变比、脉冲积累数、滤波器级别、数据库长、多普勒处理方式、脉冲宽度、距离订正通断、噪声门限等，如图 4.14 所示。

4.2.2.5　“雷达测试”菜单

雷达测试菜单主要用于控制雷达测试和标校项目的选择(图 4.15)，其中包括“标校检查”“雷达自动测试”“标校校正”“太阳法标校”(图 4.16)、“相位稳定度测试”(图 4.17)和“噪声系数测试”(图 4.18)等定标测试项目。

4.2.2.6　“系统设置”菜单

系统设置主要用来控制雷达系统的相关参数，其中包括“天线增益”“波束宽度”“系统损耗”“大气衰减损耗”“经纬度”“海拔高度”“雷达波长”“脉冲宽度”和“发射机功率”等。这些参数将影响雷达数据的采集、传输及后期计算的准确性，因而必须确保这些参数的准确性，如图 4.19 所示。

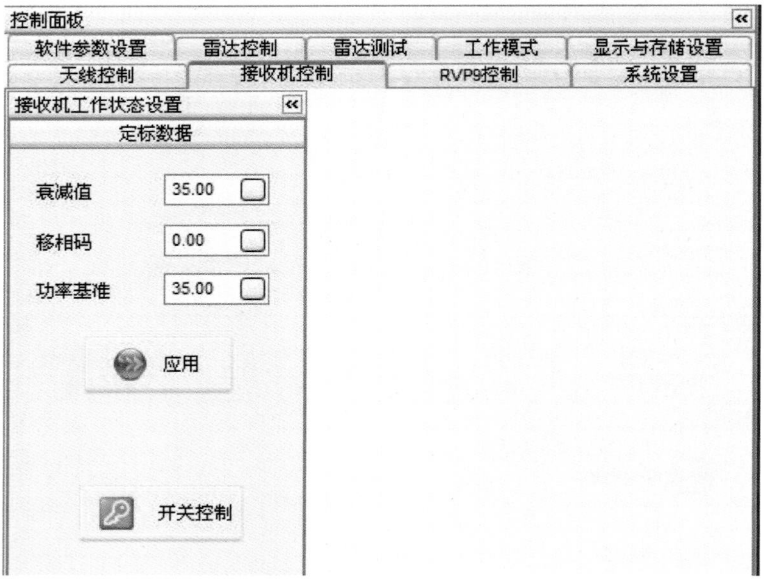

控制面板 «
软件参数设置 | 雷达控制 | 雷达测试 | 工作模式 | 显示与存储设置
天线控制 | 接收机控制 | RVP9控制 | 系统设置
接收机工作状态设置 «
定标数据
衰减值 35.00
移相码 0.00
功率基准 35.00
应用
开关控制

图 4.13　CINRAD/SC/CD 型雷达“接收机控制”界面

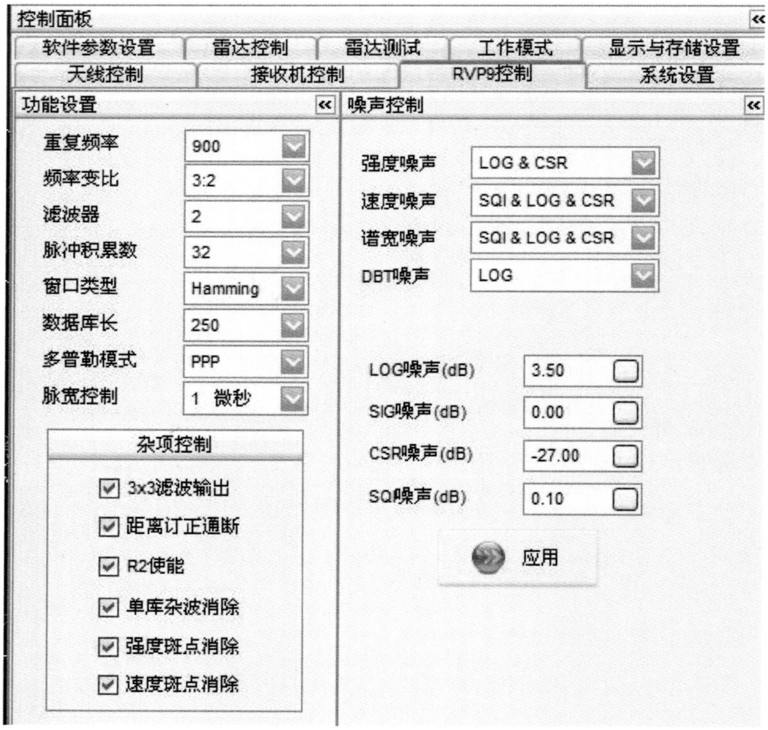

控制面板 «
软件参数设置 | 雷达控制 | 雷达测试 | 工作模式 | 显示与存储设置
天线控制 | 接收机控制 | RVP9控制 | 系统设置
功能设置 «
重复频率 900
频率变比 3:2
滤波器 2
脉冲积累数 32
窗口类型 Hamming
数据库长 250
多普勒模式 PPP
脉宽控制 1 微秒
杂项控制
☑ 3x3滤波输出
☑ 距离订正通断
☑ R2使能
☑ 单库杂波消除
☑ 强度斑点消除
☑ 速度斑点消除
噪声控制 «
强度噪声 LOG & CSR
速度噪声 SQI & LOG & CSR
谱宽噪声 SQI & LOG & CSR
DBT噪声 LOG
LOG噪声(dB) 3.50
SIG噪声(dB) 0.00
CSR噪声(dB) -27.00
SQ噪声(dB) 0.10
应用

图 4.14　CINRAD/SC/CD 型雷达“RVP9 控制”界面

图 4.15 CINRAD/SC/CD 型雷达“雷达测试”界面

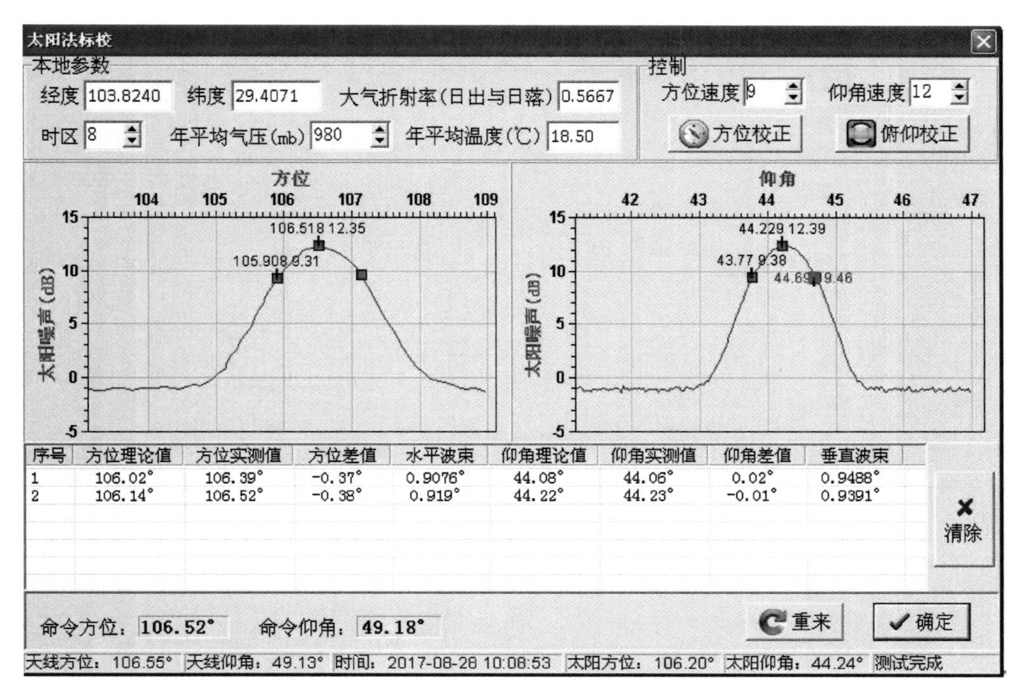

图 4.16 CINRAD/SC/CD 型雷达“太阳法标校”界面

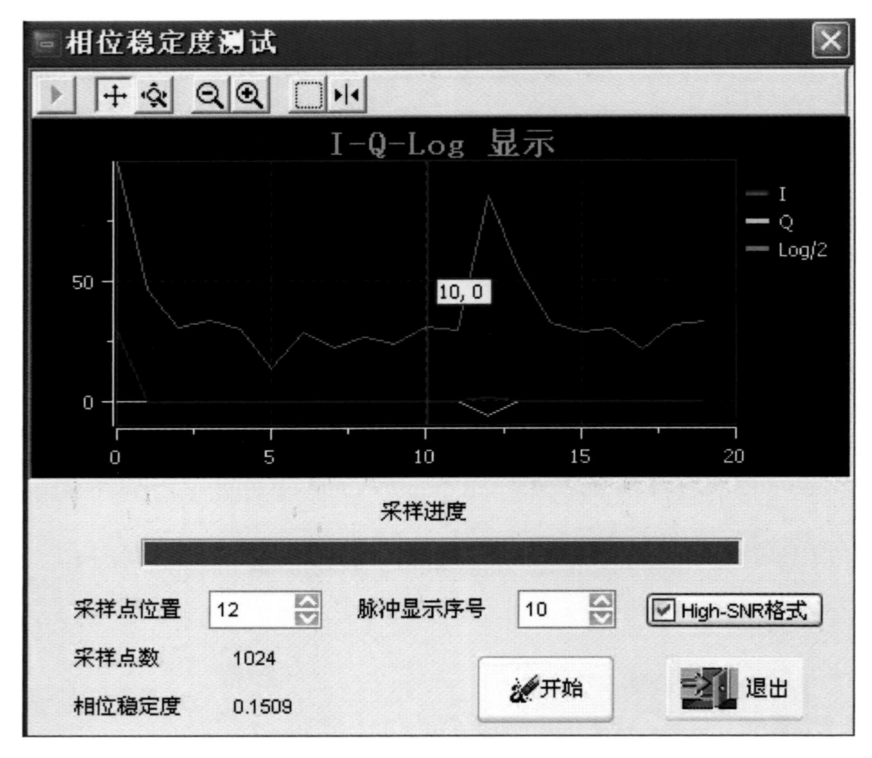

图 4.17 CINRAD/SC/CD 型雷达“相位稳定度测试”界面

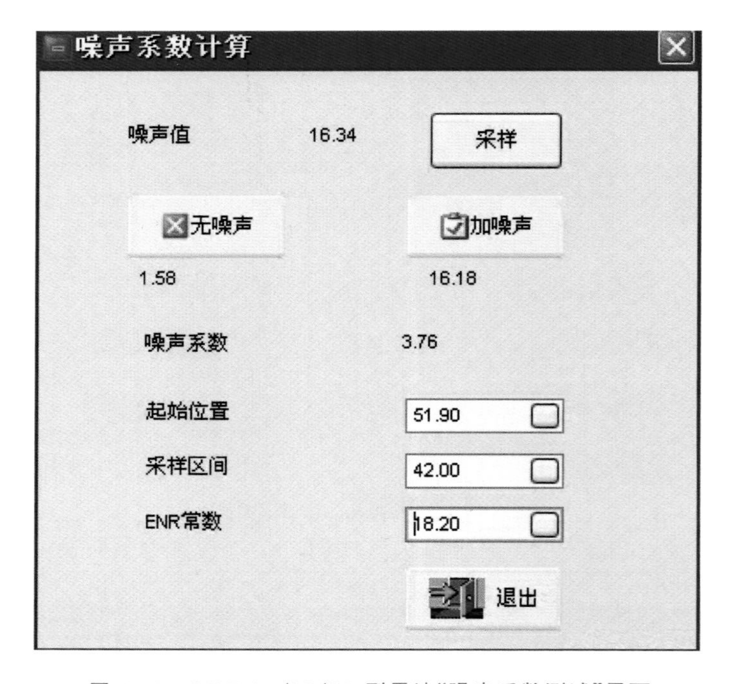

图 4.18 CINRAD/SC/CD 型雷达“噪声系数测试”界面

图4.19 CINRAD/SC/CD型雷达"系统设置"界面

4.2.3 机内测试信号源功率基准值校准

对于早期有主副系统的RVP7雷达，衰减值设为功率基准值时，机内注入接收机前端的测试信号强度为−30 dBm，在雷达终端监控软件上点击菜单栏上"雷达控制"，在下拉菜单中选择"系统设置"→"系统标校"→"标校参数"，在弹出的对话框中，修改"标校功率基准"栏中的数值，如图4.20所示，点击"确定"使机内、机外两种方法在接收机前端注入信号强度相同(−30 dBm)时，雷达终端显示的强度值相同。对于后期的RVP7、RVP8和RVP9雷达，衰减值设为功率基准值时，机内注入接收机前端的测试信号强度为−40 dBm，在雷达终端监控软件上打开控制面板，点击"控制面板"中"接收机控制"，修改"功率基准"，如图4.21所示，点击"应用"使机内、机外两种方法在接收机前端注入信号强度相同(−40 dBm)时，雷达终端显示的强度值相同。

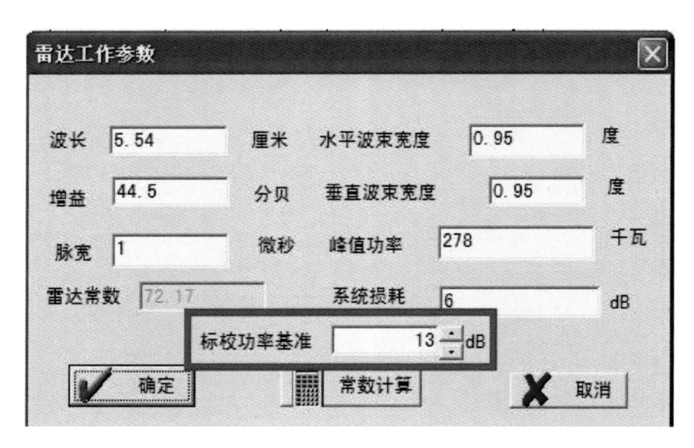

图 4.20 功率基准标校(早期有主副系统的 RVP7 雷达)

图 4.21 功率基准标校(后期的 RVP7、RVP8 和 RVP9 雷达)

4.3 雷达定标步骤

天气雷达定标项目分为天伺定标、发射机定标、接收机定标和系统定标共 4 部分 19 项，其中天伺定标包含天线座水平度定标检查、天线波束指向定标检查和天线控制精度检查定标共 3 项。发射机定标包含发射脉冲宽度定标、发射机峰值功率定标、发射机输出端极限改善因子测试、发射机输入端极限改善因子测试和发射支路损耗定标共 5 项。接收机定标包含接收支路损耗定标、机内/机外噪声系数(测试)定标、机内/机外动态范围测试定标共 5 项。系统定标包含相位噪声测试、机内/机外回波强度定标、机内/机外径向速度定标和实际地物对消能力检查共 6 项。

4.3.1 天伺定标

4.3.1.1 天线座水平度定标检查

(1)仪表及附件

1)合像水平仪；

2)所需工具：300 mm 活动扳手、600 mm 活动扳手、工作行灯、升降梯(≥5 m)、天线水平调整紫铜片若干。

(2)测试框图

(3)测试步骤

1)将雷达天线停在方位0°,仰角0°;

2)将光学合像水平仪置于天线俯仰转台的顶端,并保证水平仪与转台平面之间光洁、平整,如图4.22所示；

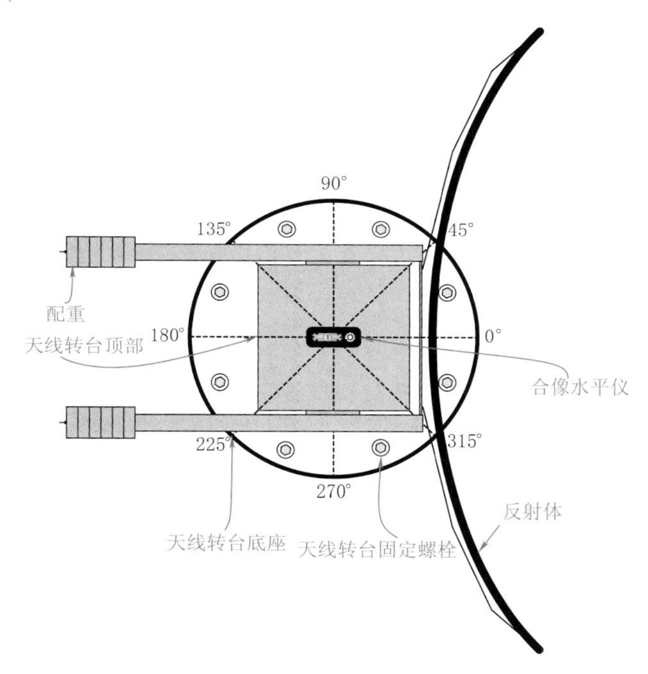

图4.22 天线座水平度检查示意图

3)选择一个测试点(例如0°)测试并读取、记录合像水平仪刻度盘读数,然后推动天线转动45°测试并读取、记录刻度盘读数,依次完成8个方向的测试；

4)将互成180°方向(同一直线上)的一组数相减(如0°和180°、45°和225°、90°和270°、135°和315°,如图4.23所示)得出4个数据,这4个数的绝对值最大值,即为该天线座的最大水平误差。

5)如果测试结果超出技术指标要求,则需要对雷达天线水平度进行调整。

6)为使测试记录看起来直观,也为方便调整天线水平,可将测试结果按图4.23所示模板记录。这种记录方式,可以直观地看出天线座是否水平、哪边高、哪边低、该如何调整等。

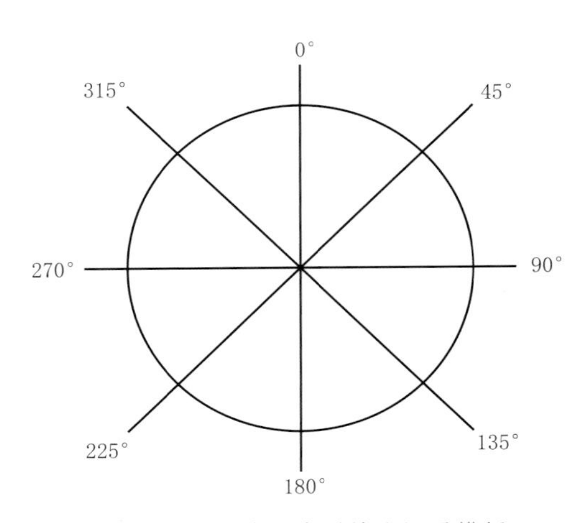

图 4.23 天线座水平检查记录模板

(4)定标方法

天线座与安装基础通过 8 个联结螺栓进行连接,另有 4 个水平调整螺栓均匀分布在天线座的底面上进行水平调整。水平调整时,先适当松开联结螺栓,针对测试记录的结果,拧动水平螺栓,利用合像水平仪记录水平调整的位移量,利用合适的垫板支撑天线座,再拧紧联结螺栓。调节后,天线转动 360°,按上述的水平测试方法进行再次测试。如此反复,一直调整到符合要求为止。调整完成后要确保固定螺钉为紧固状态。

(5)注意事项

合像水平仪放置好后,技术人员身体重心不要偏离天线座轴心,以避免天线一臂受力引起测试误差。

4.3.1.2 天线控制精度检查

(1)仪表及附件

雷达终端软件。

(2)测试步骤

1)关闭发射机高压,雷达扫描方式设置为 RHI 扫描,运行状态设置为工作状态;

2)对于早期有主副系统的 RVP7 雷达,在雷达终端监控软件上点击菜单栏上"雷达控制",在下拉菜单中选择"天线控制";而后期的 RVP7、RVP8 和 RVP9 雷达,在雷达终端监控软件上打开控制面板,选择"天线控制";

3)在"天线控制"栏"命令方位角"中依次输入 0°、30°、60°、90°、120°、150°、180°、210°、240°、270°、300°、330°,点击"确定"或"应用",待天线停稳后,在终端监控软件上读取并记录对应的天线方位角的指示值;

4)将雷达扫描方式设置为 PPI 扫描;

5)在"天线控制"栏"命令仰角"中依次输入 0°、5°、10°、15°、20°、25°、30°、35°、40°、45°、50°、55°,点击"确定"或"应用",待天线停稳后,在终端监控软件上读取并记录对应的天线俯仰角的指示值;

6)如果测试结果不满足技术指标要求(天线给定位置的静态均方根误差≥0.1°或天线

追摆次数≥3)时,则需要对伺服控制系统和有关线路进行调试或检修。

(3)定标方法

“直流伺服分系统”:

1)当测试天线方位(或仰角)误差≥0.1°而天线无追摆现象时,需调试方位(或俯仰)伺服放大器 RP5 和 RP8 电位器,顺时针适当调节 RP5 电位器增大增益,逆时针适当调节 RP8 电位器减小阻尼。当测试误差≤0.1°时停止,避免增益过大或阻尼过小产生追摆。

2)当测试天线方位(或仰角)其追摆次数≥3 次时,需逆时针适当调节 RP5 电位器减小增益或顺时针适当调节 RP8 电位器增大阻尼,以减少追摆使其满足要求。

3)俯仰信号经过汇流环,如果汇流环太脏或接触不良也会导致仰角误差≥0.1°和追摆,此时调节 RP5 和 RP8 电位器无效果,需要检查或清洗汇流环。

“交流伺服分系统”:

1)当测试天线方位(仰角)误差≥0.1°而天线无追摆现象时,需调试伺服控制器 RP2(RP4)电位器,顺时针适当调节 RP2(RP4)电位器增大增益,或者进入“数据采集机程序”,点击“天线控制”,进入“高级设置”→“天线到位控制”,适当增大方位(仰角)斜率(减小“控制斜率”数值和“电压”数值,斜率增大,反之减小)。当测试误差≤0.1°时停止调整,避免增益过大或斜率过大产生追摆。

2)当测试天线方位(或仰角)其追摆次数≥3 次时,需逆时针适当调节 RP2(RP4)电位器减小增益,或者进入“数据采集机程序”,点击“天线控制”,进入“高级设置”→“天线到位控制”,适当减小(方位)仰角斜率(增大“控制斜率”数值和“电压”数值,斜率减小,反之增大),减少追摆使其满足要求。

3)俯仰信号经过汇流环,如果汇流环太脏或接触不良也会导致仰角误差≥0.1°和追摆,此时调节 RP4 电位器和调节斜率无效果,需要检查或清洗汇流环。

4.3.1.3 雷达波束指向定标检查

(1)仪表及附件

系统雷达终端软件。

(2)检查步骤

1)关闭发射机高压,雷达运行状态设置为工作状态,在雷达终端软件“RVP7/8/9 控制”菜单界面中,将滤波器级别设置为“无”,降低噪声门限设置中强度噪声(LOG)门限,使太阳噪声能正常显示;

2)检查雷达站经纬度参数:对于早期有主副系统的 RVP7 雷达,在雷达终端监控软件上点击菜单栏上“雷达控制”,在下拉菜单中选择“系统设置”→“系统参数设置”,在弹出对话框中,检查经纬度设置为本站的准确经纬度,若有误,进行修正,精确到小数点后两位;对于后期的 RVP7、RVP8 和 RVP9 雷达,在雷达终端监控软件上打开控制面板,选择“系统设置”,检查“系统设置”中的经纬度设置为本站的准确经纬度,若有误,进行修正,精确到小数点后两位;

3)校准计算机时间:由于太阳的实际位置与当前时间有很大关系,如果计算机的时间不够准确,将影响到当前时刻的太阳的仰角和方位,使结果产生较大的误差。校准后的系统的时间与北京时间相差不超过 2 秒;

4)调整雷达仰角到当前太阳高度角附近:对于早期有主副系统的 RVP7 雷达,在雷达终端监控软件上点击菜单栏上“雷达控制”,在下拉菜单中选择“系统标校”→“太阳法标校”,雷达将自动进行太阳法标校检查;而后期的 RVP7、RVP8 和 RVP9 雷达,在雷达终端监控软件上打开控制面板,选择“雷达测试”,在“雷达测试”栏中选择,单击“太阳法标校”,雷达将自动进行太阳法标校检查。启动太阳法标校程序后,系统弹出对话框中显示了计算出的太阳所在方位角和仰角的理论值,终止“太阳法标校”,命令雷达仰角到当前时间下太阳所在仰角附近(如果是上午做太阳法标校,则命令仰角稍高于太阳所在仰角,如果是下午做太阳法标校,则命令仰角稍低于太阳所在仰角);

5)雷达仰角调整到合适位置后,重新进行太阳法标校,系统在找到太阳噪声最大值位置后弹出对话框,显示天线实际到位角度与太阳噪声理论值的差值,记录数据;

6)重复步骤 4)和 5)4～5 次,若平均差值在 0.3°以上,则需要对雷达进行修正。

(3)定标方法

“早期有主副系统的 RVP7 雷达的定标方法”:

标校是通过调整分别设置在方位伺服驱动单元和俯仰伺服驱动单元上的 JP2 跳线器来完成的。JP2 跳线器共有 12 位,分别针对伺服驱动单元所输出的 12 位角码,从左到右按最高位到最低位排列,如表 4.3 所示。由于是以 12 位二进制数表示的 360°,则最低位二进制数所表示的角度值为:

$$360/211 = 360/4096 = 0.0879°$$

表 4.3 跳线器对应角度

跳线位数	方位	俯仰	跳线位数	方位	俯仰
第 1 位	180°	60°	第 7 位	2.8096°	0.9375°
第 2 位	90°	30°	第 8 位	1.4048	0.4688°
第 3 位	45°	15°	第 9 位	0.7024°	0.2344°
第 4 位	22.5°	7.5°	第 10 位	0.3512°	0.1172°
第 5 位	11.25°	3.75°	第 11 位	0.1756°	0.0586°
第 6 位	5.625°	1.875°	第 12 位	0.0878°	0.0293°

例如太阳法后方位误差为－3°,表示当前方位角零度与实际正北相差 3°,需在原来角码基础上减去 3°。先将方位手摇到 3°,查方位跳线器对应角度表可知第 7 位跳线(对应用 2.8096°)与 3°最为接近,观察方位驱动单元 JP2 上第 7 位跳线上是否有短接器,如果有,则去掉该位短接器(相当于角码补偿减去 3°)。如果没有,则观察其前一位(第 6 位)是否有短接器,有则去掉该位短接器,并在后一位加上一只短接器。如果该位也没有短接器,需再往上一位(第 5 位),以此类推。在实际设置时,显示相差的角度值不可能正好是某位跳线的对应角度,而是需要改变几位跳线的设置,则根据跳线器对应角度表从最大的角度值开始往小角度值逐渐逼近。通常改变几个跳线就能达到使用要求。

俯仰零度的校正和方位零度的校正方法是一致的。

后期的 RVP7 雷达和 RVP9 雷达的定标方法:

太阳法标校后有误差需要标校时,在数据采集机监控软件上,点击“天线控制”,在其“高级设置”内点击“天线标校”，在“天线标校”菜单内有“方位校零”和“俯仰校零”，分别点击“方位校零”和“俯仰校零”可完成方位和俯仰标校。

RVP8雷达的定标方法：

天线角码信号分为方位角码信号和俯仰角码信号，它们通过天线运转带动同步机产生信号。给同步机送110V激磁电，同步机输出D1、D2和D3角码信号。信号处理器采用RVP8的雷达，D1、D2和D3角码信号先送给RVP8的I/O62转换板转换成角码后再送给监控数据采集机内的伺服驱动单元和终端。所以太阳法标校后有误差需要标校时需要进入RVP8的Linux系统，改变相应的数值实现角码的标校。

假设太阳法测试误差超出技术指标，方位－10°，仰角＋1°。需进入RVP8进行校正。具体步骤如下：

进入RVP8的Linux系统，用户名为：operator，密码为：xxxxxx，如图4.24所示。

图4.24　CINRAD/SC/CD型雷达进入Linux系统

进入Linux系统后，在桌面空白处点击鼠标右键，选择“open terminal”，输入“dspx”，按键盘左上角“Esc”键，回车；输入“mp”，再单击黑色背景部分第二行，如图4.25所示。

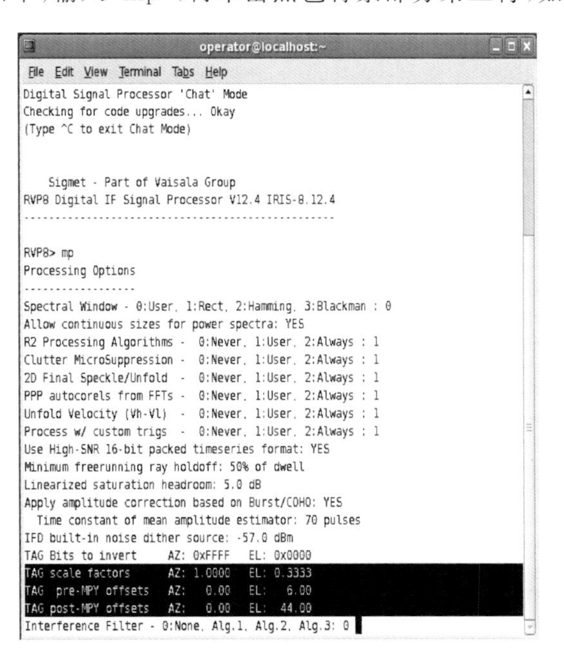

图4.25　CINRAD/SC/CD型雷达俯仰标定(RVP8)-1

修改EL所对应的数值对仰角进行标校，在第二行输入0（*AZ*值不变），然后点击空格键，再输入9，标校仰角（因为方位和仰角的比例是3：1，所以方位增加3°，仰角对应增大1°）。点击回车键完成仰角标校，如图4.26所示。

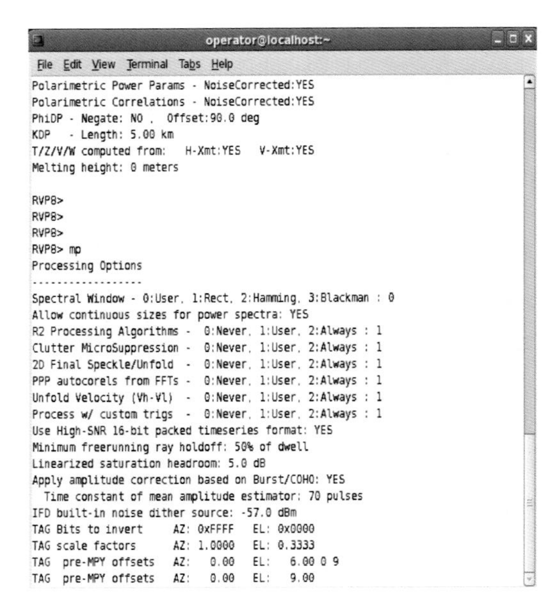

图 4.26 CINRAD/SC/CD 型雷达俯仰标定(RVP8)-2

在第三行输入－10(因原来 AZ 值为 0,所以减小 10°),然后点击空格键,再输入 44。点击回车键完成方位标校,如图 4.27 所示。

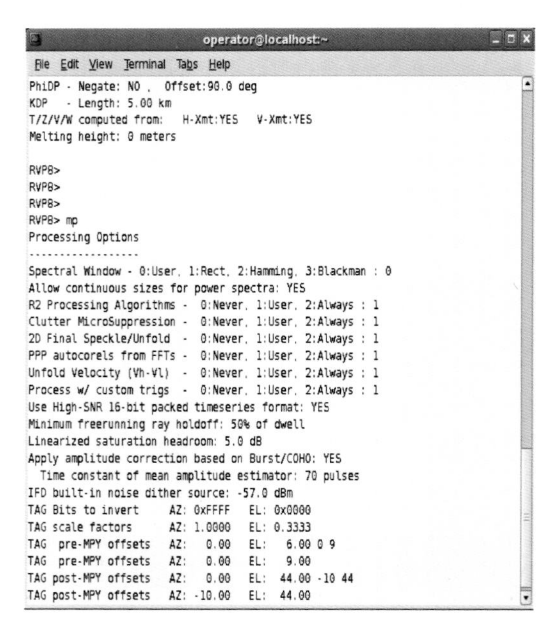

图 4.27 CINRAD/SC/CD 型雷达俯仰标定(RVP8)-3

更改完成后输入 s,然后按回车键,再输入 y 确认保存。退出时需要输入 q,然后 Ctrl＋c。

(4)注意事项

1)为确保测试数据的准确性,测试前必须检查雷达经纬度、校准计算机时间。

2)测试最佳时间在上午9点到10点,下午3点到4点之间。避免因太阳过低或过高增大误差。

3)在无降水回波状态下检测。

4)位于海边或四周有大面积湖泊的台站,可能上午、下午所测试结果不一致,而且偏差较大,这是由于水汽折射造成的,属于正常现象,可根据当地回波主要探测方向或回波主要来向来确定测试结果。

5)如果在同一时段内的多次测试发现测试结果变化起伏不稳定,则需要检查机械传动、天线配重、天线水平等。

4.3.1.4 收发支路损耗测试

(1)仪表及附件

1)信号源(Agilent E4428C或同类型);

2)频谱仪或功率计(Agilent E4445A/Agilent E4416A或同类型);

3)测试电缆2根(N-N型,3米、20米长);

4)波导同轴转换器2个;

5)同轴转接头N-50KK 1只;

6)波导夹4只;

7)人字梯(天线仰角0°时,测试人员站在梯子上应能方便拆、装馈源);

8)M8×M10呆扳手2个。

(2)测试框图

馈线系统收发支路损耗测试框图见图4.28。

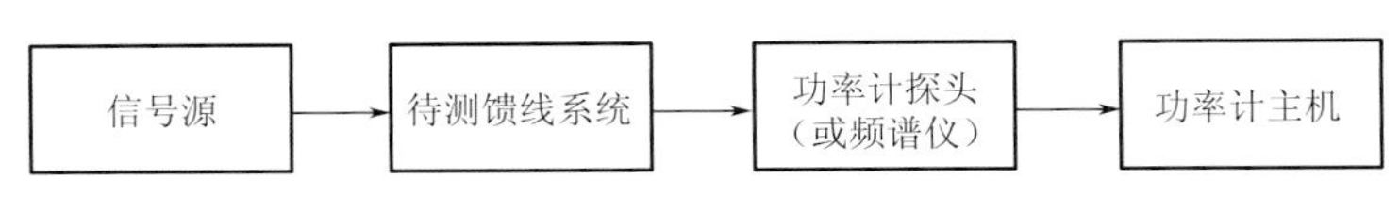

图4.28 馈线测试框图

馈线系统组成如图4.28所示,包括室内馈线(机柜内部及顶部)、天线转台部分以及中间的连接波导。室内馈线包括定向耦合器、谐波滤波器、四端环行器、软波导、放电管、连接波导以及回波连接电缆。天线转台部分馈线主要为方位和俯仰旋转关节、连接波导。

(3)收发支路总损耗测试步骤

1)关闭雷达总电源,对测试电缆损耗进行测试。使用测试电缆将信号源与功率计(或频谱仪)连接,信号源输出频率为本站雷达工作频率,其中CINRAD/SC型雷达$F=2880$ MHz、CINRAD/CD型雷达$F=5420$ MHz,输出功率为A_0(dBm)。在功率计(或频谱仪)上读取经过电缆衰减后的功率值A_{test}(dBm)并记录;

2)拆除波导。测试收发支路总损耗需要拆除波导,实际位置如图4.30和图4.31中馈线系统A1点和A2点,即连接发射机速调管输出端的弯波导;

3)连接测试设备。在A2处接入波导同轴转换器Ⅰ(考虑到速调管较重,不易在A1处接波导同轴转换器,在此忽略了A1至A2段的波导损耗);将信号源输出连接的电缆接到波导同轴转换器Ⅰ的N型接头上,将功率计(或频谱仪)连接到回波电缆的输出口即图4.33中

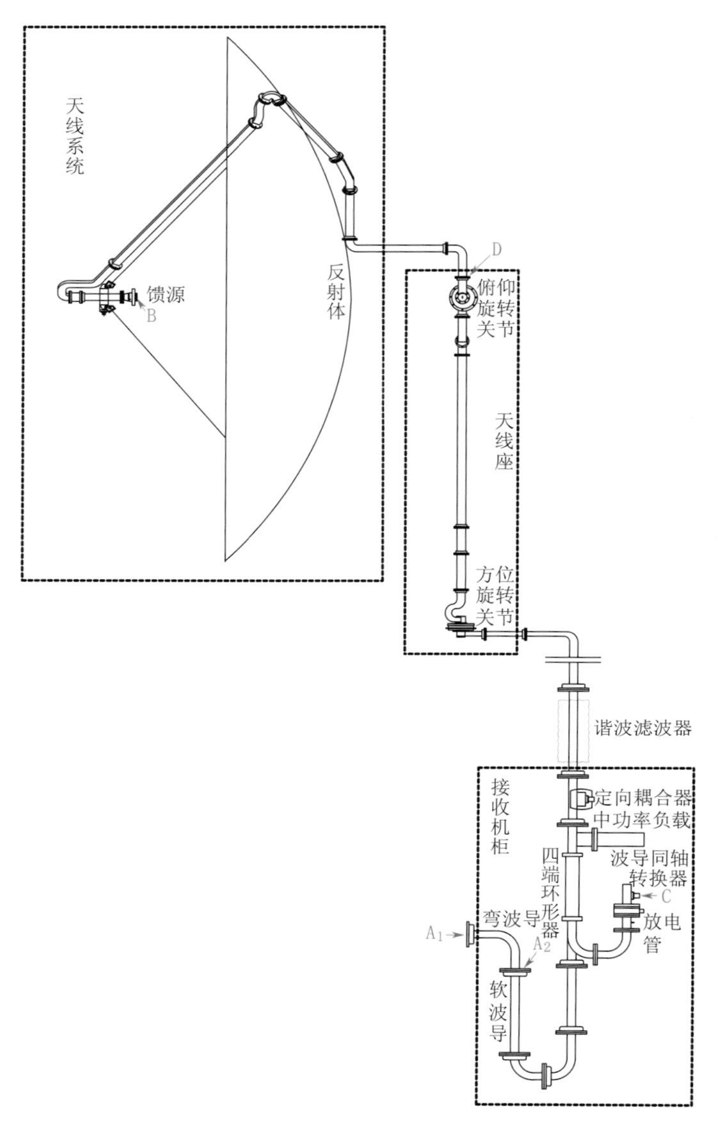

图 4.29 CINRAD/SC/CD 型雷达馈线示意图

C 处波导同轴转换器的 N 型接头上。携带短路板和人字梯进入天线罩内部，拆下馈源保护罩，将短路板放置在馈源处（见图 4.29 和图 4.32 中 B 点）；

4）测试与记录。将信号源工作频率设置为本站雷达工作频率，输出射频功率设置为A_0（dBm），开启信号源射频功率开关（将 RF 设置为 On），在功率计（或频谱仪）上读出输出信号强度A_Σ（dBm）；

5）计算结果。雷达系统收发总损耗L_Σ可通过公式$L_\Sigma=|A_{test}-A_\Sigma|$（dB）计算获得。

（4）发射支路损耗测试

1）关闭雷达总电源，对测试电缆损耗进行测试。使用测试电缆将信号源与功率计（或频谱仪）连接，信号源输出频率为本站雷达工作频率，其中 CINRAD/SC 型雷达 $F=2880$ MHz、

图 4.30　馈线系统 A1 点

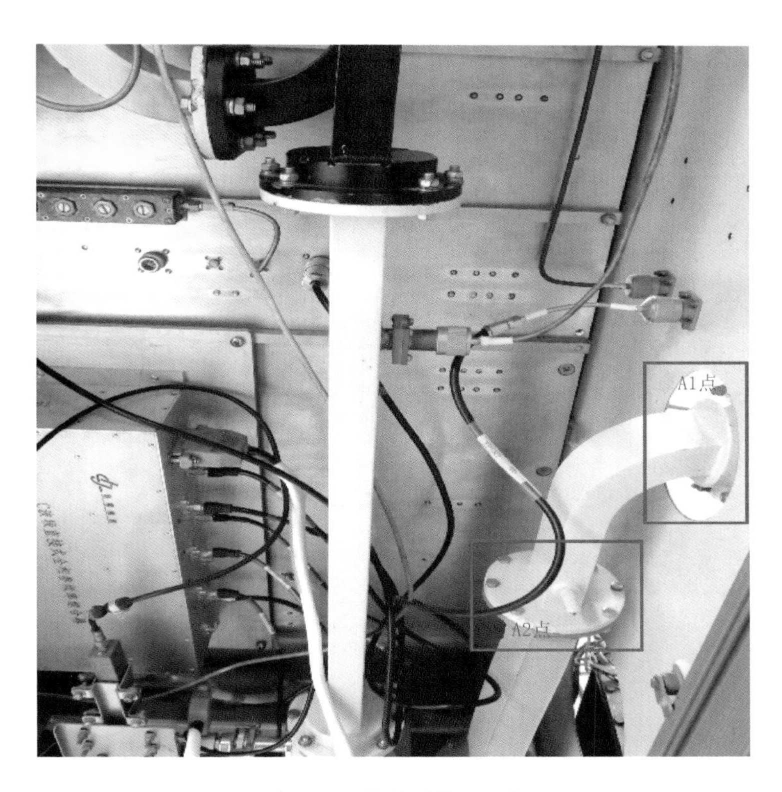

图 4.31　馈线系统 A2 点

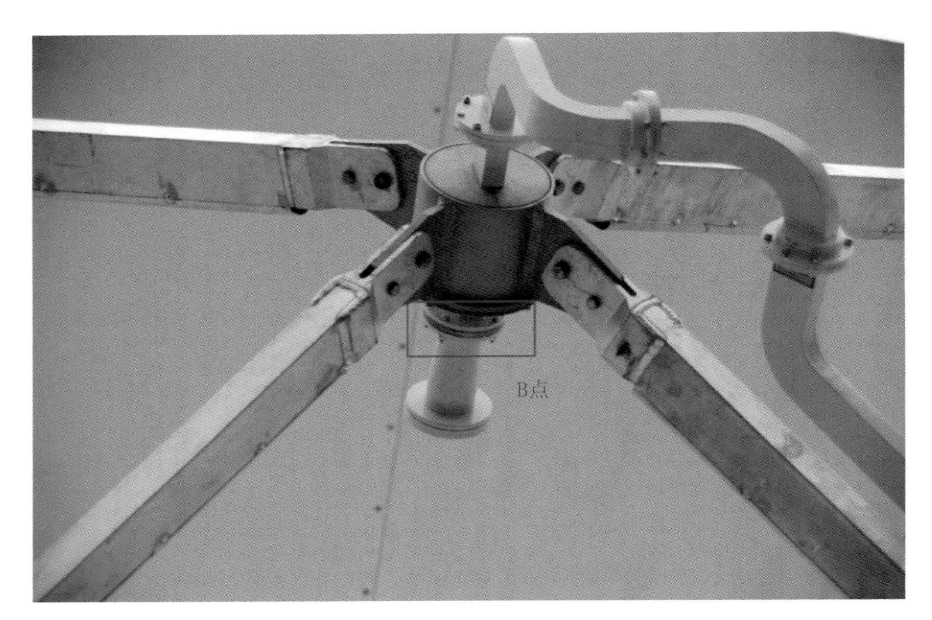

图 4.32　馈线系统 B 点

图 4.33　馈线系统 C 点收发支路总损耗测试-波导的拆除和短路板、波导同轴转换器的安装位置

CINRAD/CD 型雷达 F=5420 MHz，输出功率为A_0(dBm)。在功率计（或频谱仪）上读取经过电缆衰减后的功率值A_{test}(dBm)并记录；

2)拆除波导。测试发射支路损耗需要拆的波导见图 4.29 中 A1、A2 和 D 点，即连接发射机速调管输出端的弯波导和俯仰旋转关节后端的弯波导；

3)连接测试设备。将波导同轴转换器Ⅰ、Ⅱ分别连接至图 4.29 馈线系统中 A2 点和 D 点。

将信号源输出电缆接到波导同轴转换器Ⅰ的 N 型接头上，带着功率计(或频谱仪)和扳手等工具进入天线罩内，将功率计的探头(或频谱仪测试电缆)接到波导同轴转换器Ⅱ的 N 型接头上。

4)测试记录。将信号源工作频率设置为本站雷达工作频率，其中 CINRAD/SC 型雷达 $F=2880$ MHz、CINRAD/CD 型雷达 $F=5420$ MHz，输出射频功率设置为A_0(dBm)，并打开信号源射频开关，在天线端读取功率计(或频谱仪)的读数A_{T1}(dBm)；

5)计算结果。从图 4.29 中 B 点与 D 点间的波导为俯仰旋转关节至馈源间的连接波导，该段波导没有被包含到发射馈线损耗中，其损耗L_1 可按照以下计算：

$$L_1=\frac{L_\Sigma-(A_{\text{test}}-A_{T1})-(A_{\text{test}}-A_{R1})}{2}$$

式中，A_{R1} 为以同样方法测接收支路损耗时，功率计读数，待测。所以测试和计算后的发射支路总损耗应该为：

$$\begin{aligned}L_T&=(A_{\text{test}}-A_{T1})+L_1\\&=(A_{\text{test}}-A_{T1})+\frac{L_\Sigma-(A_{\text{test}}-A_{T1})-(A_{\text{test}}-A_{R1})}{2}\\&=\frac{L_\Sigma-A_{T1}+A_{R1}}{2}\end{aligned}$$

(5)接收支路损耗测试

1)关闭雷达总电源，对测试电缆损耗进行测试。使用测试电缆将信号源与功率计(或频谱仪)连接，信号源输出频率为本站雷达工作频率，其中 CINRAD/SC 型雷达 $F=2880$ MHz、CINRAD/CD 型雷达 $F=5420$ MHz，输出功率为A_0(dBm)。在功率计(或频谱仪)上读取经过电缆衰减后的功率值A_{test}(dBm)并记录；

2)拆除波导。测试接收支路损耗需要拆的波导见图 4.29 中 D 点，即俯仰旋转关节后端的弯波导；

3)连接测试设备。将波导同轴转换器Ⅱ连接至图 4.29 中 D 点。将信号源输出电缆接到波导同轴转换器Ⅱ的 N 型接头上。将功率计的探头(或频谱仪测试电缆)接到 C 点波导同轴转换器Ⅰ的 N 型接头上；

4)用信号源从图 4.29 中 D 点注入测试信号，在 C 点使用功率计(或频谱仪)测试输出信号A_{R1}(dBm)，测试和计算的结果为：

$$\begin{aligned}L_R&=(A_{\text{test}}-A_{R1})+L_1\\&=(A_{\text{test}}-A_{R1})+\frac{L_\Sigma-(A_{\text{test}}-A_{T1})-(A_{\text{test}}-A_{R1})}{2}\\&=\frac{L_\Sigma+A_{T1}-A_{R1}}{2}\end{aligned}$$

式中，A_{T1} 为前面测发射支路损耗时，功率计读数。

因为信号源较重，测试电缆通常长度不够，我们可以采用第二种方法来测试接收支路损耗以及L_1。在测试发射支路损耗得到测试结果后，取下功率探头，用短路器短接图 4.29 中 D 点波导同轴转换Ⅱ，然后直接从 C 点接收机回波电缆输出端测试功率值$A_{\Sigma1}$(dBm)。因为短路器的全反射作用，使得发射的测试信号反射到接收支路。B 点与 D 点间的波导为俯仰旋转关节至馈源间的连接波导损耗为：

$$L_1=\frac{L_\Sigma-(A_{test}-A_{\Sigma1})}{2}$$
$$=\frac{(A_{test}-A_\Sigma)-(A_{test}-A_{\Sigma1})}{2}$$
$$=\frac{A_{\Sigma1}-A_\Sigma}{2}$$

则接收支路损耗为：

$$L_R=(A_{test}-A_{\Sigma1})-(A_{test}-A_{T1})+L_1$$
$$=(A_{T1}-A_{\Sigma1})+L_1$$
$$=A_{T1}-\frac{A_{\Sigma1}+A_\Sigma}{2}$$

(6)定标方法

1)对于早期有主副系统的 RVP7 雷达，在雷达终端监控软件上点击菜单栏上“雷达控制”，在下拉菜单中选择“系统设置”→“系统参数设置”，分别将发射机损耗和接收机损耗改为相应的实测值，如图 4.34 所示；而后期的 RVP7、RVP8 和 RVP9 雷达，则在雷达终端监控软件上打开控制面板，选择“系统设置”，将“系统参数设置”中的“系统损耗(dB)”改为收发支路总损耗的实测值，如图 4.35 所示；

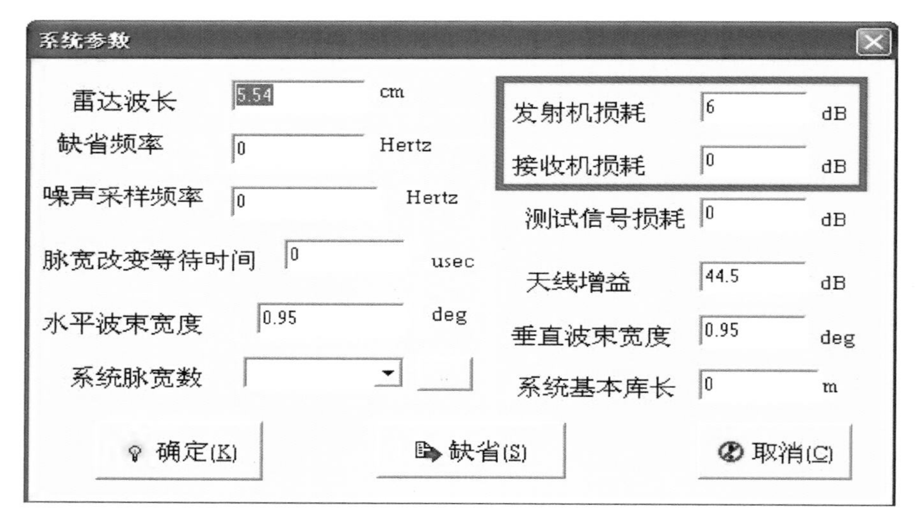

图 4.34 收发支路损耗修正(早期有主副系统的 RVP7 雷达)

2)参数设置完成后单击“确定”或“应用”按钮退出。注意，必须单击“确定”或“应用”按钮，否则配置参数不能被修改；

3)如果测试结果超出技术指标要求 3 dB 以上(技术指标要求≤5.5 dB)，则需要对雷达馈线系统进行进一步检查或维修，确定损坏的馈线器件并更换。

(7)注意事项

1)测试过程中，要确保信号源输出功率A_0(dBm)为同一个值，同时为保证功率计测试准确，信号源输出功率经过电缆和馈线衰减后到达功率计探头端的功率应该在功率计测试误

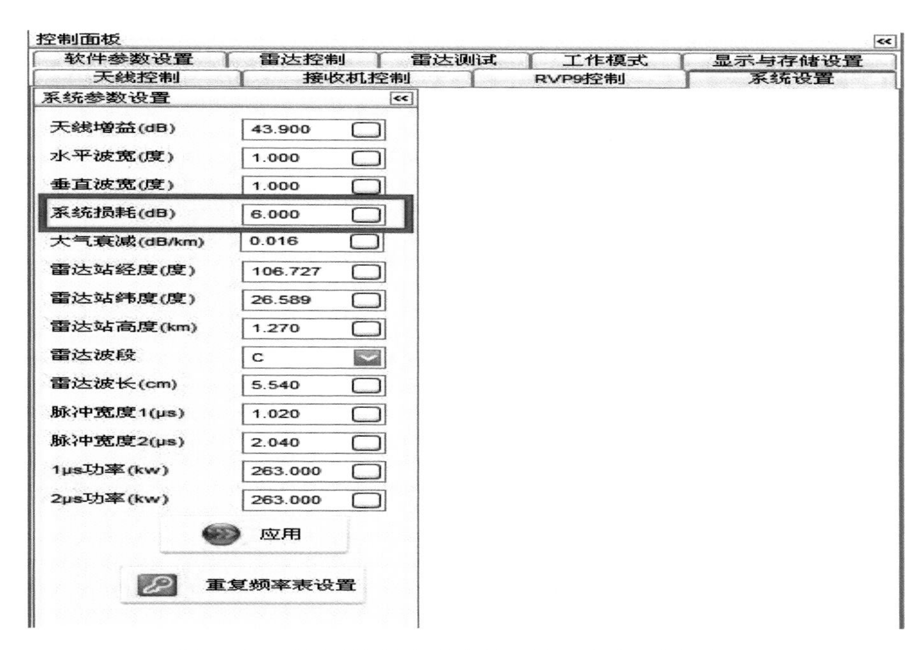

图 4.35 系统损耗修正(后期的 RVP7、RVP8 和 RVP9)

差最小区间内。

2)测试过程中,要确保使用的电缆未改变,并在连接时拧紧。

4.3.2 发射机定标

4.3.2.1 发射系统发射脉冲宽度定标

(1)仪表及附件

1)示波器(TDS1012B 或同类型);

2)高频检波器(TJ8-3 或同类型);

3)连接电缆(N-N 型和 BNC-BNC 型);

4)匹配负载(BNC-50JR);

5)射频连接器(N-50KK、BNC-KJK);

6)固定衰减器(20 dB)或可调衰减器;

7)雷达终端监控软件。

(2)测试框图(图 4.36)

(3)测试步骤

1)按图 4.36 方式连接测试设备;

2)在雷达终端软件上设置雷达脉冲重复频率为 1000 Hz,发射机开高压;

3)按“自动测试(Auto Scale)”按钮,然后改变示波器的横轴和纵轴刻度旋钮,在示波器上显示完整包络形状,测试脉冲包络参数值(F、τ、τ_r、τ_f、δ);

4)关闭发射机高压,改变发射机工作脉宽,重复上述测试,如果测试结果符合技术指标

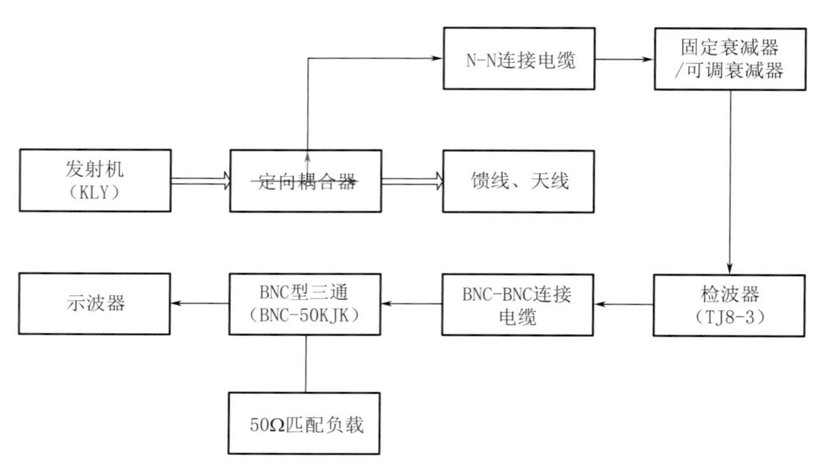

图 4.36　发射脉冲包络测试框图

要求，记录测试数据，否则应按照维修手册调整脉冲宽度直至符合指标要求，重新测试并记录新的测试数据。

(4)定标方法

1)若脉冲宽度实测值符合技术指标要求，则只需要在实时处理程序"系统设置"中更改脉宽参数设置；

2)对于早期有主副系统的 RVP7 雷达，在雷达终端监控软件上点击菜单栏上"雷达控制"，在下拉菜单中选择"系统标校"→"标校参数"，在弹出的对话框中查看脉宽与测试结果是否一致，若不一致则改为实测值，如图 4.37 所示；而后期的 RVP7、RVP8 和 RVP9 雷达，在雷达终端监控软件上打开控制面板，选择"系统设置"，查看"系统设置"中的"脉冲宽度 1"和"脉冲宽度 2"与测试结果是否一致，若不一致则改为实测值，如图 4.38 所示；

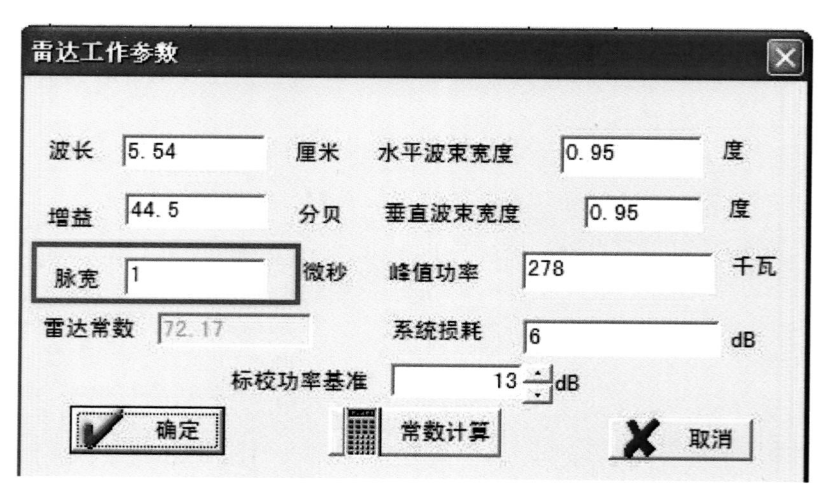

图 4.37　雷达参数修正—脉冲宽度(早期有主副系统的 RVP7 雷达)

3)参数设置完成后单击"确定"或"应用"按钮退出。注意：必须单击"应用"按钮，否则配

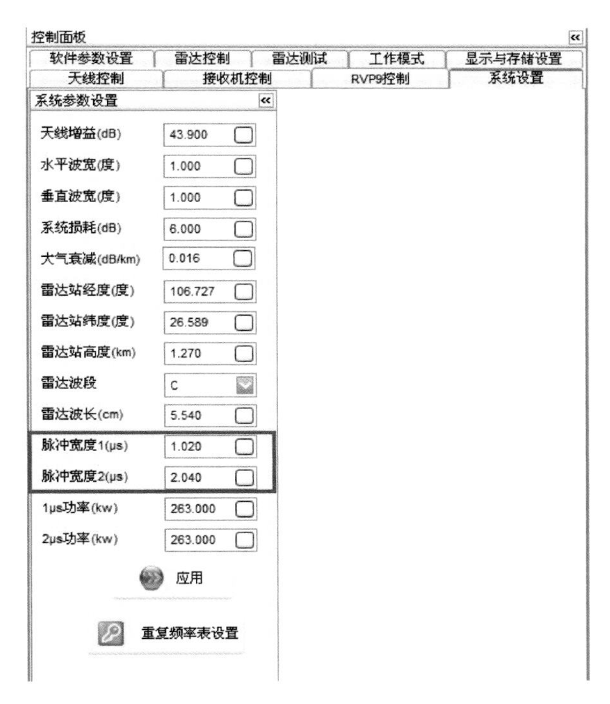

图 4.38　雷达参数修正—脉冲宽度(后期 RVP7、RVP8 和 RVP9)

置参数不能被修改。

若脉冲宽度实测值超出技术指标要求，则需要在 Linux 系统中按以下步骤调整脉宽，调整方法如下。

RVP7 雷达脉宽调整：

1)进入 RVP7：开启数据采集主机及 RVP7 主机后，打开工控机选择 Linux 系统，在登录界面用户名栏输入 root，密码栏输入 qxld784。有些系统需在输完用户名和密码后再输入 startx 才能打开用户图形化界面，在命令行界面中也能更改；

2)打开命令行并更改脉宽：在桌面空白处右击鼠标，选择 Open Terminal。然后输入 dspx 后按 Esc 键进入，进入后输入 mt0。按回车键进入下一步，更改脉宽只需再按一次回车键，然后在光标右侧输入想改的数值即可。输入 u 然后按回车键可返回上一步；

图 4.39 中的 #1 为测试脉冲，#2 为激励脉冲，#4 为放电脉冲，#5 为充电脉冲。

3)保存与退出：更改完成后，输入 s，然后按回车键，再输入 y 确认保存。退出时需要输入 q，然后 Ctrl+c。

RVP8 雷达脉宽调整：

1)进入 RVP8：开启数据采集主机及 RVP8 主机后，在登录界面用户名栏输入 operator，密码栏输入 xxxxxx；

2)打开命令行并更改脉宽：测试步骤与 RVP7 雷达相同。图 4.40 中的 #1 为测试脉冲，#2 为激励脉冲，#4 为放电脉冲，#5 为充电脉冲；

3)保存与退出：测试步骤与 RVP7 雷达相同。

```
RVP7>
RVP7> mt0
Parameters for Pulse Width #0
-----------------------------
Trigger #1 - Start:    0.00 usec
        #1 - Width:   10.00 usec     High:YES
Trigger #2 - Start:    2.85 usec
        #2 - Width:    1.05 usec     High:YES
Trigger #3 - Start:    0.00 usec
        #3 - Width:    5.00 usec     High:YES
Trigger #4 - Start:    0.00 usec
        #4 - Width:    3.00 usec     High:YES
Trigger #5 - Start: -670.00 usec
        #5 - Width:    3.00 usec     High:YES
Trigger #6 - Start:    0.00 usec
        #6 - Width:    3.00 usec     High:YES
Maximum number of Pulses/Sec:  1300.0
Maximum instantaneous 'PRF' :  1300.0 (/Sec)
Range mask spacing: 125.00 meters
FIR-Filter impulse response length: 1.33 usec
Burst Freq Estimator- Length: 1.33 usec, Start: 0.00 usec
FIR-Filter prototype passband width: 1.000 MHz
Output control 4-bit pattern: 0001
Current noise level: -79.00 dbm
Powerup noise level: -79.00 dbm
Transmitter phase switch point: -1.00 usec
```

图 4.39　RVP7 雷达脉宽调整命令窗口

```
Mt0 - Parameters for Pulsewidth #0
----------------------------------
Trigger #1 - Start:    0.00 usec
        #1 - Width:   10.00 usec     High:YES
Trigger #2 - Start:    2.25 usec
        #2 - Width:    1.00 usec     High:YES
Trigger #3 - Start:    0.00 usec
        #3 - Width:    2.00 usec     High:YES
Trigger #4 - Start:    0.00 usec
        #4 - Width:    3.00 usec     High:YES
Trigger #5 - Start:  -20.00 usec
        #5 - Width:   50.00 usec     High:YES
Trigger #6 - Start:    0.00 usec
        #6 - Width:    3.00 usec     High:YES
Maximum number of Pulses/Sec:  1300.0
Maximum instantaneous 'PRF' :  1300.0 (/Sec)
Range mask spacing: 75.0000 meters (36.0000 clks)
FIR-Filter impulse response length: 1.33 usec
Burst Freq Estimator - Length: 1.33 usec, Start: 0.00 usec
Output control 4-bit pattern: 0x0
Current IFD noise level: -80.00 dbm
Powerup IFD noise level: -80.00 dbm

Mt1 - Parameters for Pulsewidth #1
----------------------------------
Trigger #1 - Start:    0.00 usec
        #1 - Width:   10.00 usec     High:YES
Trigger #2 - Start:    1.58 usec
        #2 - Width:    2.00 usec     High:YES
```

图 4.40　RVP8 雷达脉宽调整命令窗口

RVP9 脉宽调整：

1)进入 RVP9：开启数据采集主机及 RVP9 主机后，在登录界面用户名栏输入 radarop，密码栏输入 xxxxxx；

2)打开命令行并更改脉宽：测试步骤与 RVP7、RVP8 雷达相同。图 4.41 中的 #3 为测试脉冲，#4 为激励脉冲，#7 为放电脉冲，#6 为充电脉冲。

```
Mt0 - Parameters for Pulsewidth #0
----------------------------------
Trigger #1 - Start:   -3.67 usec
        #1 - Width:   10.00 usec     High:YES
Trigger #2 - Start:   -3.67 usec
        #2 - Width:    2.00 usec     High:YES
Trigger #3 - Start:   -3.67 usec
        #3 - Width:   10.00 usec     High:YES
Trigger #4 - Start:   -0.48 usec
        #4 - Width:    1.00 usec     High:YES
Trigger #5 - Start:   -3.67 usec
        #5 - Width:    3.00 usec     High:YES
Trigger #6 - Start: -673.67 usec
        #6 - Width:    2.00 usec     High:YES
Trigger #7 - Start:   -3.67 usec
        #7 - Width:    3.90 usec     High:YES
Trigger #8 - Start:   -3.67 usec
        #8 - Width:    5.00 usec     High:YES
Trigger #9 - Start:   -3.67 usec
        #9 - Width:    2.00 usec     High:YES
Trigger #10 - Start:   -3.67 usec
        #10 - Width:    2.00 usec     High:YES
Maximum number of Pulses/Sec:  1000.0
Maximum instantaneous 'PRF' :  1300.0 (/Sec)
```

图 4.41 RVP9 雷达脉宽调整命令窗口

(5)注意事项

严禁在发射机开高压状态下切换脉宽。

4.3.2.2 发射脉冲峰值功率定标

(1)仪表及附件

1)功率计(Agilent E4416A 或同类型)；

2)平均功率探头(Agilent E9300A 等)或峰值功率探头(Agilent E9327A 等)；

3)信号源(Agilent E4428C 或同类型)；

4)连接电缆(N-N 型)；

5)射频连接器(N-50KK)；

6)固定衰减器(30 dB)；

7)雷达终端软件。

(2)测试框图(图 4.42)

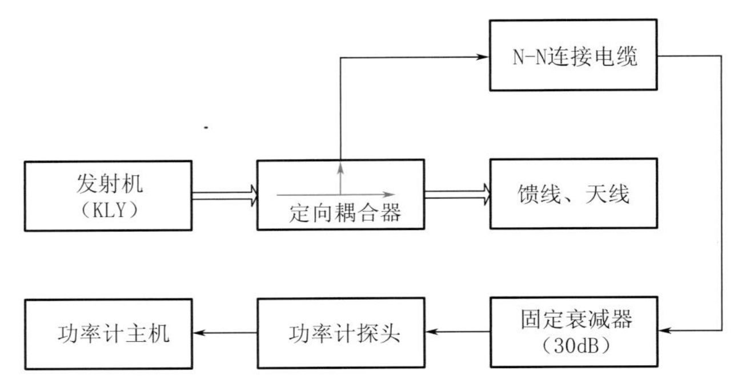

图 4.42 发射机脉冲峰值功率测试框图

(3)机外仪表测试步骤

1)对功率计进行校准;

2)对电缆损耗L_l 进行测试;

3)按图 4.42 发射机连接测试设备;

4)设置功率计参数;

5)在雷达终端软件上设置雷达脉冲重复频率为 1000 Hz,发射机开高压;

6)在功率计上读取功率值并记录;

7)在雷达终端软件上分别更改雷达脉冲重复频率为 900 Hz、600 Hz、400 Hz、300 Hz;

8)重新计算并更改功率计占空比参数设置,在功率计上读取功率值并记录;

9)如果测试结果符合技术指标要求,改变雷达发射机脉宽和脉冲重复频率,分别测试并记录,否则应按照维修手册调整脉冲宽度直至符合指标要求,重新测试并记录新的测试数据。

(4)机内仪表测试步骤

通过终端监控软件改变雷达的脉冲重复频率和脉冲宽度,在终端监控软件界面上直接读取发射脉冲峰值功率,如图 4.43 所示。

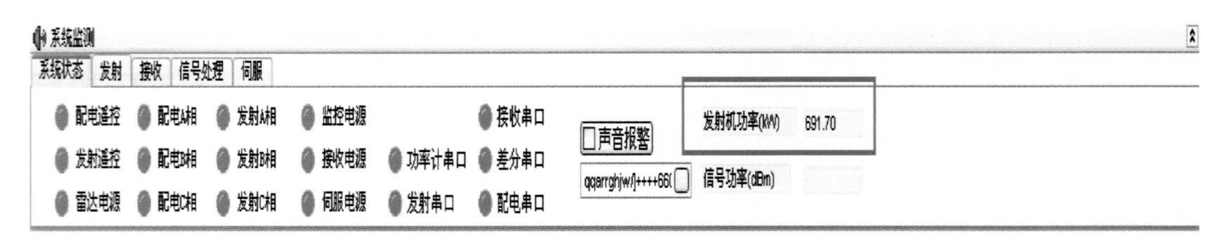

图 4.43 机内发射脉冲功率读取软件界面

(5)定标方法

若雷达发射机脉冲峰值功率符合技术指标要求,则只需要在实时处理程序“系统设置”中更改峰值功率参数设置。调整方法如下:

1)对于早期有主副系统的 RVP7 雷达,在雷达终端监控软件上点击菜单栏上“雷达控制”,在下拉菜单中选择“系统标校”→“标校参数”,在弹出的对话框中将功率值改为实测值,如图 4.44 所示。

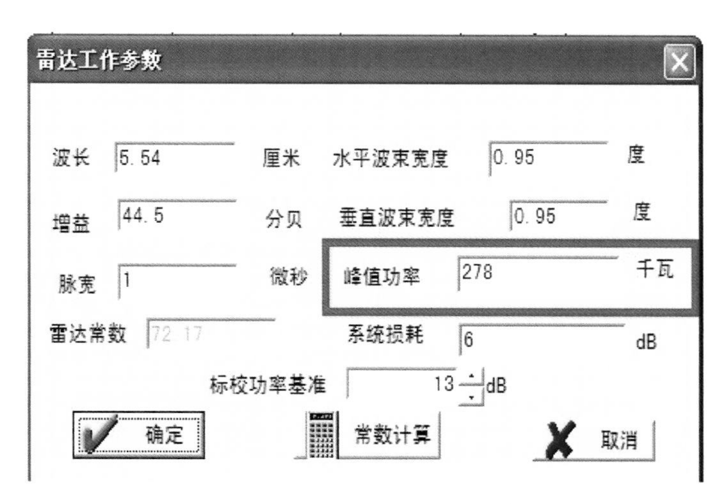

图 4.44 雷达参数修正—发射功率(早期有主副系统的 RVP7 雷达)

2)对于后期的 RVP7、RVP8 和 RVP9 雷达,在雷达终端监控软件上打开控制面板,选择“系统设置”,在“系统设置”中将宽、窄脉冲对应的功率值改为实测值,点击“应用”完成修正。如图 4.45 所示。

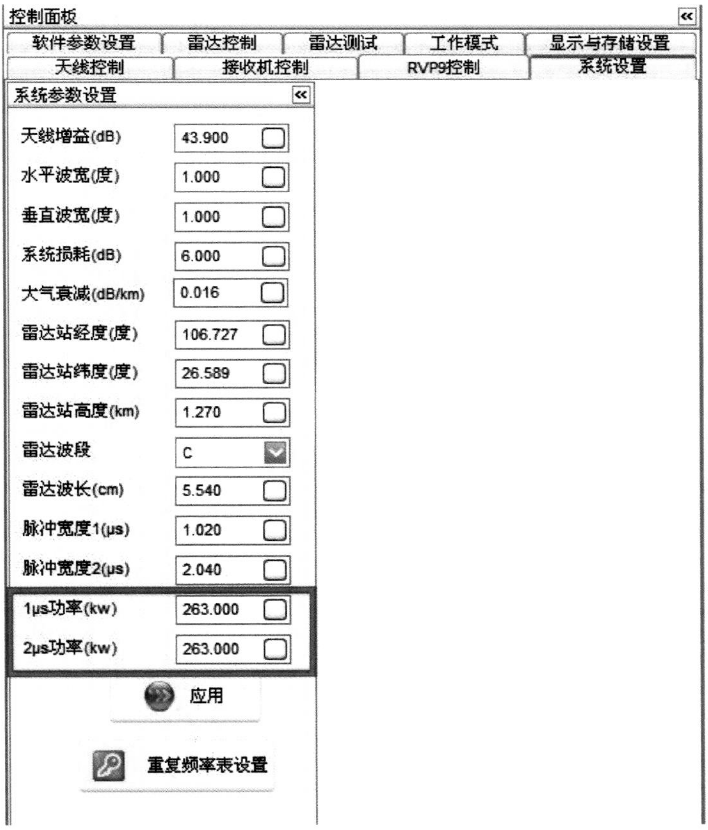

控制面板
软件参数设置 雷达控制 雷达测试 工作模式 显示与存储设置
天线控制 接收机控制 RVP9控制 系统设置
系统参数设置

参数	值
天线增益(dB)	43.900
水平波宽(度)	1.000
垂直波宽(度)	1.000
系统损耗(dB)	6.000
大气衰减(dB/km)	0.016
雷达站经度(度)	106.727
雷达站纬度(度)	26.589
雷达站高度(km)	1.270
雷达波段	C
雷达波长(cm)	5.540
脉冲宽度1(μs)	1.020
脉冲宽度2(μs)	2.040
1μs功率(kw)	263.000
2μs功率(kw)	263.000

应用
重复频率表设置

图 4.45 雷达参数修正_发射功率(后期的 RVP7、RVP8 和 RVP9 雷达)

3)如果机外、机内测试发射脉冲峰值功率相差 20 kW 以上,可通过修改机内功率计中的“增益”的值,使机内和机外测试的结果保持一致。

若雷达发射机脉冲峰值功率不符合技术指标要求,则需要调整调制机柜中高压电压电位器。调整方法如下:

1)对于采用刚性调制器的雷达,按顺时针或逆时针方向调整开关电源 I 中的高压电压调整电位器,使机外功率计测得的发射机脉冲峰值功率符合技术指标要求。

2)对于采用回扫充电线性调制器的雷达,按顺时针或逆时针方向调整可控硅调制分机中窄脉冲高压电压调整电位器,使机外功率计测得的发射机脉冲峰值功率符合技术指标要求。

(6)注意事项

1)严禁在发射机开高压状态下切换脉宽。

2)图 4.42 发射机中 30 dB 的固定衰减器必须使用,否则可能会烧坏功率计探头(大多数功率传感器典型的最大输入功率是+20~+23 dBm)。

3)若本站雷达定向耦合器处于环形器后端,则功率计中偏移量 offset 一项应加上环形器的插损,一般取 0.4 dB。

4.3.2.3 发射机输出极限改善因子测试

(1)仪表及附件

1)频谱仪(Agilent E4445A 或同类型);

2)连接电缆(N-N 型);

3)射频连接器(N-50KK);

4)固定衰减器(20 dB);

5)雷达终端软件。

(2)测试框图(图 4.46)

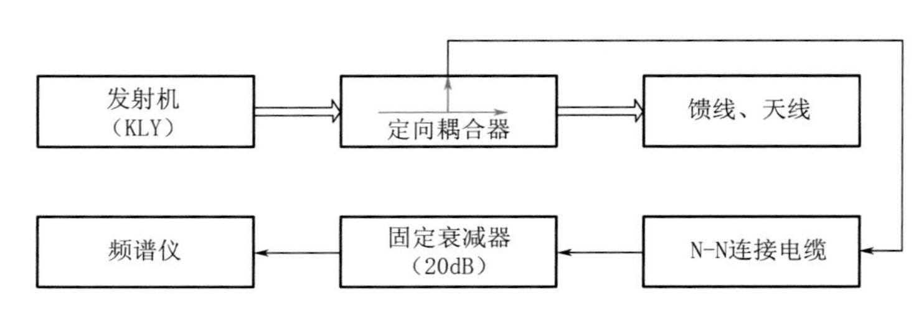

图 4.46 发射机输出极限改善因子测试框图

(3)测试步骤

1)按图 4.46 方式连接测试设备;

2)在雷达终端软件“RVP7/8/9 设置”菜单栏中设置雷达脉冲重复频率为 1000 Hz,发射机开高压;

3)设置频谱仪参数,在频谱仪上完整显示信号和噪声的功率谱密度图,得到信噪比值 S/N 并记录;

4)计算出雷达发射机输出极限改善因子并记录;

5)改变雷达脉冲重复频率为 600 Hz,重复步骤 3)和 4)并记录;

6)如果测试结果超出技术指标要求,则需要对雷达系统进行进一步检查或维修。

(4)注意事项

图 4.46 中 20 dB 的固定衰减器必须使用,否则可能会烧坏频谱仪,频谱仪容许的最大输入功率为 30 dBm。

4.3.2.4 发射机输入极限改善因子测试

(1)仪表及附件

同 4.3.2.3 节。

(2)测试框图(图 4.47)

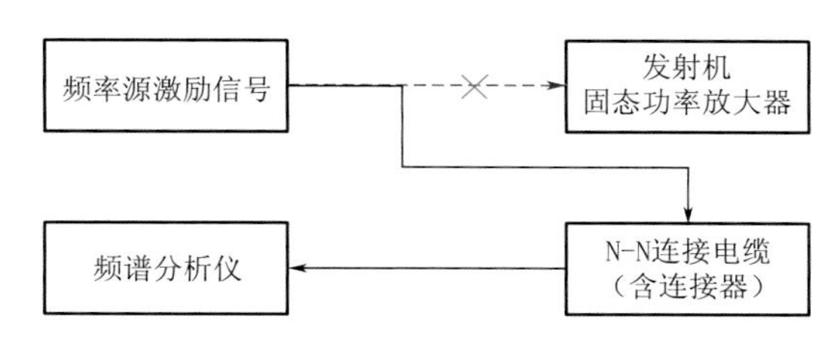

图 4.47 发射机输入极限改善因子测试框图

(3)测试步骤

1)脱开频率源激励输出的射频电缆,按图 4.47 连接测试设备;

2)关闭发射机高压,在雷达终端软件上"RVP7/8/9 设置"菜单栏中设置雷达脉冲重复频率为 1000 Hz;

3)设置频谱仪参数,在频谱仪上完整显示信号和噪声的功率谱密度图,得到信噪比值 S/N 并记录;

4)计算出雷达发射机输入极限改善因子并记录;

5)改变雷达脉冲重复频率为 600 Hz,重复步骤 3)和 4)并记录;

6)如果测试结果超出技术指标要求,则需要对雷达系统进行进一步检查或维修。

(4)注意事项

频率源激励输出信号强度约 15 dBm,低于频谱仪的最大输入功率,此时不需要在频谱仪前加 20dB 衰减器,否则测试结果不正确。

4.3.3 接收机定标

4.3.3.1 接收系统噪声系数测试和定标

(1)仪表及附件

1)固态噪声源(Agilent 346B 或同类型);

2)低压电源(+28 V 或+24 V);

3)连接电缆(BNC 型/BNC-SMA 型);

4)射频连接器(N/SMA-JK);

5)雷达终端监控软件。

（2）测试框图（图 4.48 和图 4.49）

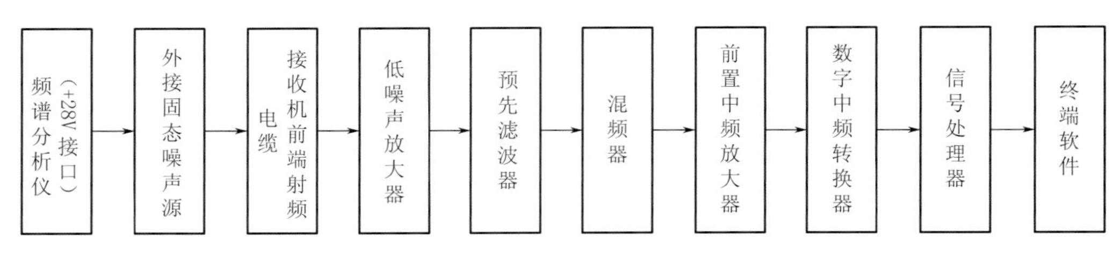

图 4.48 外接噪声源法测试框图

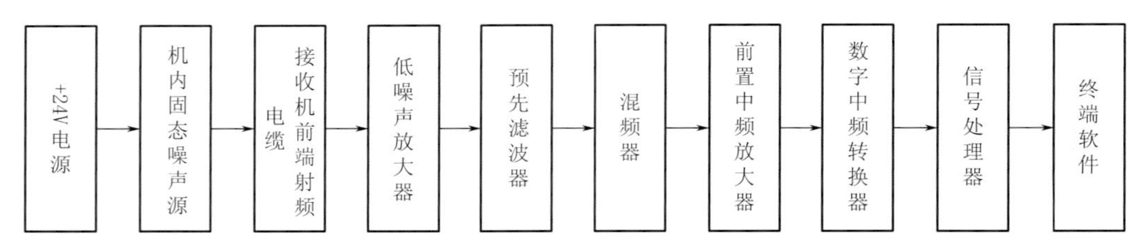

图 4.49 机内噪声源法测试框图

（3）外接噪声源法测试步骤

1）关闭发射机高压，取下雷达接收机低噪声放大器输入端的射频电缆，将安捷伦 346B 型固态噪声源通过转接头接入低噪声放大器输入端；

2）按图 4.48 连接测试设备，其中频谱仪给噪声源供电的＋28 V 供电接口如图 4.50 所示；

图 4.50 频谱仪＋28V 供电接口

3）按下频谱仪 MODE 键，选择“Noise Figure”，接着选择“Monitor Spectrum”，然后按下频谱仪 Source 键，在“Noise Source”上选择“Off”，即噪声源冷态（关噪声源）；

4）在雷达终端监控软件上打开控制面板，选择“雷达测试”，在“雷达测试”栏中选择“噪声系数测试”选项卡，确保 ENR 常数与外接噪声源上标注的超噪比 ENR 常数一致（在此忽略了外接噪声源与低噪声放大器之间连接线缆的损耗)；

5)单击“无噪声”按钮，等待2秒，点“采样”，此时软件上显示的噪声值即为无噪声时的噪声功率或噪声电压；

6)在频谱仪上将“Noise Source”设为“On”，即噪声源处于热态(开噪声源)；

7)在雷达终端软件界面上，单击“加噪声”按钮，等待2秒，点“采样”，此时软件上显示的噪声值即为加噪声时的噪声功率或噪声电压，软件会自动计算该雷达接收系统噪声系数，记录结果；

8)重复步骤3)和7)，共记录5组数据；

9)如果测试结果超出技术指标要求，则需要对雷达系统进行进一步检查或维修。

(4)机内噪声源测试步骤

1)关闭发射机高压，打开噪声系数测试菜单。对于RVP7和RVP8雷达，在雷达终端监控软件上点击菜单栏上“雷达控制”，在下拉菜单中选择“噪声系数测试”；而RVP9雷达，在雷达终端监控软件上打开控制面板，选择“雷达测试”，在“雷达测试”栏中选择“噪声系数测试”选项卡；

2)单击“无噪声”按钮，等待2秒，点“采样”；

3)单击“加噪声”按钮，等待2秒，点“采样”，软件自动计算出该雷达噪声系数，记录结果；

4)重复步骤2)和3)，共记录5组数据。

(5)定标方法

1)如果机外测试结果达到技术指标要求，而机内噪声源法测试结果应与外接噪声源法测试结果差值大于0.2 dB，则需要对雷达系统进行进一步检查或维修。方法是：修改机内噪声源ENR常数值，使机内、外噪声系数测试结果达到技术指标要求。

2)如果机外测试结果不满足技术指标要求，则需要对雷达系统进一步检查或维修。

(6)注意事项

1)机内噪声源的供电接口虽然也是BNC(J)接口，但是其提供的电源只有+24 V，无法满足安捷伦346B噪声源+28V供电需求。因此，为确保测试准确性，不能用机内噪声源电源直接向外接安捷伦噪声源供电。

2)在用机内噪声源法测试噪声系数时，噪声系数测试软件界面中“噪声系数常数”为接收机内噪声源上标注的超噪比扣除噪声源与低噪声放大器之间电缆、开关损耗后的实际超噪比，即有效超噪比。实际过程中，在机外噪声源法测试准确的前提下，通过修正有效噪声比，可以对机内噪声源进行标定。

4.3.3.2 接收系统动态范围测试

(1)仪表及附件

1)信号源(Agilent E4428C或同类型)；

2)连接电缆1根(N-N型)；

3)连接电缆1根(N-SMA型)；

4)射频连接器(N/SMA-KJ、N-50KK)；

5)雷达终端监控软件。

(2)测试框图(图 4.51 和图 4.52)

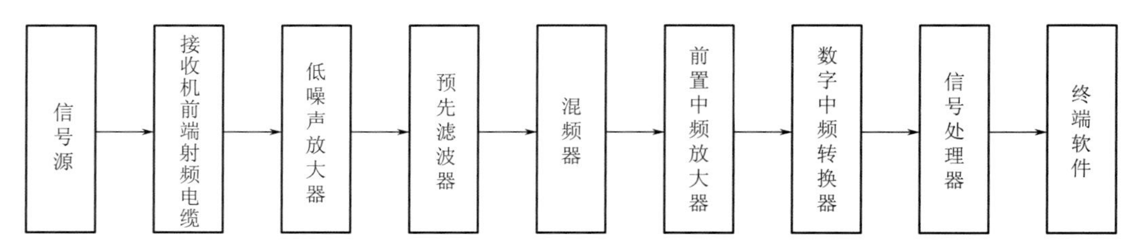

图 4.51　机外信号源法动态范围测试框图

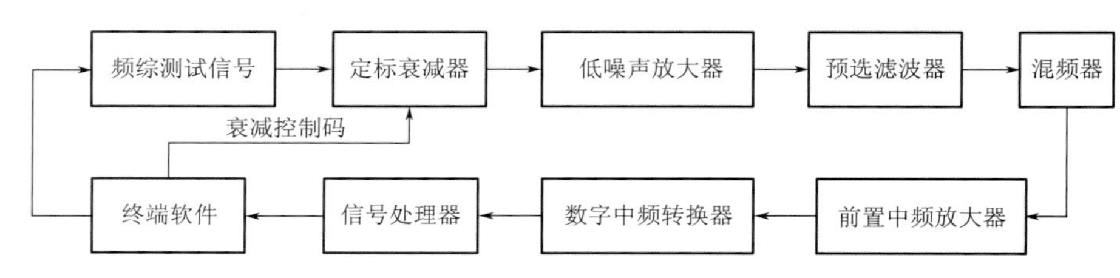

图 4.52　机内信号源法动态范围测试框图

(3)机外信号源测试步骤

1)关闭发射机高压,雷达运行状态设置为工作状态,在雷达终端软件“RVP7/8/9 控制”菜单界面中,将滤波器级别设置为“无”,取消“距离订正”,降低噪声门限设置中强度噪声(LOG)门限,使小信号能正常显示;

2)对测试电缆损耗L_l 进行测试;

图 4.53　机外测试信号注入接口

3)取下雷达接收机柜内波导同轴转换器输出端处射频电缆,如图 4.53 所示;

4)按图 4.51 连接测试设备;

5)开启信号源,设置测试参数,输出频率设为本站雷达工作频率(CINRAD/SC 型雷达设置为 $F=2880$ MHz,CINRAD/CD 型雷达设置为 $F=5420$ MHz),工作模式为连续波模式(即 Mod=Off),设置输出功率 $A=-10$ dBm$+L_l$(L_l:电缆损耗),即此时雷达接收机前端注入信号的实际功率为-10 dBm;

6)开启信号源射频功率开关(将 RF 设置为 On);

7)在雷达终端监控软件实时回波显示界面上读取强度值并记录;

8)逐渐减小信号源输出功率(间隔 1 dB),并同步记录雷达终端监控软件上显示的强度值(dBZ);

9)当雷达接收机低噪声放大器输入端的实际功率达到雷达灵敏度时(CINRAD/SC 型雷达 1 μs 为−110 dBm,CINRAD/CD 型雷达 1 μs 为−107 dBm 左右),测试结束;

10)将记录的数据按照最小二乘法进行拟合,得出动态范围、拟合直线斜率、截距、均方根误差等参数;

11)如果测试结果超出技术指标要求,则需要对雷达系统进行进一步检查或维修。

(4)机内信号源法自动测试

目前只有 RVP9 雷达能进行机内动态范围自动测试。在雷达终端监控软件上打开控制面板,选择“雷达测试”,在“雷达测试”栏中选择“雷达自动测试”,雷达将自动完成动态范围测试并显示测试结果。

(5)机内信号源法手动测试

1)关闭发射机高压,将雷达扫描模式切换为 PPI 模式,对于 RVP7 和 RVP8 雷达,在雷达终端监控软件上点击菜单栏上“雷达控制”,在下拉菜单中先选择“系统标校”→“标校检查”;而 RVP9 雷达则在雷达终端监控软件上打开控制面板,选择“雷达测试”,在“雷达测试”栏中选择“标校检查”→“强度测试”;

2)在雷达终端监控软件上选择“RVP7/8/9 控制”,信号处理器控制菜单界面中,将滤波器级别设置为“无”,取消“距离订正”,降低噪声门限设置中强度噪声(LOG)门限,使小信号能正常显示;

3)然后在雷达终端监控软件上点击菜单栏上“雷达控制”,在下拉菜单中选择“接收机控制”。然后在控制面板上选择“接收机控制”;

4)对“接收机控制”栏中“功率基准值”进行校准;

5)调整“接收机控制”栏中“衰减值”(早期采用主副系统的 RVP7 雷达为“微波衰减控制”),如图 4.54 和图 4.55 所示,使接收机前端输入端信号的功率值为−10 dBm,逐渐增大

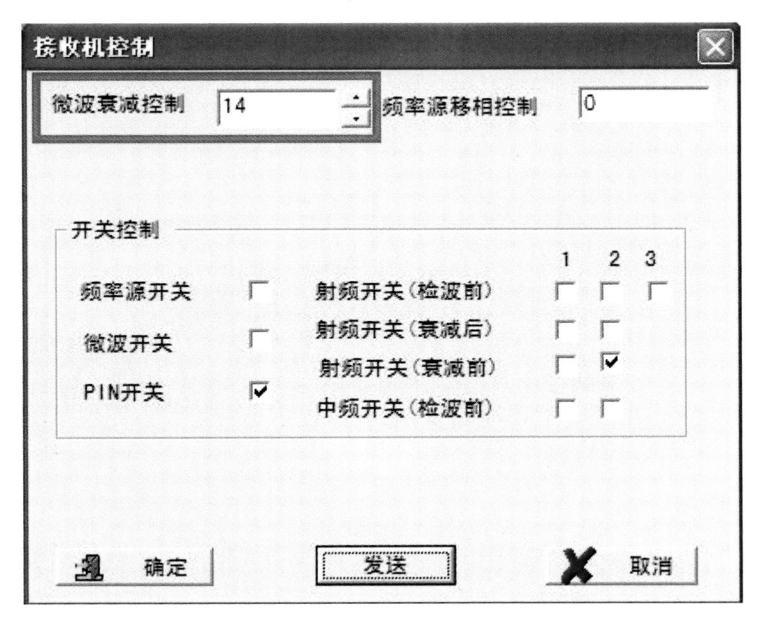

图 4.54　衰减值控制(早期有主副系统的 RVP7 雷达)

图 4.55 衰减值控制(后期的 RVP7、RVP8 和 RVP9 雷达)

衰减值(即减小注入接收机低噪声放大器输入端信号的功率值,间隔 1 dB),改变衰减后,早期有主副系统的 RVP7 雷达点击“发送”,其它雷达点击“应用”,并同步记录雷达终端监控软件上显示的强度值(dBZ);

6)当雷达接收机前端的输入信号实际功率达到雷达灵敏度时(1 μs 为 −107 dBm 左右),停止增大衰减值,测试结束;

7)将记录的数据按照最小二乘法进行拟合,得出动态范围、拟合直线斜率、截距、均方根误差等参数;

8)如果机内、机外两种方法在相同输入功率对应的输出功率(或反射率)不同,则需要对雷达终端软件“接收机控制”中功率基准值进行校准,然后再按第 5)至第 7)的步骤重新进行测试。

(6)注意事项

1)采用机外信号源法时,要准确测试电缆的损耗L_l。

2)采用机内信号源法时,必须确保雷达功率基准值准确才能使动态范围自动测试结果真实有效。

3)为保证机外动态范围测试准确性以及对功率基准值标定的准确性,采用机外信号源法测试接收系统动态范围时,应从雷达接收机柜内波导同轴转换器输出端射频电缆处注入测试信号。

4.3.4 系统定标

4.3.4.1 系统相位噪声测试

(1)仪表及附件

雷达终端软件。

(2)测试框图(图 4.56)

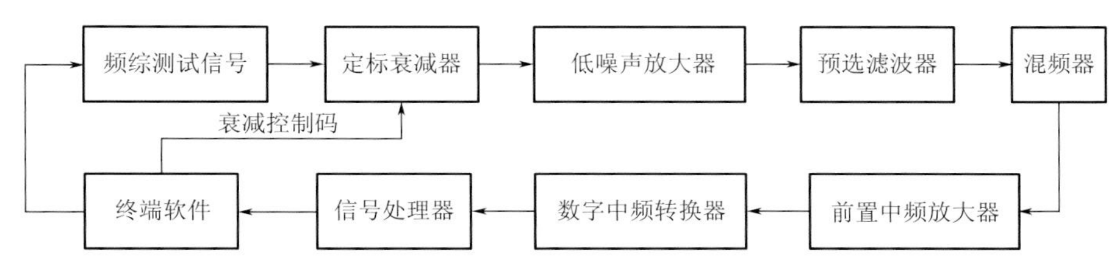

图 4.56 系统相位噪声测试框图

(3)测试步骤

1)发射机开高压,在雷达终端软件“RVP7/8/9 控制”菜单界面中,将滤波器级别设置为“无”;

2)RVP7 和 RVP8 雷达在雷达终端监控软件上点击菜单栏上“雷达控制”,在下拉菜单中选择“相位噪声测试”,点“清零”按钮开始进行测试;而 RVP9 雷达则在雷达终端监控软件上打开控制面板,选择“雷达测试”,在“雷达测试”栏中选择“相位噪声测试”,点“开始”按钮开始进行测试;

3)在测试完成后记录测试结果;

4)连续重复进行 10 次测试并记录测试结果;

5)如果测试结果超出技术指标要求,则需要对雷达系统进行进一步检查或维修。

(4)注意事项

相位噪声测试时,发射机需在开高压状态。

4.3.4.2 实际地物对消能力检查

(1)仪表及附件

雷达终端软件。

(2)测试步骤

1)将雷达扫描模式切换为 PPI 模式,命令天线仰角为 0°;

2)在雷达终端软件“RVP7/8/9 控制”菜单界面中,将滤波器级别设置为 2 号或者 3 号;

3)发射机开高压,屏幕显示切换为“无抑制”,开启游标显示功能,在终端监控软件上找到地物回波(强度≥50 dBZ,径向速度≤1 m/s);

4)使用鼠标游标信息功能读取并记录不同方位和距离上的 10 个地物回波的方位角、距离、对消前强度、对消后强度、径向速度;

5)如果测试结果超出技术指标要求,则需要对雷达系统进行进一步检查或维修。

(3)注意事项

1)必须测试同一位置的地物回波在滤波前和滤波后的回波强度值。

2)为确保所选回波为地物回波,应选择径向风速小于 1m/s 的回波进行检查。

4.3.4.3 回波强度定标测试

(1)仪表及附件

1)信号源(Agilent E4428C 或同类型);

2)连接电缆 1 根(N-N 型);

3)连接电缆 1 根(N-SMA 型);

4)射频连接器(N/SMA-KJ、N-50KK);

5)雷达终端软件。

(2)测试框图(图 4.57 和图 4.58)

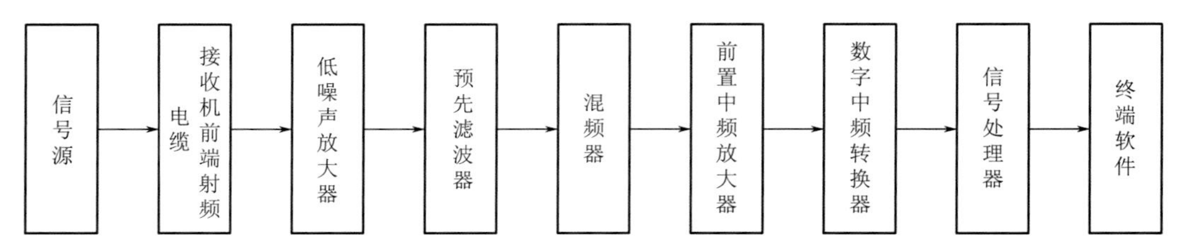

图 4.57 机外信号源法回波强度定标测试框图

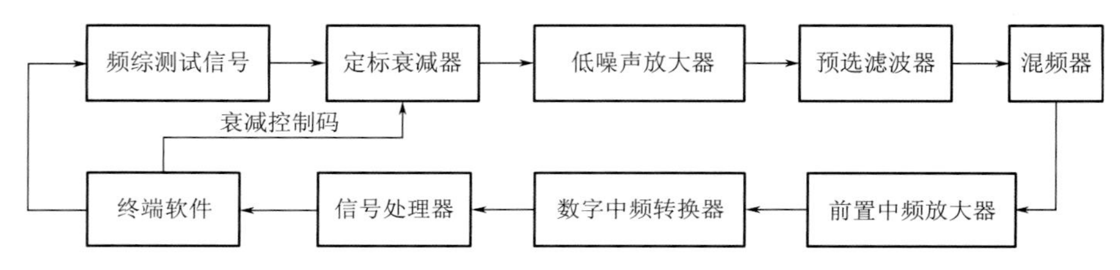

图 4.58 机内信号源法回波强度定标测试框图

(3)机外信号源定标步骤

1)关闭发射机高压,将雷达扫描模式切换为 PPI 模式,运行状态设置为工作状态。在雷达终端软件"RVP7/8/9 控制"菜单界面中,将滤波器级别设置为"无",脉冲重复频率 450 Hz,距离库长 300 m,勾选"距离订正";

2)取下雷达接收机柜内波导同轴转换器输出端处射频电缆,按图 4.57 所示连接测试设备;

3)对电缆的损耗 L_l 进行测试;

4)开启信号源,设置测试参数,输出频率设为本站雷达工作频率(CINRAD/SC 型雷达设置为 $F=2880$ MHz,CINRAD/CD 型雷达设置为 $F=5420$ MHz),工作模式为连续波模式(即 Mod=Off),设置输出功率 $A=A_0+L_l$(L_l:电缆损耗,A_0:对于早期有主副系统的 RVP7 雷达,$A_0=-30$ dBm,而对于后期的 RVP7、RVP8 和 RVP9 雷达,$A_0=-40$ dBm);

5)开启信号源射频功率开关(将 RF 设置为 On),此时注入雷达接收机前端的信号实际功率为A_0;

6)调整信号源输出功率,使注入接收机前端的信号强度($A-L_l$)等于-40 dBm,只有早期有主副系统的 RVP7 雷达需要进行这一步操作;

7)使用鼠标游标信息功能,分别读取 5 km、50 km、100 km、150 km、200 km 处的强度值并记录；

8)调整信号源输出功率，使注入接收机前端的信号强度($A-L_l$)分别等于－50 dBm、－60 dBm、－70 dBm、－80 dBm、－90 dBm；

9)使用鼠标游标信息功能，分别读取 5 km、50 km、100 km、150 km、200 km 处的强度值并记录；

10)如果测试结果超出技术指标要求，可在雷达终端软件中进行修改校准；

11)完成回波强度标校校正后再按照第 8)至第 10)的步骤重新进行测试；

12)如果测试结果仍然超出技术指标要求，则需要对雷达系统进行进一步检查或维修。

(4)机内信号源法自动测试步骤

1)在雷达终端监控软件上点击菜单栏上"雷达控制"，在下拉菜单中选择"接收机控制"；

2)对"接收机控制"栏中"功率基准值"进行校准；

3)对于 RVP7 和 RVP8 雷达，在雷达终端监控软件上点击菜单栏上"雷达控制"，在下拉菜单中选择"雷达自动测试"，雷达将自动完成机内功率、强度和速度定标测试，测试结束后，将弹出测试误差，并提示是否需要进行强度修正，点击"是"完成强度定标误差修正；而 RVP9 雷达，在雷达终端监控软件上打开控制面板，选择"雷达测试"，在"雷达测试"栏中，选择"雷达自动测试"，雷达将自动完成机内动态范围、强度和速度定标测试，如果强度不合格，根据强度超差值，可在雷达终端软件中进行修改校准。

(5)机内信号源手动测试步骤

1)关闭发射机高压，将雷达扫描模式切换为 PPI 模式，对于 RVP7 和 RVP8 雷达，在雷达终端监控软件上点击菜单栏上"雷达控制"，在下拉菜单中先选择"系统标校"→"标校检查"；而 RVP9 雷达则在雷达终端监控软件上打开控制面板，选择"雷达测试"，在"雷达测试"栏中选择"标校检查"→"强度测试"；

2)在雷达终端监控软件上选择"RVP7/8/9 控制"，信号处理器控制菜单界面中，将滤波器级别设置为"无"，勾选"距离订正"；

3)在雷达终端监控软件上点击菜单栏上"雷达控制"，在下拉菜单中选择"接收机控制"；

4)对"接收机控制"栏中"功率基准值"进行校准；

5)对于早期有主副系统的 RVP7 雷达，在"接收机控制"栏里，将衰减值设为功率基准值＋10，使接收机前端信号输入功率为－40 dBm(对于早期有主副系统的 RVP7 雷达，衰减值设为功率基准值时，与用机外信号源注入－30 dBm 的信号到接收机前端时回波界面显示的强度值相同)；对于后期的 RVP7 和 RVP8 雷达，在雷达终端监控软件上选择"雷达测试"→"标校检查"；而 RVP9 雷达，在雷达终端监控软件上打开控制面板，选择"雷达测试"，在"雷达测试"栏中选择"标校检查"→"强度测试"。在控制面板中选择"接收机控制"，在"接收机控制"栏里，将衰减值设为功率基准值(对于后期的 RVP7、RVP8 和 RVP9 雷达，衰减值设为功率基准值时，与机外信号源注入－40 dBm 的信号到接收机前端时回波界面显示的强度值相同)；

6)使用鼠标游标信息功能，分别读取 5 km、50 km、100 km、150 km、200 km 处的强度值并记录；

7)在"接收机控制"栏中衰减控制分别增加 10 dB、20 dB、30 dB、40 dB、50 dB，使接收机前端注入信号强度分别为−50 dBm、−60 dBm、−70 dBm、−80 dBm、−90 dBm，使用鼠标游标信息功能，分别读取5 km、50 km、100 km、150 km、200 km处的强度值并记录；

8)如果测试结果超出技术指标要求，则需要对回波强度值进行修正；

9)完成回波强度标校校正后重新按照第5)至第8)的步骤进行测试；

10)如果测试结果仍然超出技术指标要求，则需要对雷达系统进行进一步检查或维修。

(6)定标方法

对于早期有主副系统的RVP7雷达，在雷达终端监控软件上点击菜单栏上“雷达控制”，在下拉菜单中选择“系统标校”→“标校校正”，在弹出的界面中对“1微秒标校校正值”进行修正，如图4.59所示；对于后期的RVP7、RVP8和RVP9雷达，在雷达终端监控软件上打开控制面板，选择“雷达测试”，在“雷达测试”栏中，选择“标校校正”，在弹出的界面中对“1微秒dBZ”值进行修正，如图4.60所示；修正方法如下：对于早期有主副系统的RVP7雷达，若测试值比理论值大X，则在标校校正值内输入$-X$，反之则输入$+X$；对于后期的RVP7、RVP8和RVP9雷达，若测试值比理论值大X，则在“1微秒dBZ”原值的基础上减X，反之则加X。

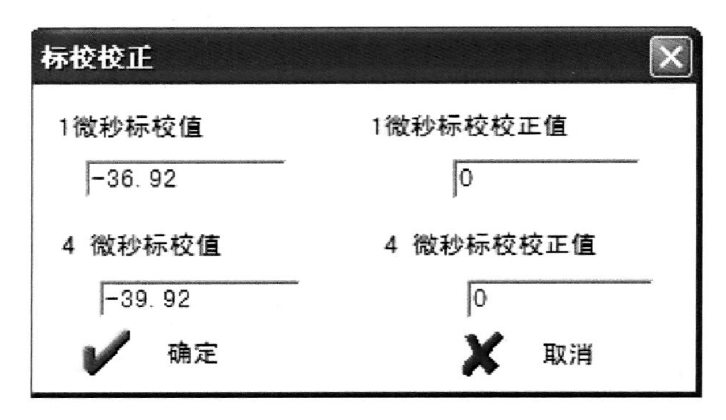

图4.59 雷达标校校正(早期有主副系统的RVP7雷达)

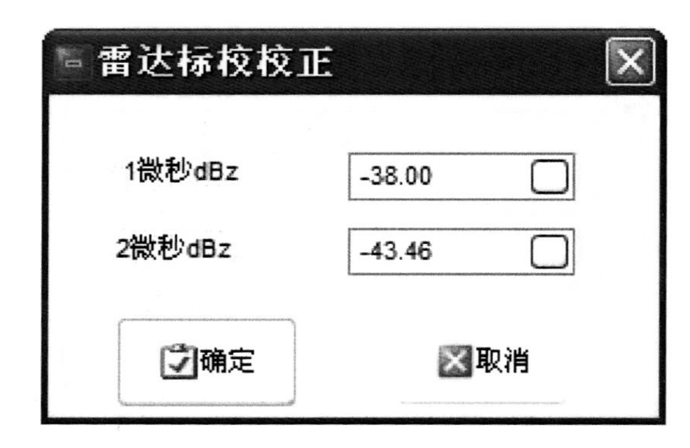

图4.60 雷达标校校正(后期的RVP8和RVP9)

(7)注意事项

1)采用机外信号源法进行回波强度定标测试时，要准确测试电缆的损耗L_l。

2)采用机内信号源法进行回波强度定标测试时,必须保证功率基准值准确,如果功率基准值有误,需要用机外信号源对功率基准值进行校准。

3)进行回波强度定标测试时,需将雷达重复频率设置为≤600 Hz,否则无法将回波界面显示半径调整到150 km以上,导致无法显示150 km和200 km处回波。

4.3.4.4 径向速度测试

(1)仪表及附件

1)信号源(Agilent E4428C或同类型仪表);

2)连接电缆1根(N-N型);

3)射频连接器(N-50KK);

4)雷达终端软件。

(2)测试框图(图4.61)

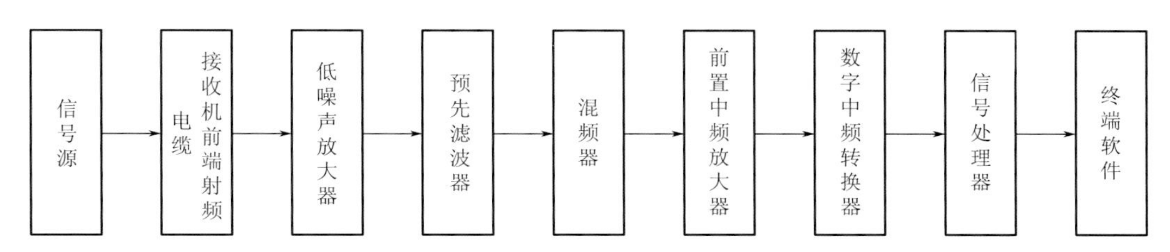

图4.61 机内、机外信号源法径向速度测试测试框图

(3)机外信号源测试步骤

1)关闭发射机高压,将雷达扫描模式切换为PPI模式,运行状态设置为工作状态,脉冲重复频率设置为900Hz,滤波器级别设置为“无”;

2)按图4.61连接测试设备;

3)开启信号源,设置测试参数,输出频率设为本站雷达工作频率(CINRAD/SC型雷达设置为$F=2880$ MHz,CINRAD/CD型雷达设置为$F=5420$ MHz),工作模式为连续波模式(即Mod=Off),设置输出功率$A=-40$ dBm;

4)通过改变频率和变比,在终端上找速度0点,确定雷达真正工作频率;

5)找到真正速度0点以后,将信号源的光标移动到百位上,每次步进为100 Hz,负速度向上变频至1000 Hz,记录数据;正速度向下变频至−1000 Hz,记录数据;

6)将信号处理器重复频率参数设置为900 Hz,频率变比设为3∶2,重复步骤5)。

(4)机内信号源测试步骤

1)关闭发射机高压,将雷达扫描模式切换为PPI模式,运行状态设置为标校检查状态,滤波器级别设置为“无”,开启游标显示功能;

2)对于RVP7和RVP8雷达,在雷达终端监控软件上点击菜单栏上“雷达控制”,在下拉菜单中选择“系统标校”→“标校检查”,然后选择“接收机控制”,在“接收机控制”栏里,可以修改频率源移相控制(单位:°);而RVP9雷达,在雷达终端监控软件上打开控制面板,选择“雷达测试”,在“雷达测试”栏中选择“标校检查”→“速度测试”选项,然后在控制面板中选择“接收机控制”,在“接收机控制”栏里,可以修改移相码(单位:°);

3)在“接收机控制”栏中分别移相 0°,11.25°,22.5°,45°,67.5°,84.38°,90°,112.5°,140.63°,174.38°,点击“发送”或“应用”,同时在雷达终端软件上将鼠标移至“速度显示图”上;使用鼠标游标信息功能,分别读取相应的速度值并记录;

4)将信号处理器重复频率参数设置为 900Hz,频率变比设为 3∶2,重复步骤 3);

5)如果测试结果超出技术指标要求,则需要对雷达系统进行进一步检查或维修。

(5)注意事项

采用机外信号源法需要找到真速度 0 点。

第5章

CINRAD/CC雷达定标技术

5.1 雷达系统结构

CINRAD/CC新一代天气雷达(以下简称CC雷达)是C波段全相参脉冲多普勒天气雷达，能监测雷达周围400 km范围内的气象目标，定量测试200 km范围内气象目标的强度，监测200 km范围内降水粒子群相对于雷达的平均径向速度和速度谱宽。

5.1.1 设备组成

CC雷达系统包括发射机、接收机、天馈线分系统、伺服分系统、信号处理/监控分机、终端、电源分系统以及其他附属设备等。雷达整机结构分为天馈单元、主机单元和终端单元3个部分。如图5.1所示，分别放置在雷达塔楼楼顶、雷达主机房、雷达站(或气象台)的终端室内。

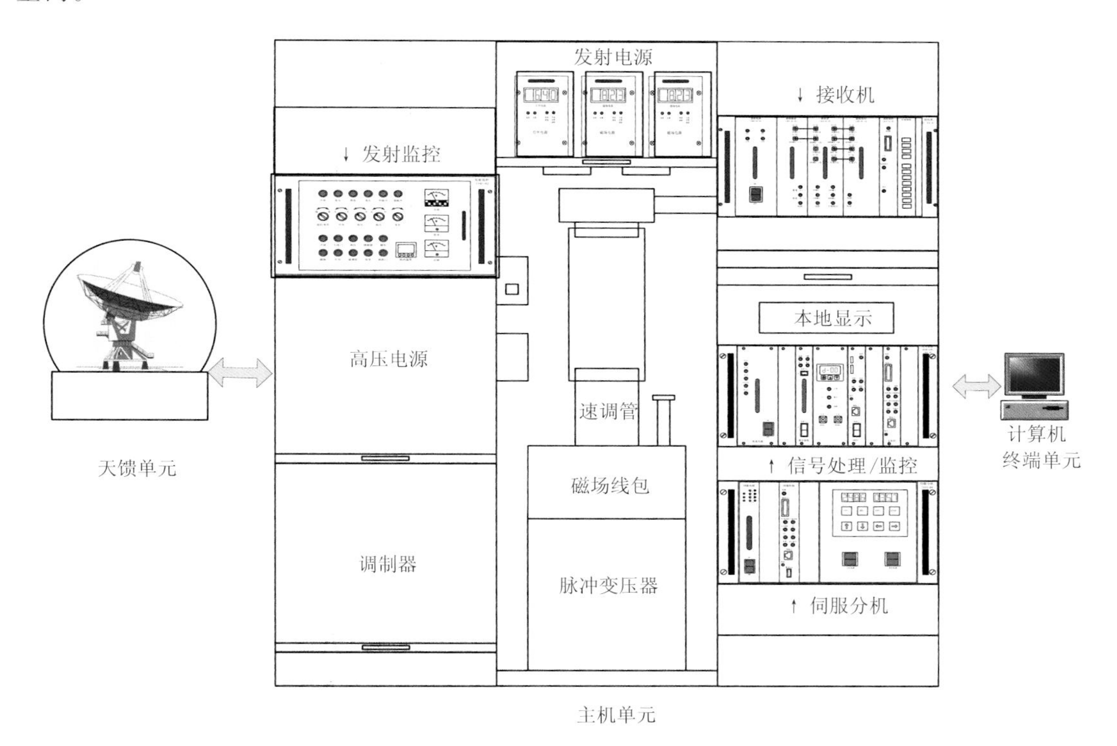

图5.1　CC雷达整机结构示意图

天馈单元：雷达天馈单元主要安置天线和馈线系统的大部件，以及伺服分系统的一部分器件。分为天线罩、圆抛物面天线、馈线网络、方位/俯仰转台、高功率旋转关节，伺服分系统的驱动电机以及转台传动等设备。

主机单元：雷达主机单元包括发射机、接收机、信号处理/监控分机、电源分系统的全部所属分机与部件,伺服分系统的主要部件和天馈线分系统的室内馈线部分等。另外,该单元还包括波导充气机等辅助设备。

终端单元:雷达终端单元主要包括监控终端、产品终端、显示终端、网络交换机等硬件设备和在其中运行的软件系统。

5.1.1.1 发射机

CC雷达发射机主要由发射配电、发射监控分机、高压电源、调制器、发射电源(包括灯丝电源和磁场电源)、离心风机、钛泵电源、脉冲旁路器、速调管、磁场线包和脉冲变压器等十几个部分组成,安置于雷达主机单元的两个发射机柜中。采用全相参放大链式,用直射式多腔高功率速调管进行充分放大,在速调管阴极调制脉冲持续期间,将接收机输出的脉冲宽度为1 μs(2 μs)、功率可调的射频激励信号(最大功率为5 W),放大成为峰值功率250 kW以上的大功率、全相参、符合各项技术指标规定的发射脉冲。其组成框图如图5.2所示。

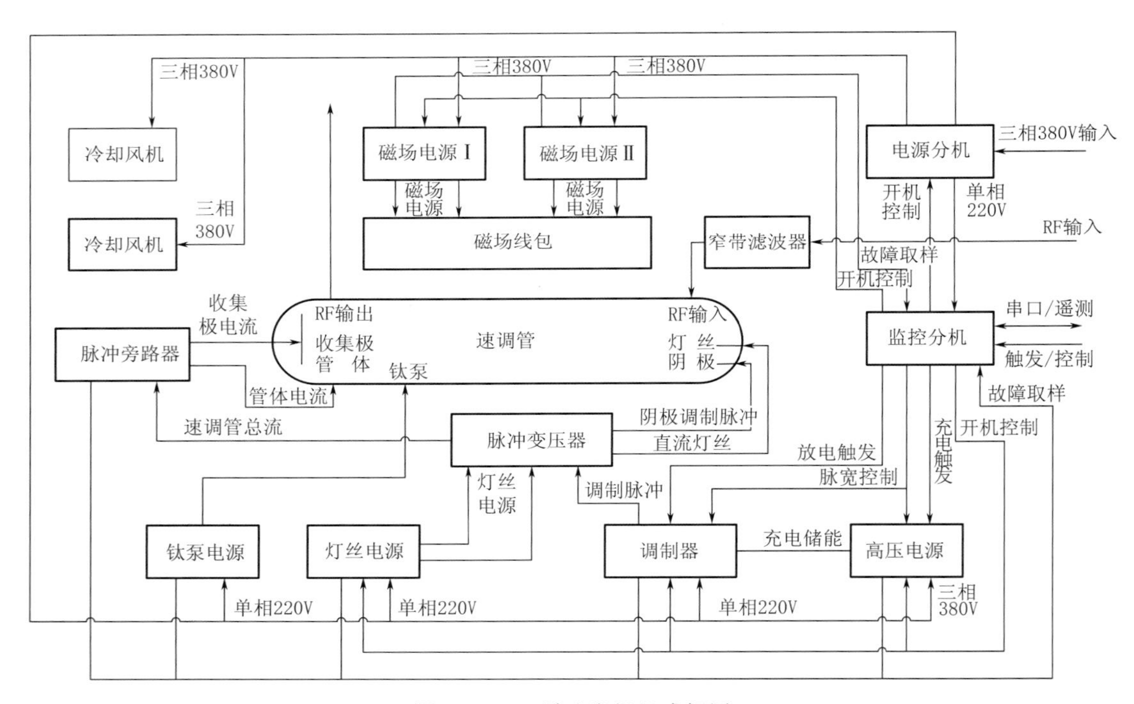

图5.2 CC雷达发机组成框图

发射配电分机将输入的50 Hz、三相380 V电源分配给发射系统内各分机、组件以及冷却设备,向它们提供50 Hz单相220 V或三相380 V交流电。

发射监控分机负责采集发射机各分机的故障信号,完成内部技术状态检测功能,以及与雷达其它分系统同步、交互。

窄带滤波器的作用是降低发射机输出频谱的杂散发射和带外发射,进而降低发射机占用带宽。

固态调制器在放电触发脉冲的控制下,通过脉冲变压器向速调管阴极提供调制脉冲。

速调管作为功率放大器，在其阴极调制脉冲持续期间，将输入的射频激励信号进行充分、有效的功率放大，最后输出 250 kW 以上的射频发射脉冲。脉冲旁路器与速调管及脉冲变压器连接，用以构成速调管收集极电流、管体电流和总电流的通路。

高压电源分机在充电触发脉冲控制下，向固态调制器的储能组件（PFN）提供充电电源。磁场电源为速调管的聚焦线圈提供电流，以形成径向聚焦磁场，保证速调管工作时电子束不致散焦。钛泵电源用以保证速调管的真空度不致降低。

5.1.1.2 接收机

CC 雷达接收机主要包括前置放大器、射频通道、频率源、激励标定源、接收监控以及接收电源等，放置于雷达主机单元的综合机柜中。雷达接收机将来自天馈线分系统的射频回波信号进行低噪声放大、高低增益通道双混频、双中放后将两路中频信号提供给信号处理/监控分机，并为保证雷达系统具有全相参特性，提供高频率稳定度的各种信号源。其组成框图如图 5.3 所示。

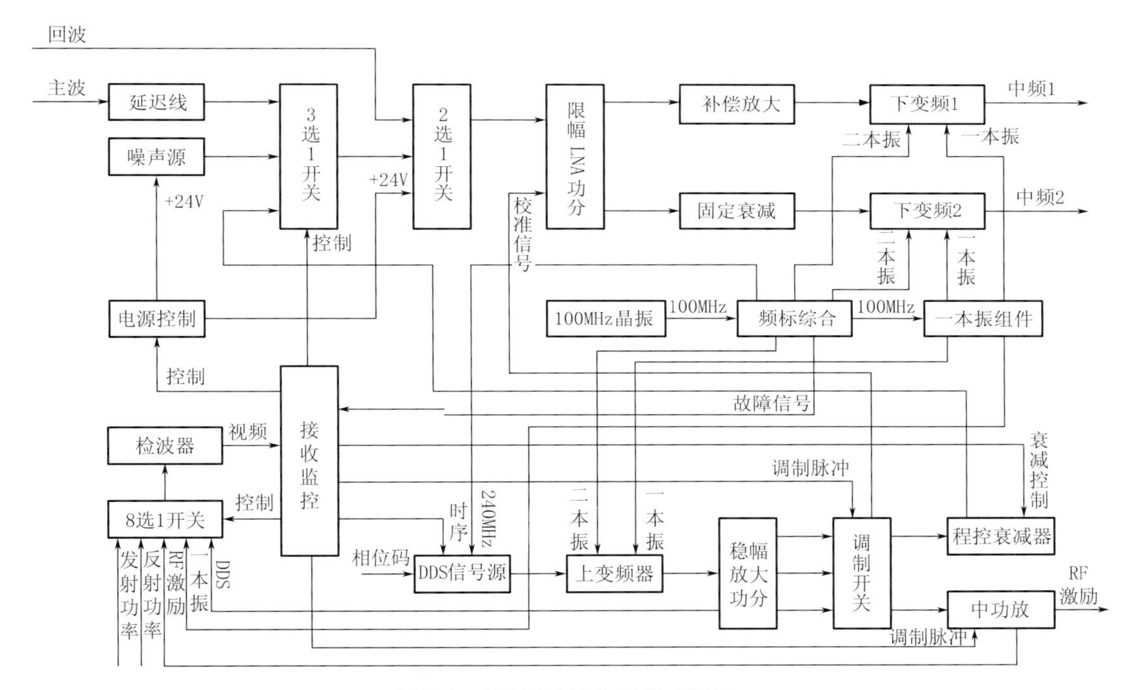

图 5.3 CC 雷达接收机组成框图

T/R 开关和 PIN 开关对接收机起保护作用，在发射机工作时，它们将大功率的主波脉冲衰减掉，保证泄漏的主波功率不超过接收机限幅低噪声放大器所能承受的范围。在发射机不工作的情况下，回波经 T/R 开关、PIN 开关和串入式波导噪声源送入射频接收机，在射频接收机里进行二次下变频，将回波载频降到 60 MHz。中频数字接收机对 60 MHz 的回波信号进行中频直接采样，然后对采样后的信号进行数字下变频，得到正交的数字中频信号，再通过数字匹配滤波后送给信号处理器。频率源是一个直接合成源，它的作用是产生接收机和雷达系统所需的各种频率的本振信号、时钟信号等，测试和激励信号生成部分用来产生接收机的标定信号及发射机所需的发射激励信号。

5.1.1.3 天馈线分系统

CC 雷达的天馈线分系统可分为天线部分和馈线部分，天线部分实质上是一种无源互易线性能量传输器，主要由共轴双模喇叭口辐射器、圆抛物面反射体和天线罩构成，它通过抛物面反射体和喇叭口辐射器的阻抗匹配和聚焦作用，将来自馈线部分的射频发射脉冲信号能量，定向地辐射到空间，并将气象目标反射的射频回波脉冲信号接收下来，通过馈线部分送往接收机。馈线部分主要由谐波滤波器、定向耦合器、四端环行器、方位及俯仰高功率旋转关节、放电管（TR 管）、波导同轴转换器、PIN 开关组件以及若干段 H 型、E 型弯波导和直波导（软波导）组成。它将发射机输出的射频发射脉冲中的二次谐波、三次谐波滤除，保持发射脉冲的频谱纯度，同时以尽可能小的损耗，将射频发射脉冲的电磁能量送往天线。发射时要保证接收机中的高频放大器不被高功率发射脉冲损坏，接收时将天线接收到的射频回波脉冲能量传送到接收机并与发射机隔离。

天线部分的辐射器、反射体和天线罩属于天线单元，安装在雷达塔楼顶。馈线部分安装在机柜上方，放电管和 PIN 开关安装在综合机柜内部，方位及俯仰高功率旋转关节则安装在天线座内。其组成框图如图 5.4 所示。

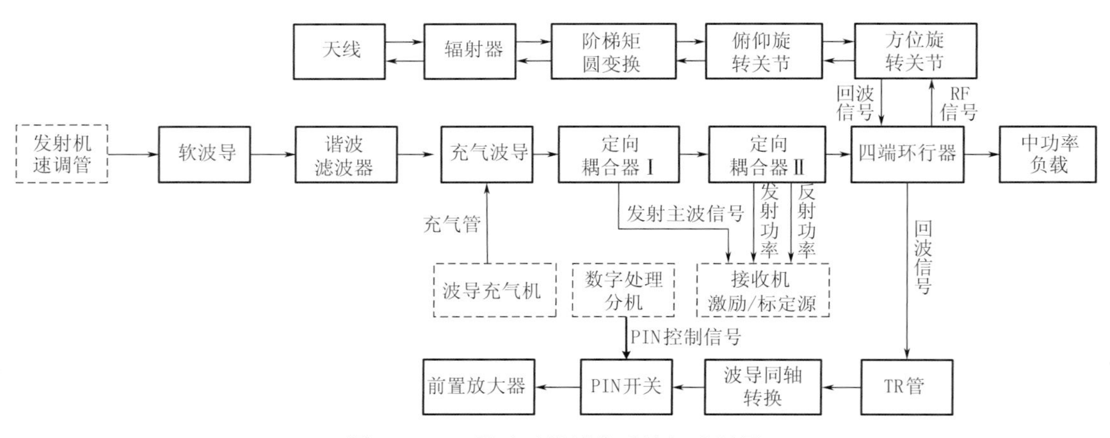

图 5.4 CC 雷达天馈线分系统组成框图

发射机速调管输出的射频脉冲能量，先经过一段波导后进入谐波滤波器，射频发射脉冲的二、三次谐波被滤除后，进入定向耦合器Ⅰ、定向耦合器Ⅱ，然后进入四端环行器的发射臂，从四端环行器的天线臂输出，再先后通过方位及俯仰旋转关节，将射频发射脉冲的电磁能量以 TEB10B 型横电波的形式传送给天线部分的共轴双模喇叭口辐射器，由抛物面反射体将喇叭口辐射的射频发射脉冲电磁能量聚集成一个针状波束，向空间定向辐射。

发射时，在射频发射脉冲持续期间，有极小一部分发射脉冲能量，通过定向耦合器Ⅰ的副臂，作为主波样本信号输出到接收机激励/标定分机的 RF 延时线；同时，还有极小一部分发射脉冲能量，以及随后产生的由于系统不完全匹配而形成的反射脉冲能量，通过定向耦合器Ⅱ的副臂耦合输出，分别作为发射功率和反射功率的检测样本送至接收机激励/标定分机。四端环行器的接收臂通过波导与放电管(TR管)、波导同轴转换器连接,波导同轴转换器直接与PIN开关组件相接。雷达发射时放电管打火,PIN开关在发射期间导通(即微波信号被阻断),它们与四端环行器配合,使发射脉冲能量不被泄露进入接收机。

接收时,天线将目标反射回来的回波脉冲能量接收下来,先后通过俯仰及方位旋转关节,进入四端环行器的天线臂,然后从接收臂输出,经放电管和PIN开关,将回波脉冲能量送给接收机的前置放大器。由于回波脉冲能量比较微弱,放电管不会打火,PIN管也不导通,不会影响回波脉冲能量进入接收机。通过四端环行器配合,使回波脉冲能量不会进入发射机,保障雷达处于收发交替的工作状态。

5.1.1.4 伺服分系统

CC雷达伺服分系统主要由伺服分机、方位电机、俯仰电机、方位旋转变压器以及俯仰旋转变压器组成,其主要控制部分设置于雷达综合机柜中,其他部分安装在天线转台中。伺服分机用于接收本地控制键盘发出的操作指令或雷达监控终端经信号处理/监控分机送来的控制指令,经过相应软件的运算和处理,产生驱动信号控制天线作多种方式的扫描运动,以满足气象探测的需要,同时接收天线位置(方位角和仰角)信息,并经过量化后送往信号处理/监控分机。其组成框图如图5.5所示。

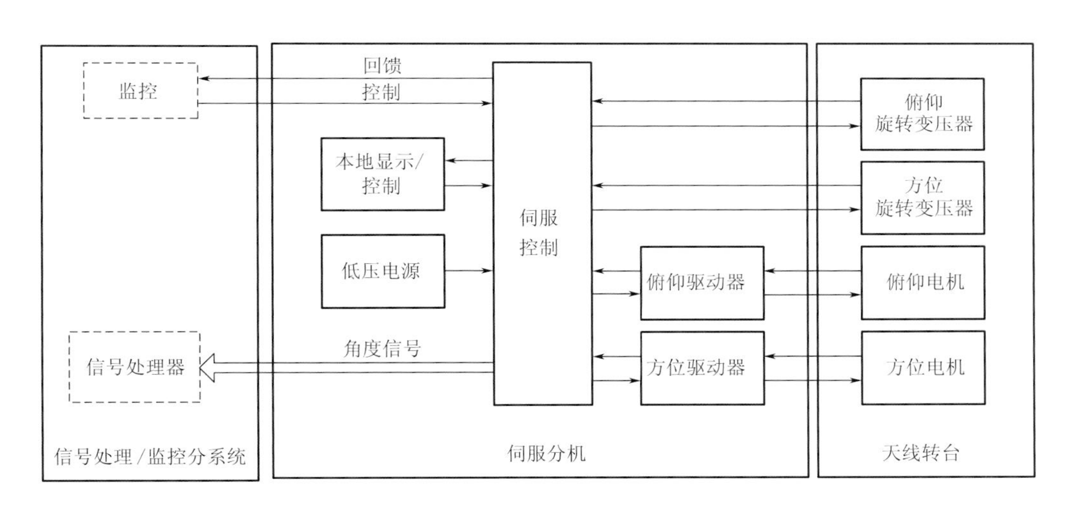

图5.5 CC雷达伺服分系统组成框图

伺服控制板是伺服分系统的核心组件,本控、遥控操作指令、天线位置信息和故障状态都送到伺服控制板,相应的软件对以上指令和数据进行运算处理,产生控制方位和俯仰电机运转的不同频率的脉冲信号,经过驱动器控制天线作相应的方位和俯仰扫描。方位和俯仰旋转变压器随天线转动产生包含方位角和仰角信息的电压信号,经伺服控制板R/D变换为14位二进制数字信号,送至信号处理/监控分机。本地控制/显示面板用来对天线扫描运动进行本地控制并显示天线方位角和仰角信息。

天线转台的运行及监控功能的实现由伺服控制板统一控制。低压电源电路产生+5 V、±15 V直流电供伺服控制板使用,产生交流60 V电供旋转变压器使用。

5.1.1.5 信号处理/监控分机

信号处理/监控分机是 CC 雷达的重要组成部分,主要由低压电源模块、数字中频接收机、信号处理器(NDSP)和主监控等部分组成,设置于雷达主机单元的综合机柜中。它的主要的功能是运算和监控,几乎所有的数据都要经过这里。除此之外,它还负责雷达整机的同步控制,是协调雷达工作的关键枢纽。其组成框图如图 5.6 所示。

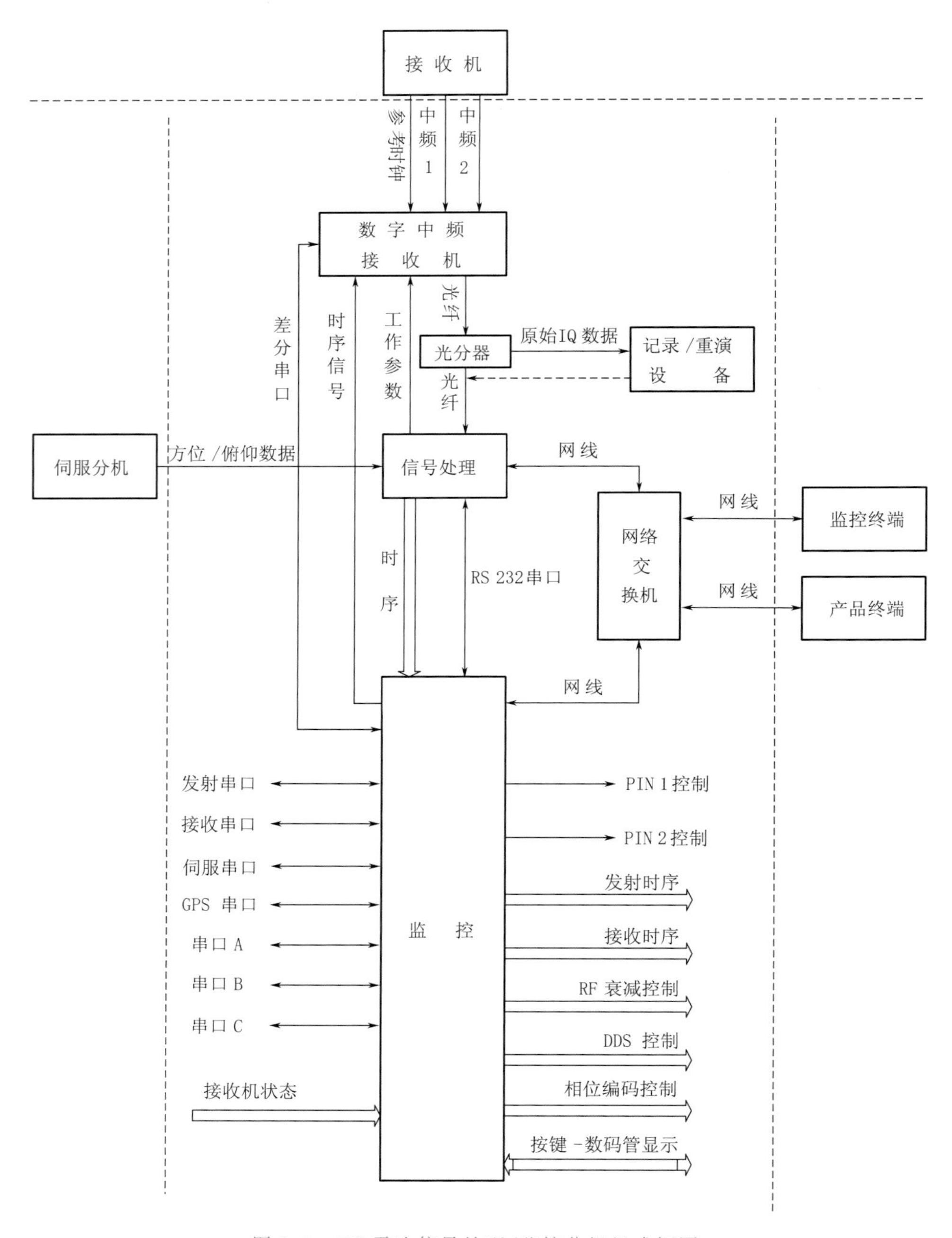

图 5.6 CC 雷达信号处理/监控分机组成框图

信号处理/监控分机在工作时先由数字中频接收机接收来自接收机前端的中频模拟回波信号，将其转换成数字信号通过光纤传输至信号处理或记录/重演设备。信号处理处理来自数字接收机或记录/重演设备的原始 I/Q 数据，经过平方律平均处理、地物对消滤波、FFT 或 PPP 处理方法计算得到反射率的估测值、多普勒速度和速度谱宽等回波气象要素。通过网络交换机将处理后的数据传至雷达的监控终端和产品终端，经终端软件处理后得到最终可视的气象回波图和各种气象数据。信号处理/监控分机还并行执行对雷达各分系统的故障检测、时序提供和指令控制的任务，终端通过它了解雷达的整机状态和对其进行各种控制。

5.1.1.6　终端

CC 雷达终端是面向用户的窗口，负责对雷达获取的强度(Z)、速度(V)、谱宽(W)、无抑制(T)数据进行实时显示、数据预处理、数据质量控制、二次产品生成和显示以及原始数据、产品数据的存储等。同时，还能对雷达整个系统工作参数的设置、观测方式的选择等实施操控。其组成框图如图 5.7 所示。

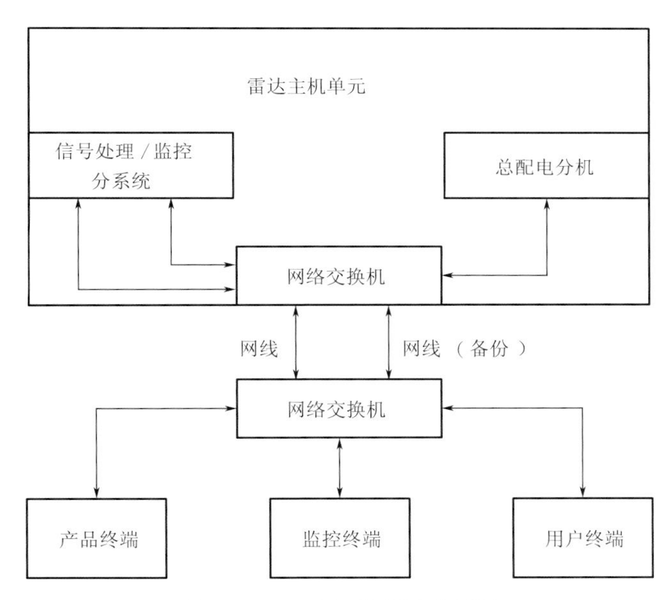

图 5.7　CC 雷达终端组成框图

监控终端利用局域网采集信号处理/监控分机输出的气象回波数据、控制命令反馈信息、故障信息、参数信息以及遥控配电箱输出的电源状态信息，同时监控终端通过网络向雷达发送控制指令，对雷达工作参数进行配置，对扫描方式进行控制。

监控终端主要完成下列功能：

(1)控制功能：发送各种控制指令，如雷达工作状态控制(如开机/关机控制，天线控制，电源控制等)，雷达工作参数设置等指令；

(2)状态监测：接收来自雷达反回馈的信息，完成全机 BIT 显示，即工作状态、工作参数、故障信息的显示、处理等；

数据处理：对雷达探测的原始数据进行采集，强度数据应经过噪声阀值、距离订正、标校等处理。径向速度数据应经过噪声门限等预处理；

产品生成：完成基本数据产品的显示，即 PPI、RHI、VOL 等。

产品终端主要完成气象二次产品自动生成以及各种气象产品的手动制作。另外还起到数据与图像的存储、输出(包括打印、刻录)以及接入外部网络的作用。

监控终端和产品终端之间通过一个交换机连接，组成一个局域网。由于雷达信号处理以及监控采用 UDP 方式进行数据传输，所以在雷达局域网内部均能够获取到雷达数据，也就是说，在雷达局域网内部可以连接多个监控终端，同时显示雷达回波数据。

5.1.2 信号流程

5.1.2.1 发射脉冲信号流程

CC 雷达发射脉冲信号流程如图 5.8 所示。雷达接收机中的 DDS 信号源产生 60 MHz 中频信号，中频信号与接收监控产生的中频调制脉冲进行调制，调制后的信号进入 C 波段上变频器，与一本振信号和二本振信号进行两次上变频，产生射频激励信号。

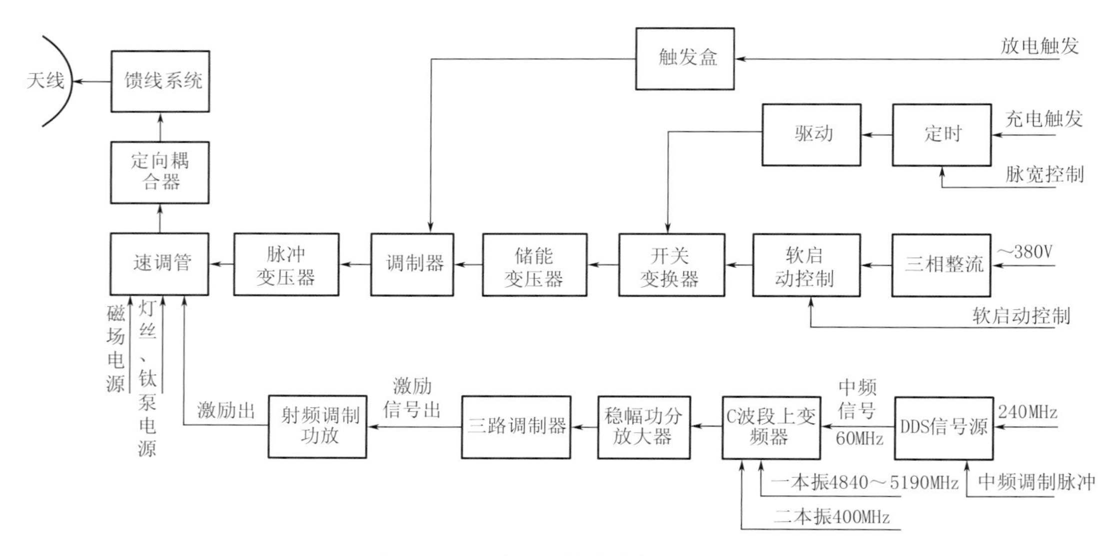

图 5.8 CC 雷达发射脉冲信号流程图

60 MHz 中频信号在 C 波段上变频器里的一混频中与 400 MHz 的二本振信号进行上变频，得到频率为 460 MHz 的信号，然后在二混频中与频率为 4840～5030 MHz 的一本振信号进行上变频，得到频率为 5300～5500 MHz 的射频信号。实际上，对于某一部具体的 CC 雷达而言，一本振的信号频率是确定的一个频点，其数值决定于所用速调管的频点。速调管的频点确定之后，一本振的频率也随之确定，其频率值为速调管的频率减去 460 MHz。两次混频(上变频)后产生的射频信号在射频调制功放中受到功放电源调制脉冲的调制，产生功率为 1～5 W 功率可调的射频激励脉冲信号并送至速调管的输入腔。加到速调管输入腔的射频激励脉冲信号必须准确地嵌套在速调管阴极视频调制脉冲顶部的平坦部分之中，才能取得良好的工作效果。

速调管阴极的－40 kV 高压调制脉冲的产生流程：三相 380 V 交流电直接整流后经软启动控制将直流高压送至开关变换器（开关变换器的核心元件是两只 IGBT 开关管），充电触发信号经专用驱动器电路产生 IGBT 开关管栅极所需的控制信号，两只 IGBT 开关管交替导通截止，向储能变压器输送幅度受到精确控制的方波脉冲，固态调制器的脉冲形成网络 PFN 上获得幅度精确控制的高电压，放电触发信号使固态调制器输出－40 kV 高压脉冲至速调管阴极，在－40 kV 高压脉冲调制下，速调管输入腔输入的射频激励脉冲被放大到 250 kW（峰值功率）以上，作为雷达的发射脉冲，经定向耦合器、馈线送往天线向空间辐射。

同时定向耦合器取出一小部分发射脉冲信号作为主波样本以及发射功率和反射功率的检测样本供系统测试用。

5.1.2.2 回波信号流程

CC 雷达回波信号流程如图 5.9 所示。雷达回波信号经天线馈线到达 PIN 开关、限幅器，再经低噪声放大后，在 C 波段低噪声接收前端中与一本振信号和二本振信号进行下变频得 60 MHz 的双路中频回波信号。60 MHz 的中频回波信号经数字中频接收机处理后，得到双路 16 位的 I/Q 正交信号，送往信号处理/监控分机进行 PPP 或 FFT 处理后得到回波信号的速度信息，对 I/Q 模值进行数字视频积分（DVIP）和强度修正等处理后，得到回波信号的强度信息。回波信息打包后经过网络传送至雷达监控终端以及用户终端。

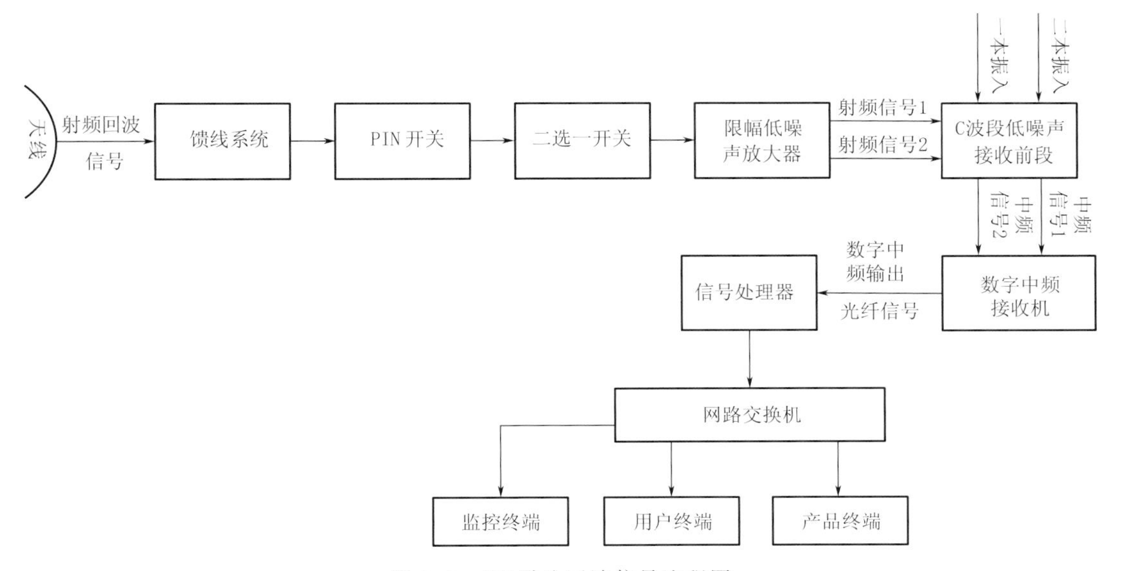

图 5.9 CC 雷达回波信号流程图

5.1.2.3 整机信号流程

CC 雷达整机信号流程框图如图 5.10 所示。

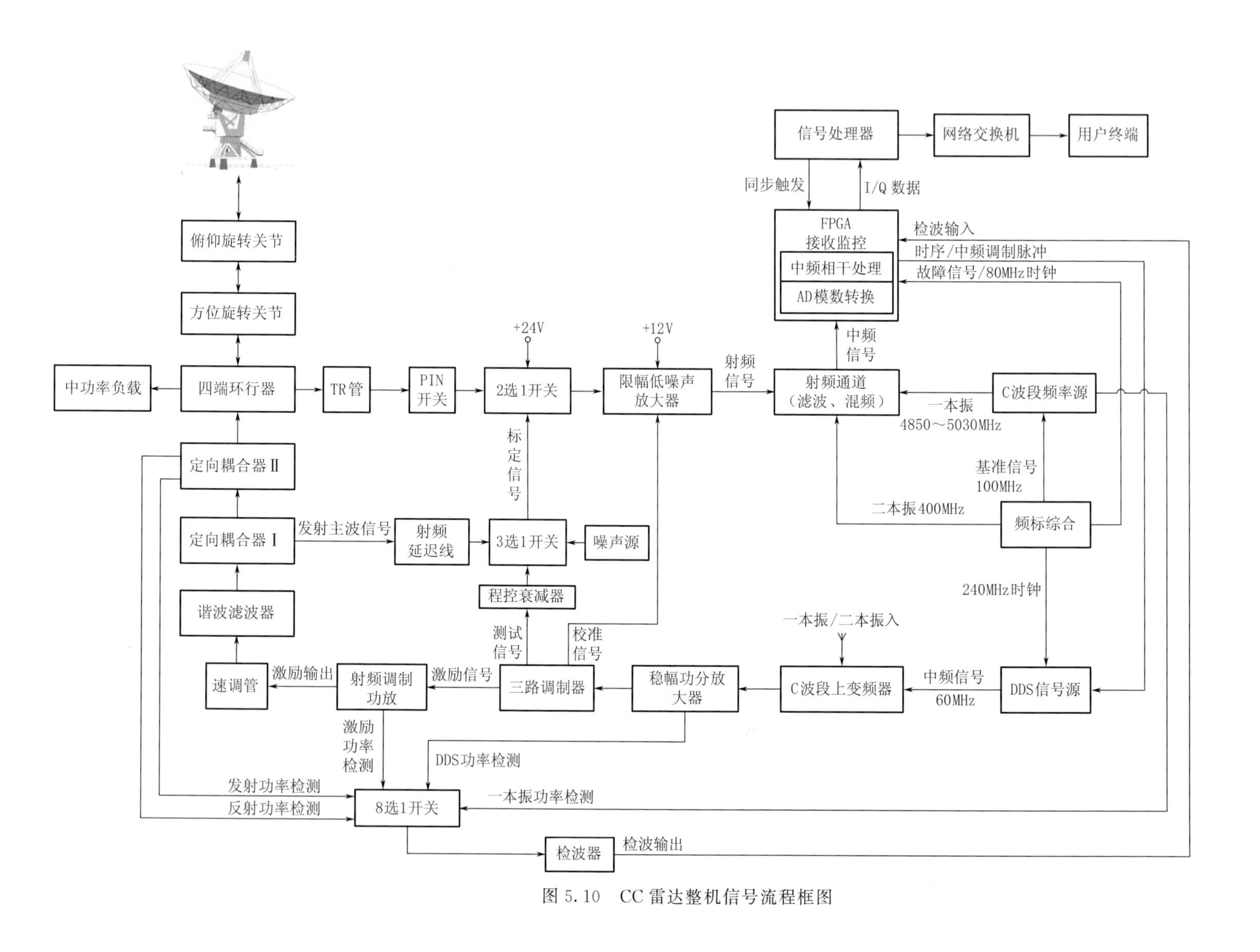

图 5.10　CC雷达整机信号流程框图

5.2 雷达定标系统

雷达的探测精度会因外界环境的改变而引起变化，为了提高探测数据的客观性、准确性和稳定性，以及实时监控系统的探测能力，需要对雷达系统本身的主要工作参数进行自动检测，对探测结果进行必要的修正。CC 雷达系统的自动标定包括强度定标（发射机输出峰值功率在线标定、系统接收特性曲线标定）、噪声系数检测、系统相干检查、以及天线波束指向标定。CC 雷达标校系统原理框图见图 5.11。

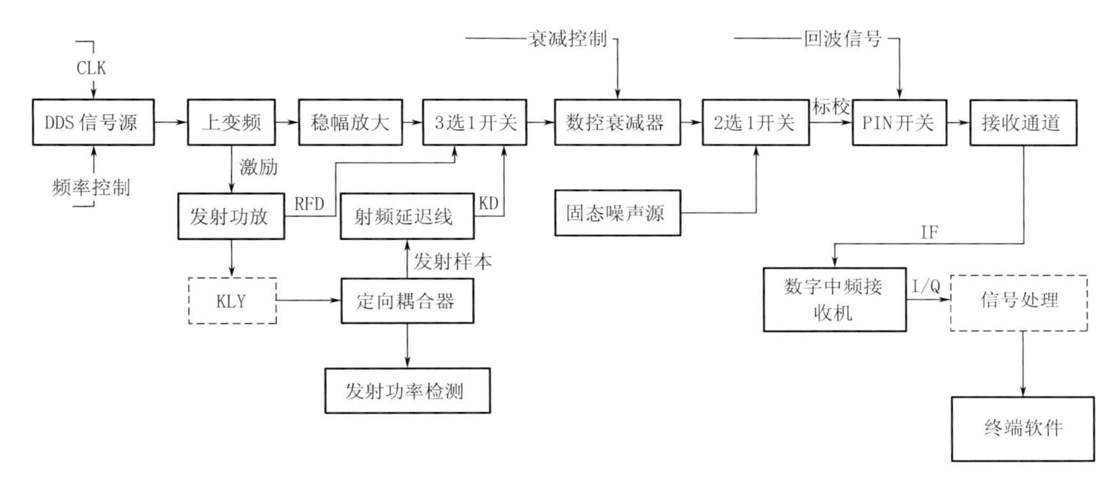

图 5.11 CC 雷达标校系统原理框图

5.2.1 定标硬件系统

CC 雷达系统包括自动标校部分，在雷达接收机内设有高稳定标准测试信号源和固态噪声源。内置的标准测试信号源采用直接数字式频率合成技术（DDS），其输出功率的变化范围控制在±0.3 dB 以内，且输出初相位可在一定范围内调整。

CC 雷达通过自动测试系统自动测试系统噪声系数，实时监测系统的探测能力；通过实时对发射机输出峰值功率的测试，实现反射率在线标定；通过自身输出的不同幅度的射频脉冲信号实现反射率离线标定；通过自身输出的移相信号对系统测试径向速度的精度进行自动实时在线检查；通过自身设计的接收相噪通道，实现对系统相干性的检查；采用太阳轨迹法对雷达天线波束进行定标。

CC 雷达定标系统主要由标准测试信号源、固态噪声源、射频延迟线、收发放电管、PIN 开关组件、定向耦合器、前置放大器等硬件装置组成，配合终端软件完成雷达系统的各项参数测试和标校。

5.2.1.1 标准测试信号源

在雷达接收机内设有高稳定标准测试信号源（DDS），其输出功率的变化范围控制在±0.3 dB 以内，且输出初相位可在一定范围内调整。DDS 信号源作用是产生中频合路信号，为雷达系统的频率标定提供标定信号和激励信号。对标定信号的要求是以 60 MHz 为中心,以 10 Hz 为频率间隔,分为 256 个频率点,频率覆盖范围为 59.998730～60.001280 MHz。频率源送来的 240 MHz 时钟信号通过功分、分频等处理后分别送到可编程逻辑电路 D1 和 DDS 专用集成电路 D2 作为时钟信号。接收监控送来的 8 位频率遥控码、本机面板上产生的 8 位频率本控码和遥/本选择控制信号在 D1 中进行选择处理,输出码值送入 D2 并进行运算处理及 D/A 变换,当激励控制为“0”时输出信号的频率范围为 59.998730～60.001280 MHz,当激励控制为“1”时输出信号的频率为 60 MHz。这个信号经过放大器、滤波器,进入调制开关后输出。

5.2.1.2 固态噪声源

固态噪声源安置于接收机内,用来检查接收机通道的灵敏度或噪声系数。所产生的宽带噪声测试信号通过选择开关由前置放大器中的低噪声放大器输入端输入。在雷达的下一个发射脉冲前,将噪声注入接收机,而在后一个脉冲周期,则断开噪声源,如此交错进行,通过噪声源输出的信号自动测试系统噪声系数,实时监测系统的探测能力。

5.2.1.3 射频延迟线

射频延迟线是石英晶体制成的体声波延迟线。在输入端通过换能器,把微波信号变换成声波,然后在石英晶体内以体声波形式向输出端传输。在输出端又通过换能器,把声波变换成微波信号。由于声波的传播速度是很低的,因此在一定距离上,传输的时间很长,信号延迟也就很长。

雷达发射微波脉冲通过定向耦合器耦合出一部分能量作为发射样本,该样本经射频延迟线延迟 5 μs 后通过选择开关输入低噪声放大器的输入端,再注入接收机前端,这样就相当于产生了一个模拟地物回波信号,终端记录该模拟地物回波一串重复周期下的 I/Q 信号,通过对信号的相位抖动的统计平均,得到相位噪声指标。

5.2.1.4 放电管

CC 雷达馈线部分采用的放电管是一种无源气体放电管,内部充有惰性气体。空腔中装有两对放电电极。矩形空腔两端以耦合窗封闭,窗孔则以石英玻璃封装。平时,每对放电电极之间的阻抗为无穷大,当大功率高频发射脉冲加到放电管上时,在电极之间形成电场,管内气体开始大量电离,形成放电,从而使电极之间相当于短路。它的主要技术指标如表 5.1 所示。

表 5.1 TR 管主要技术指标参数

能承受的脉冲功率	20 kW
工作比	2‰
峰值功率	120 mW
恢复时间	<10 μs
插入损耗	0.7 dB
寿命	1000 h

5.2.1.5 PIN开关组件

CC雷达的PIN开关组件主要是进一步削弱放电管打火时泄露的发射脉冲能量，而对于微弱的回波脉冲能量则让其顺利通过，以保证接收机场效应管高频放大器能正常、安全地工作。PIN开关组件的一端与波导同轴转换器相连接，另一端以同轴线与接收机连接。

5.2.1.6 定向耦合器

定向耦合器用来获取发射脉冲样本(即主波样本)、检测发射机的输出功率和天馈线的反射功率。主波样本作为雷达相位噪声测试时的测试信号，利用发射和反射功率检测可以粗略测定天馈线馈线部分的一项技术指标——输入驻波。

5.2.1.7 前置放大器

前置放大器主要由低噪声放大器(BFD5257KN)、选择开关(MSP2TA-18)组成，通过高隔离选择开关可以对射频回波信号和标定信号进行选择，选择后输入低噪声放大器，在此信号分为两路，一路进行低噪声放大，一路耦合输出。目的是为了提供给后续变频电路两路高低增益不同的信号。另外校准信号通过低噪声放大器耦合输入，对后续变频电路两路高低增益不同的通道进行增益校准。

5.2.2 定标软件系统

5.2.2.1 雷达终端软件

通过雷达监控终端软件可以实现对雷达探测数据的实时采集、处理及保存，发送各种控制指令，显示设备工作状态、工作参数及故障信息等，也可以通过它来控制完成相关定标操作与运行参数配置。

CC雷达监控软件界面如图5.12所示，采用对话框方式，窗口尺寸设置为1280×1024 DPI。监控终端软件界面主要包括5个部分，分别是回波区、色标区、信息区、参数区和游标区。

回波区：回波区显示的是CC雷达获取的Z、V、W、T四要素资料，图像区的显示大小为1000×1000个像素点，显示的最大距离是雷达当前工作的距离量程，雷达在不同工作量程下得到的图像的像素点代表的距离(像素大小)随当时雷达工作的距离量程不同而不同。根据用户的需要，还可以在某些图像显示中增加地图信息，地图信息以雷达站为中心，包括省界、市界、县界、市名、县名和主要水域等信息，用户可以根据自己的需求进行选择单要素或四要素显示。

信息区色标区显示当前图像的色标卡显示的是当前图像的一些参数信息，主要包括：雷达站名、测站经纬度、雷达站代码、雷达站海拔高度、当前终端的IP地址和软件用户名称等。

游标区显示当前鼠标所指示位置的信息，包括：订正前强度(dB)、订正后强度(dBZ)、径向速度、速度谱宽、方位角、仰角、距离、高度和经纬度等信息。

参数区显示的是雷达工作状态、工作参数、故障反馈和雷达控制等信息。

除上述5个部分之外，还有一个雷达控制区隐藏在终端软件界面中，在游标区、色标区和信息区上述任一位置(图5.13中的红色方框区域内)右击鼠标即可弹出雷达控制区面板，整个控制面板分为发射控制区、信号处理控制区、伺服控制区、接收控制区、标定控制区和软

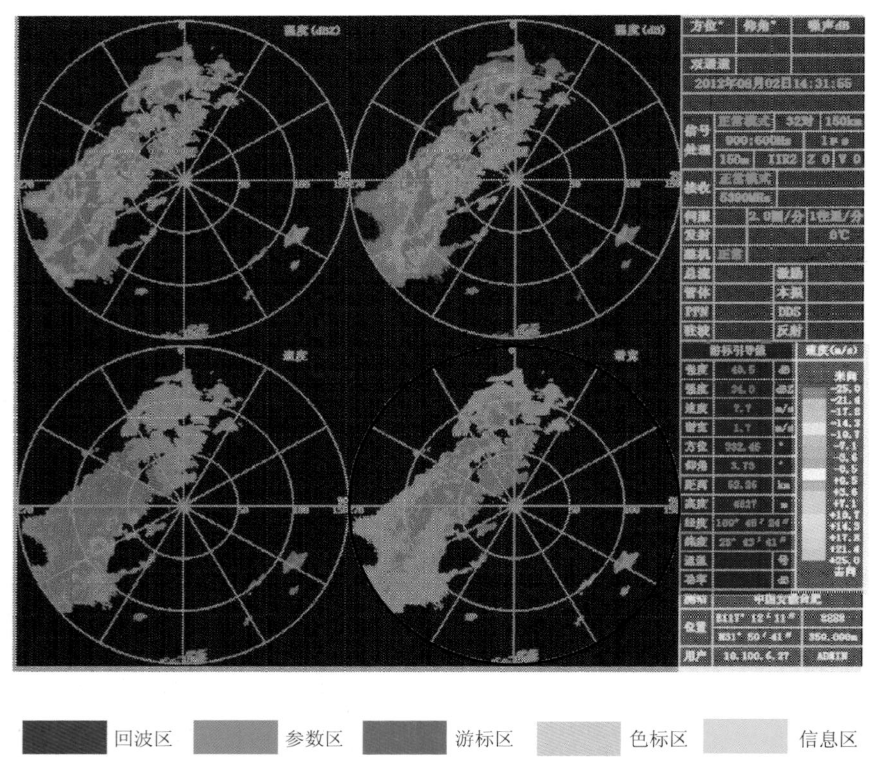

图 5.12　监控终端软件界面

件配置区,控制面板如图 5.13 所示。

(1)发射控制区

图 5.14 中红色方框区域内即为发射控制区域。

“冷却”:接通或断开发射机的冷却风机。

“低压”:接通或断开发射机的低压电源。

“准加”:指示发射机的准加状态。

“高压”:接通或断开发射机的高压电源。

“复位”:通过“发射复位”功能对发射机内工控机中的故障缓冲数据进行清空,主要用于消除由检测信号毛刺造成的虚警。

开机顺序:开冷却,开低压,约 15 分钟后准加指示灯亮,开高压这里是指图 5.13 中的按键

关机顺序:关高压,关低压(同时准加自动关闭),关冷却(此时风机不会立即停止工作),约 5 分钟后风机停止。

(2)信号处理控制区

图 5.15 中红色方框区域内即为信号处理控制区域。

“自检”:信号处理自检模式选择。

“复位”:复位中的“监控复位”主要是对主监控进行复位。

“距离量程”:信号处理输出距离量程和距离库长选择。

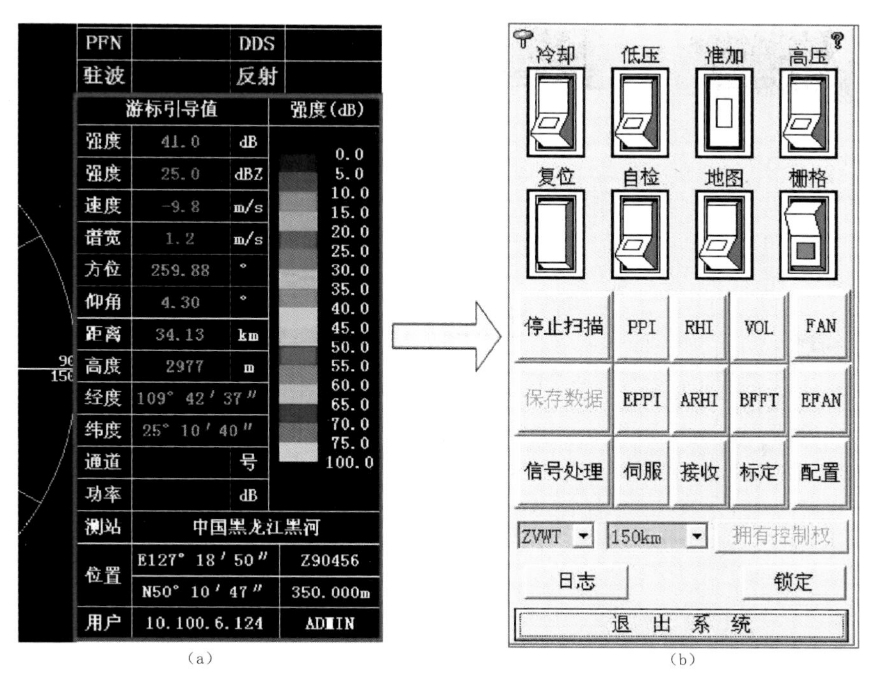

图 5.13　监控终端软件—控制面板

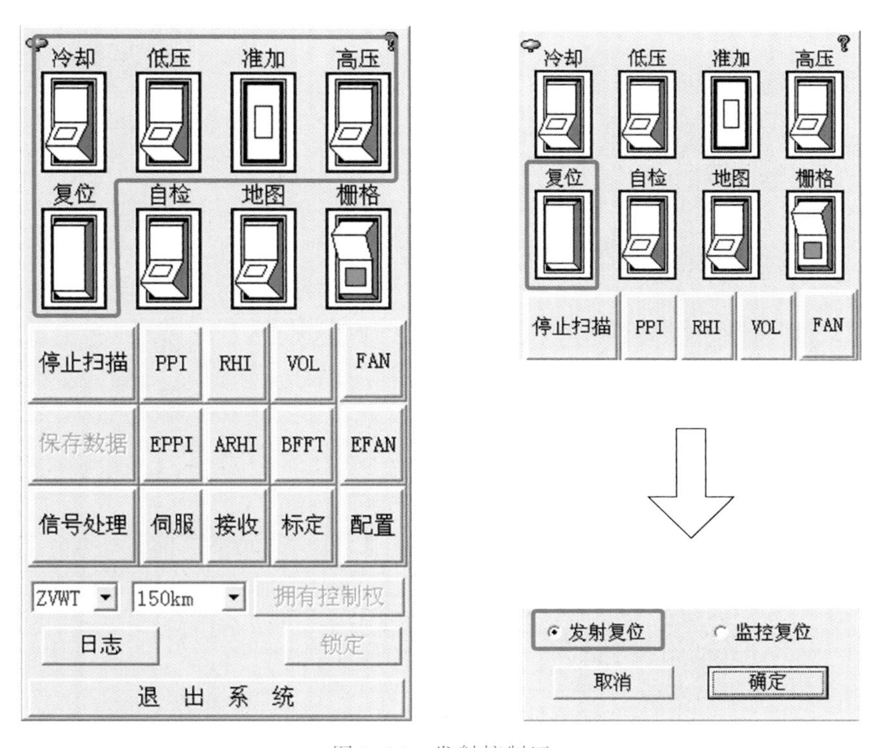

图 5.14　发射控制区

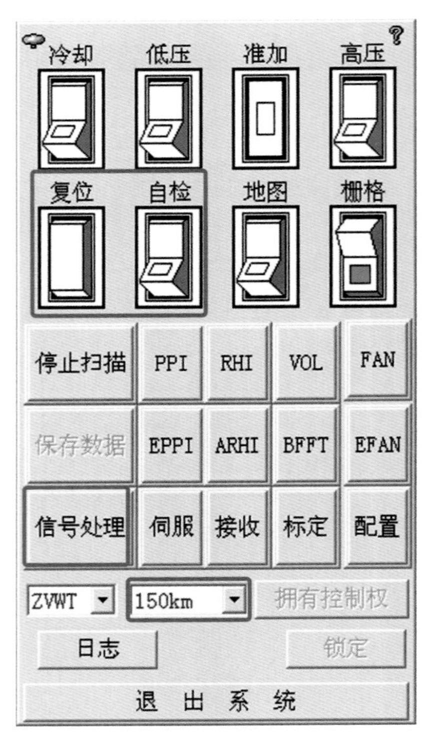

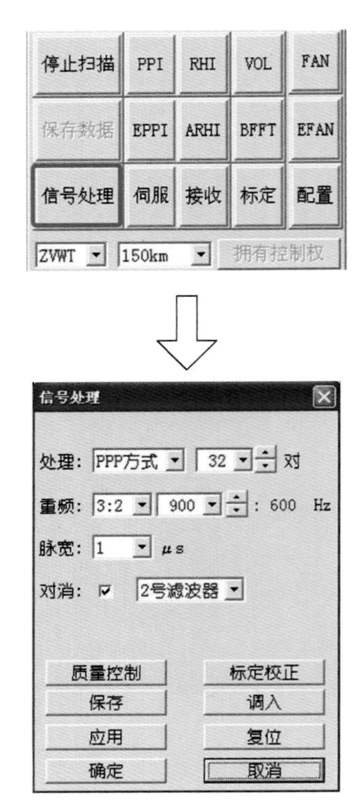

图 5.15 信号处理控制区及二级控制菜单

“信号处理”:二级控制菜单。

“处理”:调整多普勒处理方式(PPP、全程 FFT、单库 FFT 和解距离模糊)和对应的对(点)数。

“重频”:调整参差比和脉冲重复频率(PRF),缺省为 900 Hz 单频。

“脉宽”:有 1 μs 和 2 μs 两种脉宽选择,对应数字中频接收机进入宽带和窄带模式,缺省为 1 μs 脉宽。

“对消”:开启或关闭地物对消滤波器,及选择滤波器类型。

“质量控制”:对强度和速度进行门限切割处理。

“标定校正”:对双通道增益差和相位差以及阈值进行自动或手动配置。

“复位”:对信号处理器进行软件复位处理。

(3)伺服控制区

图 5.16 中红色方框区域内即为伺服控制区域。

“停止扫描”:停止天线扫描。

“PPI”:执行当前仰角的 PPI 平面扫描。

“EPPI”:执行指定仰角的 PPI 平面扫描。

“RHI”:执行当前方位角的 RHI 高度扫描。

“ERHI”:执行指定方位角的 RHI 高度扫描。

“VOL”:执行体积扫描,包括三种扫描模式。

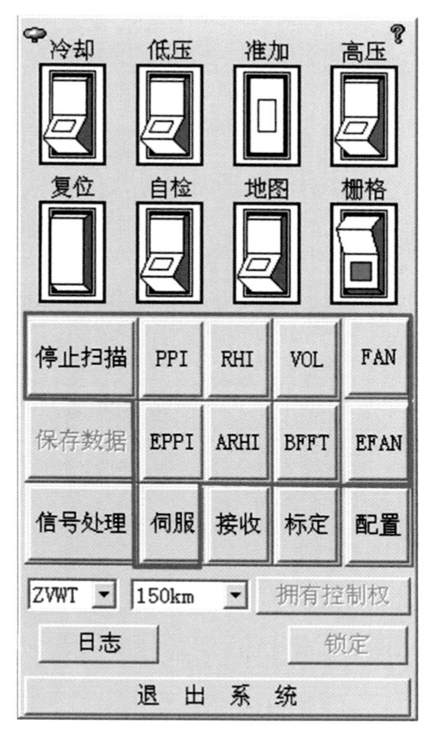

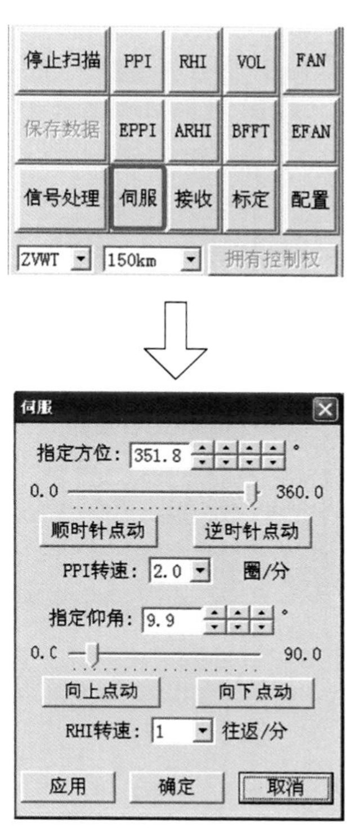

图 5.16　伺服控制区及伺服二级控制菜单

“FAN”：执行当前仰角的扇扫扫描。

“EFAN”：执行指定仰角和范围的扇扫扫描。

伺服：二级控制菜单。

“指定方位”：天线转到该方位(0°～360°)。

“顺时针点动”：天线方位点动增加 0.2°。

“逆时针点动”：天线方位点动减小 0.2°。

“PPI 转速”：0.5～6 圈/分，步进 0.5。

“指定仰角”：天线转到该仰角(0°～90°)。

“向上点动”：天线仰角点动增加 0.2°。

“向下点动”：天线仰角点动减小 0.2°。

“RHI 转速”：1～3 往返/分，步进 1。

(4)接收控制区

图 5.17 中红色方框区域即为接收控制区域。

二级控制菜单下可进行工作模式选择：

正常模式：进行雷达观测时使用的模式。

相噪模式：进行相位噪声测试时使用的模式。

噪声模式：进行噪声系数测试时使用的模式。

DDS 测试模式：进行强度测试或速度测试时使用的模式。

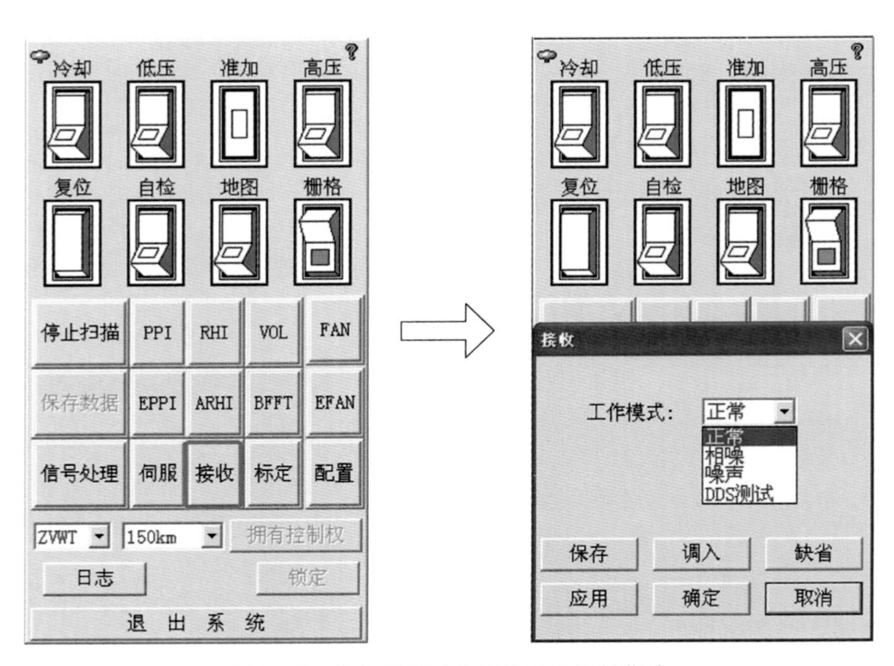

图 5.17 接收控制区及接收二级控制菜单

(5)标定控制区

图 5.18 中红色方框区域即为标定控制区域。

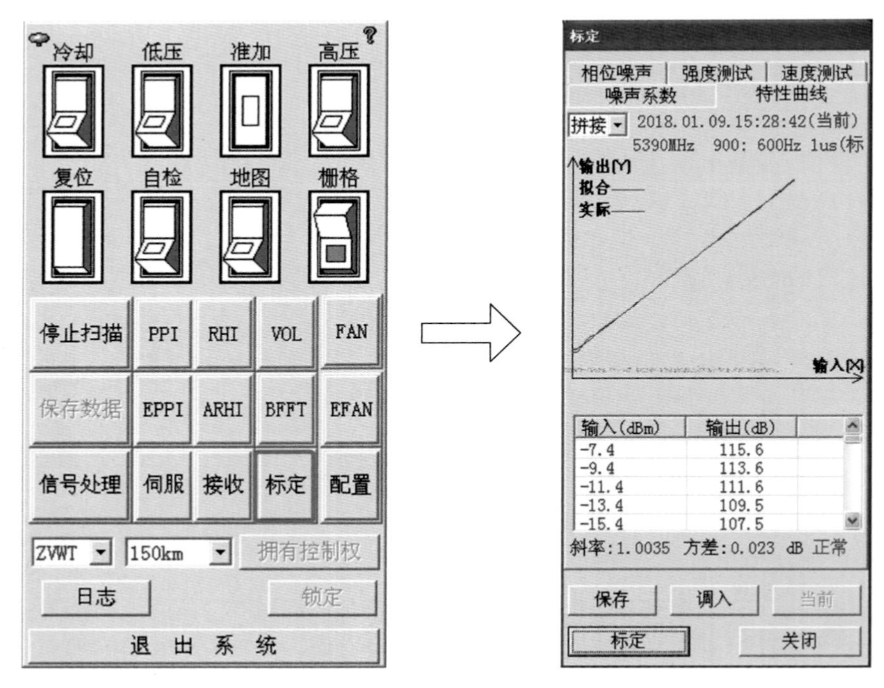

图 5.18 标定控制区及标定二级控制菜单

标定控制区主要进行 CC 雷达常规标定控制，包括噪声系数标定、特性曲线标定、相位噪声标定、强度测试和速度测试。

“噪声系数”：对雷达噪声系数进行机内标定。

“特性曲线”：对雷达接收特性曲线进行机内标定。

“相位噪声”：对雷达发射相位噪声进行标定。

“强度测试”：使用雷达机内 DDS 测试信号对雷达系统进行强度测试。

“速度测试”：使用雷达机内 DDS 测试信号对雷达系统进行速度测试。

（6）软件配置控制区

图 5.19 中红色方框区域即为软件配置控制区域。

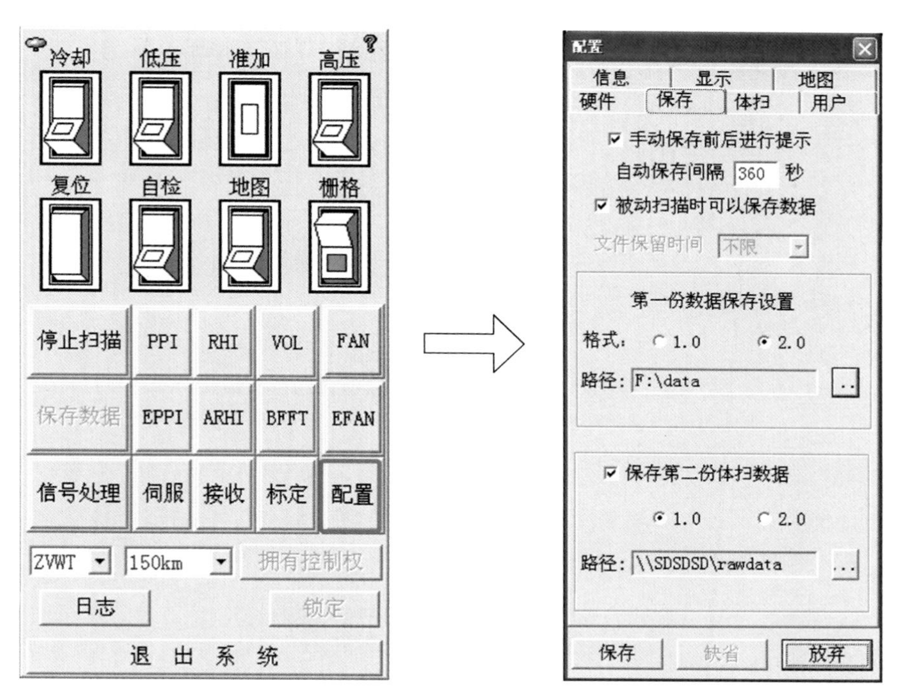

图 5.19 软件配置控制区

软件配置区主要是对雷达监控终端软件运行参数进行配置，包括硬件、保存、体扫、用户、信息、显示和地图标签页。主要说明如下：

“硬件”：雷达控制权优先级设置。

“保存”：设置雷达原始数据保存格式以及保存路径等参数。

“体扫”：设置雷达体扫参数。

“用户”：设置软件用户权限。

“信息”：设置雷达站信息，包括站号、经纬度和 GPS 信息等参数。

“显示”：设置回波显示区显示方式，如扫描线、栅格距和平滑等参数。

“地图”：雷达站地图选择以及地图信息（如城市、河流、自定义信息等）颜色设置。

5.2.2.2 相关适配参数设置

(1)雷达监控软件属性修改

将雷达终端监控软件“属性”下的“快捷方式”里的“目标”中增加“/s”，如图 5.20 所示，注意“/”前面有空格。

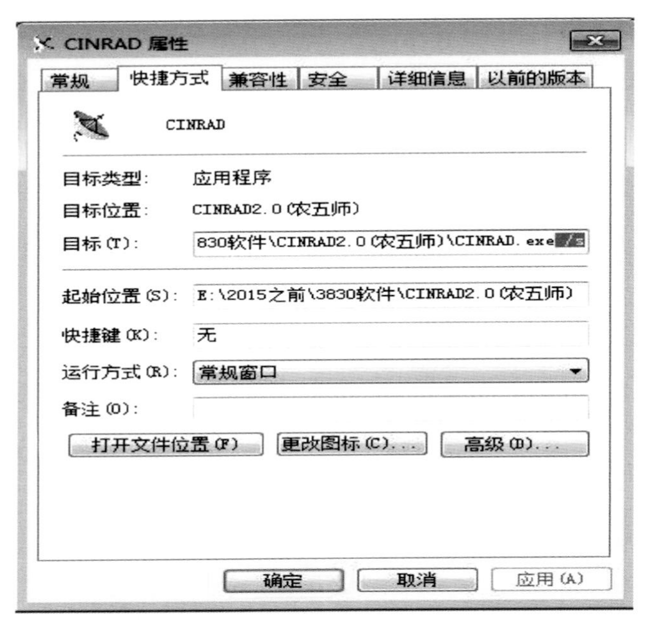

图 5.20 打开雷达参数配置参数列表-1

打开终端监控软件，在回波显示区双击鼠标左键，在弹出的对话框中输入“口令”，如图 5.21 所示。口令为“当天日期”，如“20170727”。

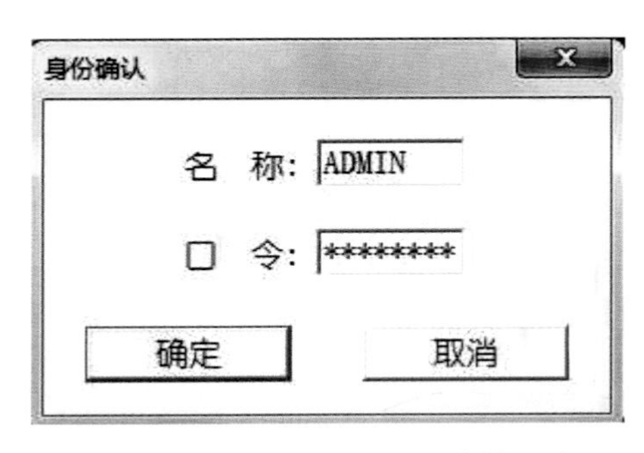

图 5.21 打开雷达参数配置参数列表-2

在弹出的对话框中即可修改雷达配置参数。雷达配置参数如图 5.22 所示；参数设置完成后单击“确定”按钮退出。注意，必须单击“确定”按钮，否则配置参数不能被修改。

(2)定标曲线选择

进入“雷达参数”配置页面。在“定标曲线选择”对应的下拉菜单中即可选择“自动”、“当前”和“出厂”三种模式，如图 5.22 所示，设置完成后单击“确定”按钮退出。

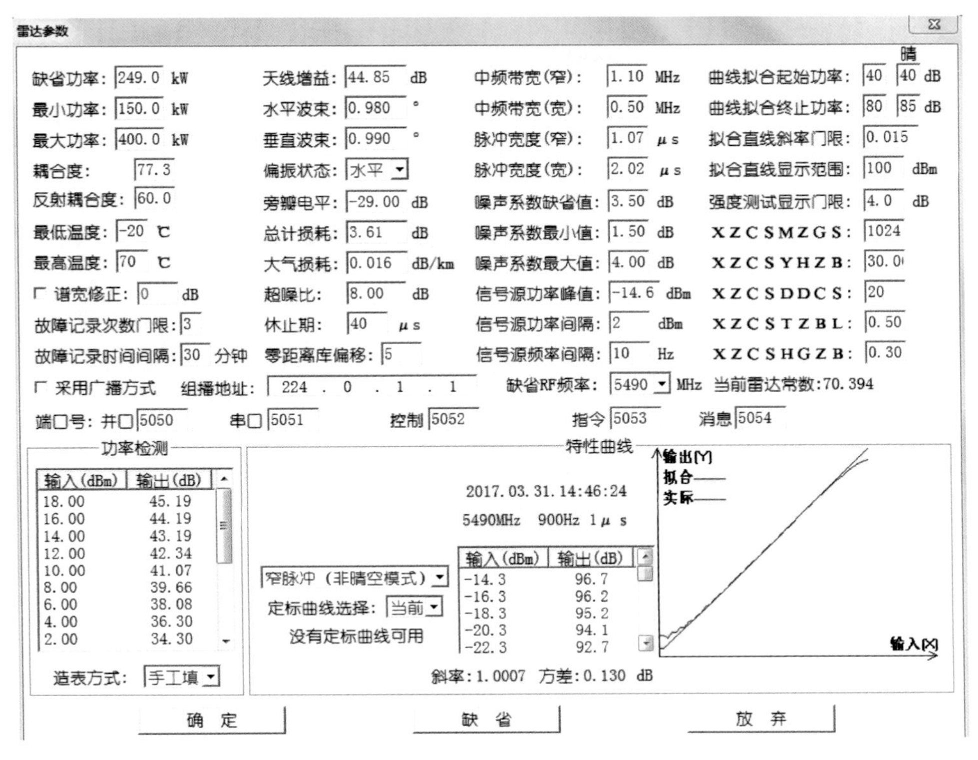

图 5.22　雷达参数配置参数列表

“自动”：如果当前接收特性曲线正常，即采用雷达系统当前的特性曲线进行强度定标；如果当前接收特性曲线不正常，即采用“雷达参数”中的出厂曲线进行强度定标。

“当前”：无论雷达系统当前特性曲线是否正常，均采用雷达系统当前的特性曲线进行强度定标。

“出厂”：无论雷达系统有没有当前特性曲线，均采用“雷达参数”中的出厂曲线进行强度定标。

(3)机内测试信号源功率校准

雷达工作状态与参数：

1)发射机状态：关“冷却”；

2)接收机状态：“正常”模式，开“激励”；

3)信号处理：脉宽 1 μs，重复频率 900 Hz，不加滤波器。

校准步骤：

1)对测试电缆的损耗 L_l 进行测试；

2)按图 5.23 方式连接测试设备；

图 5.23　机内测试信号源校准框图

3)开启信号源,将信号源输出频率设置到雷达工作频率,如 5430 MHz,工作模式 Mod 设置为 Off(即输出为连续波),输出功率$A_0=-50$ dBm(以确保雷达接收机工作在线性区);

4)开启信号源射频功率开关,此时雷达接收机低噪声放大器输入端的实际功率为A_0-L_l;

5)在雷达终端监控软件上读取噪声功率P_1(软件右上角的噪声值)并记录;

6)关闭信号源射频功率开关;

7)在雷达终端监控软件上打开控制面板,选择“标定”按钮;在弹出的对话框中选择“特性曲线”选项卡,单击“标定”按钮,在曲线下面的对话框中找到$A_0'=-50$ dBm(或-50 dBm 左右)对应的输出值P_2;

8)实际测试后得到的差值 Δ 用公式(5.1)表示:

$$\Delta=P_1-(A_0-L_l)-(P_2-A_0') \tag{5.1}$$

9)将雷达终端监控软件配置中的“信号源功率峰值”减去 Δ 后再填入数值,点击“确定”即可,参见图 5.22。

5.3 雷达定标步骤

5.3.1 天伺定标

5.3.1.1 天线座水平度定标检查

(1)仪表及附件

1)合像水平仪(A-61);

2)雷达终端监控软件。

(2)测试框图(图 5.24)

(3)测试步骤

1)将雷达天线停在方位 0°,仰角 0°;

2)将光学合像水平仪置于天线俯仰转台的顶端,并保证水平仪与转台平面之间光洁、平整,如图 5.24 所示;

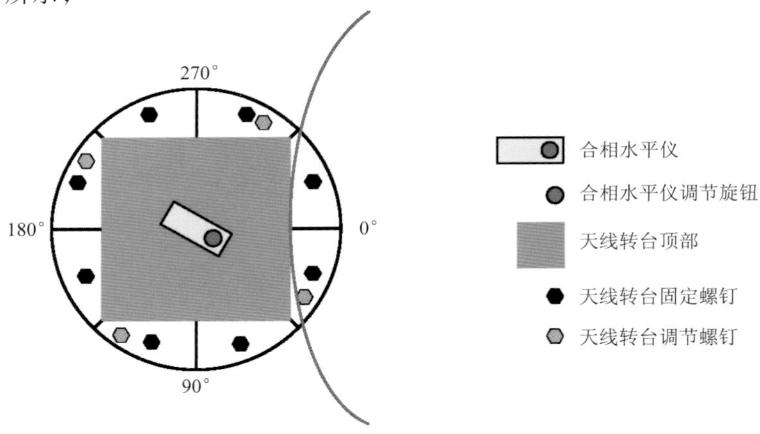

图 5.24 天线座水平度检查示意图

3)选择一个测试点(例如 0°)测试并读取、记录合像水平仪刻度盘读数,然后推动天线转动 45°测试并读取、记录刻度盘读数,依次完成 8 个方向的测试;

4)将互成 180°方向(同一直线上)的一组数相减(如 0°和 180°、45°和 225°、90°和 270°、135°和 315°)得出 4 个数据,这 4 个数的绝对值最大值,即为该天线座的最大水平误差;

5)如果测试结果超出技术指标要求,则需要对雷达天线水平度进行调整。

6)为使测试记录看起来直观,也为方便调整天线水平,可将测试结果按图 5.25 所示模板记录。这种记录方式,可以直观看出天线座是否水平、哪边高、哪边低、该如何调整等。

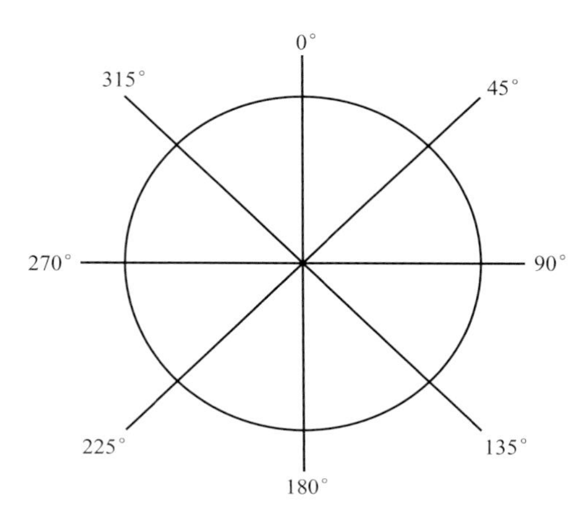

图 5.25 天线座水平检查记录模板

(4)天线底座水平调整

天线座与安装基础通过 8 个连接螺栓进行连接,另有 4 个水平调整螺栓均匀分布在天线座的底面上用于水平调整。水平调整时,先适当松开连接螺栓,针对测试记录的结果,拧动水平螺钉,利用合像水平仪记录水平调整的位移量,利用合适的垫板支撑天线座,再拧紧联结螺栓。调节后,天线转动 360°,按上述的水平测试方法进行再次测试。如此反复,一直调整到符合要求为止,调整完成后要确保固定螺钉为紧固状态。

(5)注意事项

合像水平仪放置好后,技术人员身体不要接触俯仰转台的顶盖,以防止顶盖轻微变形引起测试误差。

5.3.1.2 雷达波束指向定标检查

(1)仪表及附件

太阳定标软件。

(2)雷达工作状态与参数

1)发射机状态:关“冷却”;

2)接收机状态:“正常”模式,开激励;

3)信号处理:脉宽 1 μs,重复频率 1000 Hz,不加滤波器。

(3)测试步骤

1)校准计算机时间。由于太阳的实际位置与当前时间有很大关系,如果计算机的时间不够准确,将影响到当前时刻太阳仰角和方位的计算值,使结果产生较大的误差。校准的时间以北京时间为准,校准后的系统时间与北京时间相差不超过 2 秒;

2)设置雷达工作状态和参数;

3)退出雷达终端监控软件;

4)双击“太阳标定”程序,如果雷达系统状态正常,这时“方位”“仰角”“噪声”应有相应的数据显示;

5)单击“参数设置”进行设置,对雷达站经度、纬度、太阳信号范围等进行设置,设置完成后，单击“保存”按钮关闭对话框；

6)在软件界面上单击“开始标定按钮”；

7)雷达天线将自动指向太阳附近开始搜索并记录太阳信号；

8)规定的次数完成后，雷达停止扫描，软件将自动计算给出测试结果；

9)如果测试结果超出技术指标要求，则需要对雷达天线波束指向进行定标。

(4)定标方法

1)经过几次定标后，计算出差值的平均值，如果方位差值为 1.0°(或−1.0°)，仰角差值为−0.5°(或 0.5°)；

2)通过终端监控软件发送控制指令，将天线方位角定位到 1.0°(或 360°−1.0°=359°)、仰角定位到 0.5°；

3)关断伺服分机方位电源、俯仰电源，然后关断伺服分机总电源，并将方位 R/D 板设置为标定状态后插回伺服分机；

4)打开伺服分机总电源(保持方位电源、俯仰电源为关断状态)，待伺服分机面板上指示的方位角均自动变为 0°后，再关断总电源；

5)将方位 R/D 板恢复为工作状态；

6)俯仰 R/D 板标定，同方位 R/D 板的标定步骤；

7)全部定标完成后，电源开关全部设置为正常状态(闭合)。

(5)注意事项

1)一天之中太阳仰角在 10°～50°之间进行标定效果较好。

2)天气晴朗的时候效果较好。

3)太阳信号的设置最小值应大于雷达的噪声电平(监控软件右上角的值)。

4)雷达发射机必须关闭高压。

5)雷达监控终端软件必须关闭。

6)方位 R/D 板和俯仰 R/D 板不能同时进行标定，校正完成后一定要将校正开关 3、4 脚拨回原位，如图 5.26 所示。

5.3.1.3 天线控制精度检查

(1)仪表及附件

终端监控软件。

(2)雷达工作状态和参数

1)发射机状态：关“冷却”；

2)接收机状态：“正常”模式，开激励；

3)信号处理：脉宽 1 μs，重复频率 1000 Hz。

(3)检查步骤

1)设置雷达工作状态和参数；

2)如图 5.27 所示，在雷达终端监控软件上打开控制面板，选择“伺服”按钮；

3)在弹出的“伺服”对话框“指定方位角”中输入 0°；

4)待天线停稳后，在终端监控软件上读取当前天线方位角度(软件右上角)；

5)在“伺服”对话框“指定方位角”中依次输入 30°、60°、90°、120°、150°、180°、210°、240°、

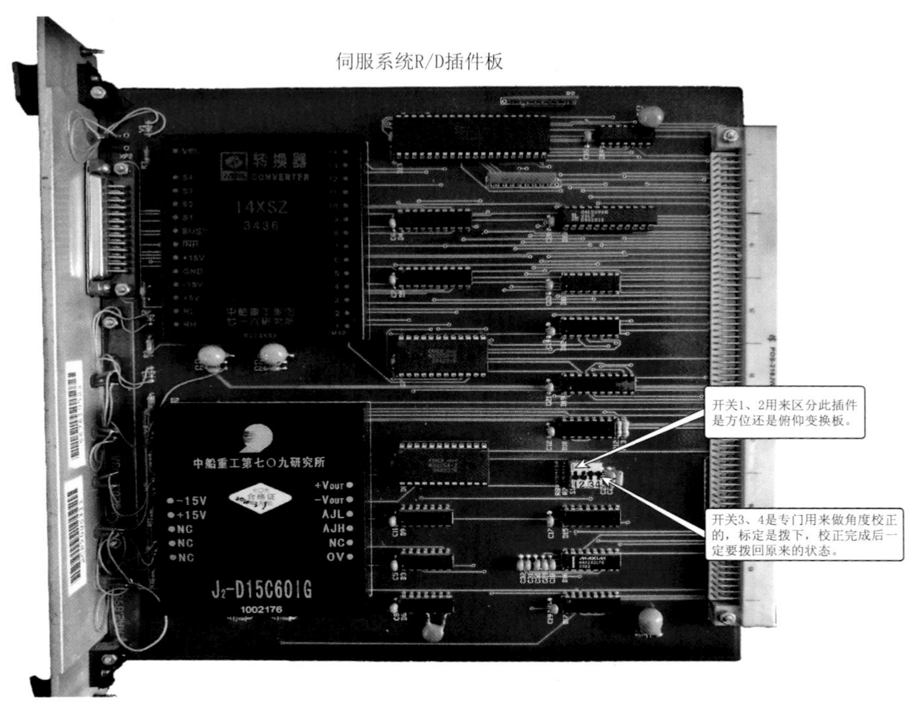

图 5.26　R/D 板校正开关说明图

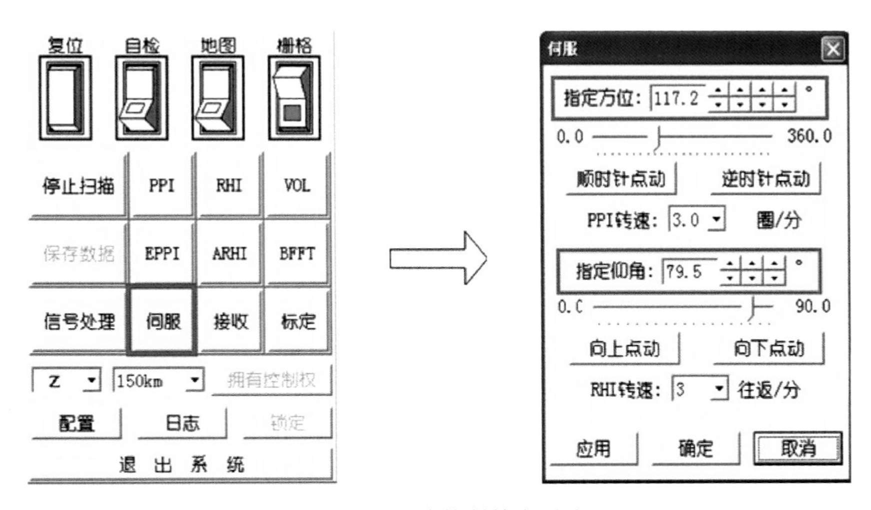

图 5.27　天线控制精度测试

270°、300°、330°，并记录对应的天线方位角的指示值；

6）在“伺服”对话框“指定仰角”中依次输入 0°、5°、10°、15°、20°、25°、30°、35°、40°、45°、50°、55°，并记录对应的天线仰角的指示值。

7）如果测试结果超出技术指标要求，则需要对雷达天线传动、驱动和控制部分进行进一步检查或维修。

5.3.1.4 收发支路损耗测试

使用信号源和频谱仪(或功率计)分段对雷达馈线系统总损耗、发射支路损耗和接收支路损耗进行测试。

(1)仪表及附件

1)信号源(Agilent E4428C 或同类型);

2)频谱仪或功率计(Agilent E4445A/Agilent E4416A 或同类型);

3)测试电缆 2 根(N-N 型,5 m 长);

4)波导同轴转换器 2 个(AA2.967.1020);

5)射频转接头(N-50KK);

6)N 型短路器;

7)馈源短路器。

(2)测试框图

馈线系统组成示意图如图 5.28 所示,包括室内馈线(机柜内部及顶部)、天线转台部分以及中间的连接波导。

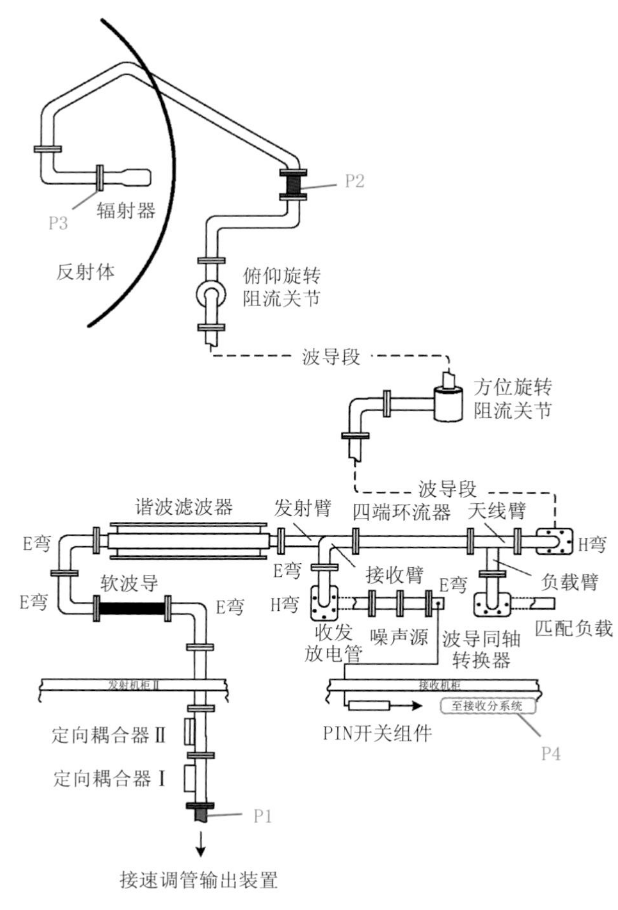

图 5.28 CINRAD/CC 雷达馈线示意图

室内馈线包括定向耦合器、谐波滤波器、四端环行器、软波导、接收机保护器（TR 管）和 PIN 开关、连接波导以及回波连接电缆。天线转台部分馈线主要为方位和俯仰高功率旋转关节和连接波导。馈线损耗测试框图如图 5.29 所示。

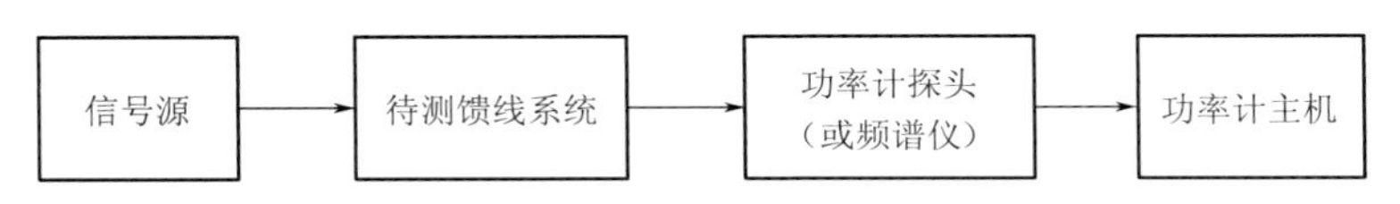

图 5.29　馈线损耗测试框图

（3）雷达工作状态和参数

1）发射机状态：关闭总电源；

2）接收机状态：关闭总电源；

3）信号处理/监控：关闭总电源；

4）天线伺服：关闭总电源。

（4）收发馈线总损耗测试步骤

1）测试电缆校准。如图 5.29 所示，使用测试电缆将信号源与功率计（或频谱仪）连接，信号源输出频率为雷达工作频率，输出功率为 A_0（dBm）。在经过功率监测后，在功率计（或频谱仪上）读取经过电缆衰减后的功率值 A_{test}（dBm）并记录；

2）拆除波导。测试发射支路损耗需要拆的波导见图 5.28 中红色标注部分，即发射机速调管输出端直波导。图 5.30（a）和图 5.30（b）中绿色部分为需要拆除的法兰接头，红色是需要拆除的波导；

（a）拆除波导

（b）安装波导同轴变换

图 5.30　收发支路总损耗测试—波导的拆除和波导同轴变换的安装

3)连接测试设备。按照图 5.31 所示，将波导同轴转换(绿色)连接至发射机机柜Ⅱ定向耦合器下方(P1 点)，实物如图 5.30(b)所示。将信号源输出连接的电缆接到波导同轴转换1 的 N 型接头上(图 5.31 绿色部分)，将功率计(或频谱仪)连接到回波电缆的输出口即图 5.31 中 P4 点，取下 PIN 开关上的控制电缆，携带短路板和人字梯进入天线罩内部，拆下馈源保护罩，将短路板放置在馈源前方并紧贴馈源；

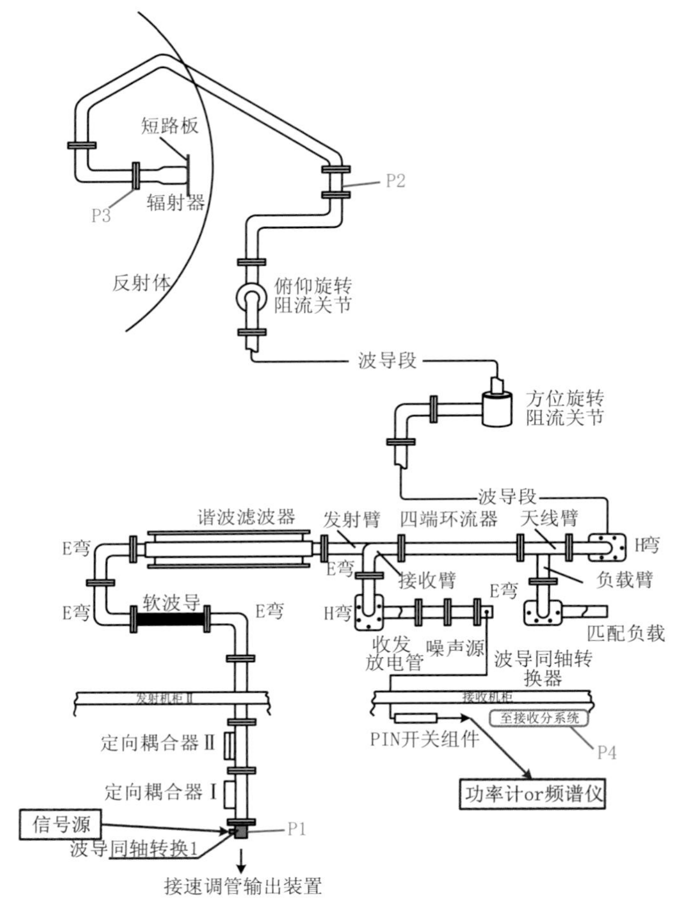

图 5.31　收发总馈线损耗测试示意图

4)测试记录。将信号源工作频率设置为本雷达工作频率，输出射频功率设置为A_0，并打开射频开关，此时，在功率计上(或频谱仪)上读出输出信号强度 A_Σ(dBm)；

5)计算结果。雷达系统收发总损耗通过公式(5.2)计算。

$$L_\Sigma = \left| A_{test} - A_\Sigma \right| (\text{dB}) \tag{5.2}$$

(5)收发支路总损耗定标

1)将雷达终端监控软件中“雷达参数”中的“总计损耗”改为实测值；

2)参数设置完成后单击“确定”按钮退出。注意，必须单击“确定”按钮，否则配置参数不能被修改；

3)如果测试结果超出技术指标要求 3 dB 以上(技术指标要求≤5.5 dB)，则需要对雷达馈线系统进行进一步检查或维修，确定损坏的馈线器件并更换。

(6)发射支路馈线损耗测试步骤

1)拆除波导。测试发射支路损耗需要拆的波导见图5.32中红色标注部分。分别是发射机速调管输出端直波导P1和天线座俯仰关节之上的弯波导(靠近馈源端口)P2。图5.33(a)和图5.33(b)中绿色部分为需要拆除的法兰接头，红色是需要拆除的波导；

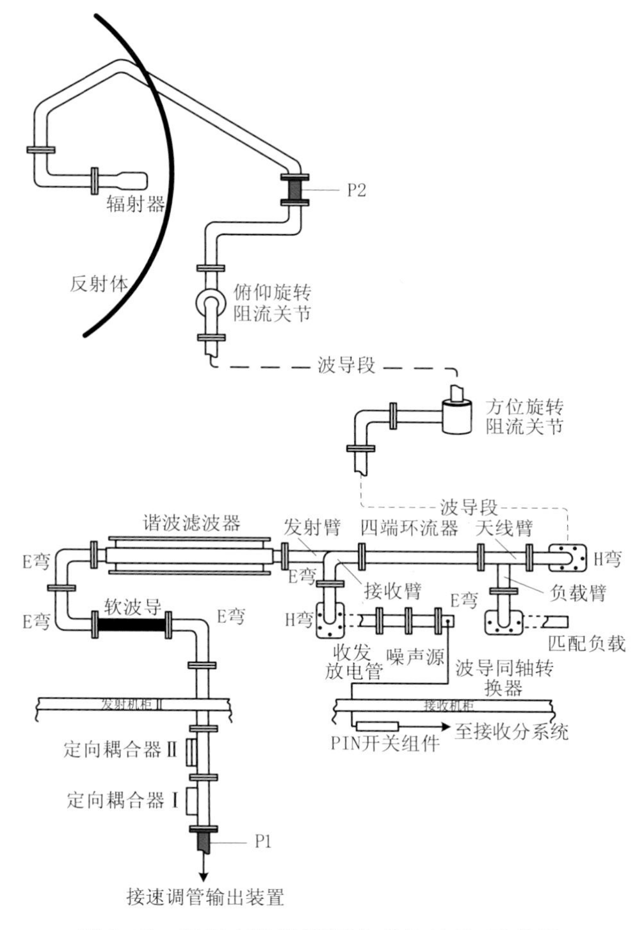

图5.32 发射支路损耗测试-拆卸波导(示意图)

2)连接测试设备。按照图5.34所示，将波导同轴转换(绿色)分别连接至发射机机柜Ⅱ定向耦合器下方(P1点)和俯仰转台顶部的直波导的输出端(P2点)。

3)拆掉发射机速调管输出端直波导P1，实物位置见图5.35(a)，按照图5.35(b)连接波导同轴转换器1(绿色部分所示)，并将信号源输出电缆接到波导同轴转换1的N型头上；

4)带着功率计(或频谱仪)和扳手等工具进入天线罩内，拆掉俯仰转台上部的弯波导，实物位置见图5.36(a)，按照图5.36(b)连接波导同轴转换2(绿色部分所示)，并将功率计的探头(或频谱仪测试电缆)接到波导同轴转换2的N型接头上；

5)测试记录。将信号源工作频率设置为本雷达工作频率，输出射频功率设置为A_0，并打开信号源射频开关，在天线端读取功率计(或频谱仪)的读数A_{T1}(dBm)。

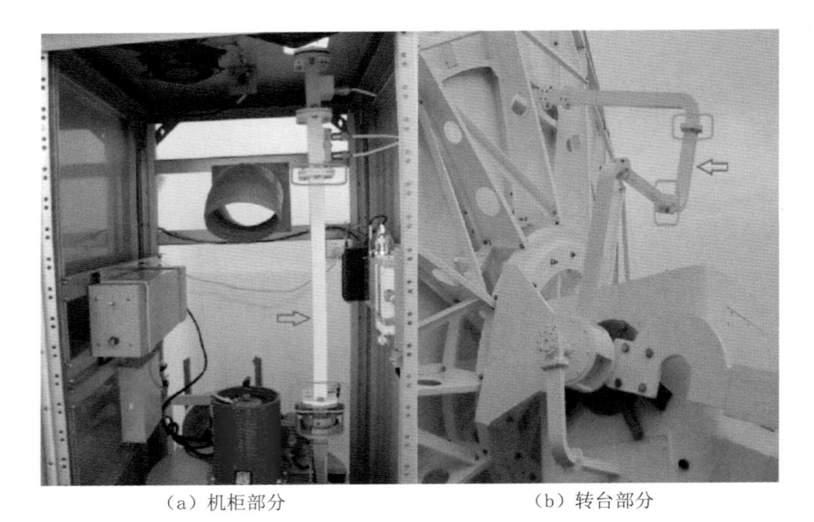
(a) 机柜部分　　(b) 转台部分

图 5.33　发射支路损耗测试—拆卸波导(示意图)

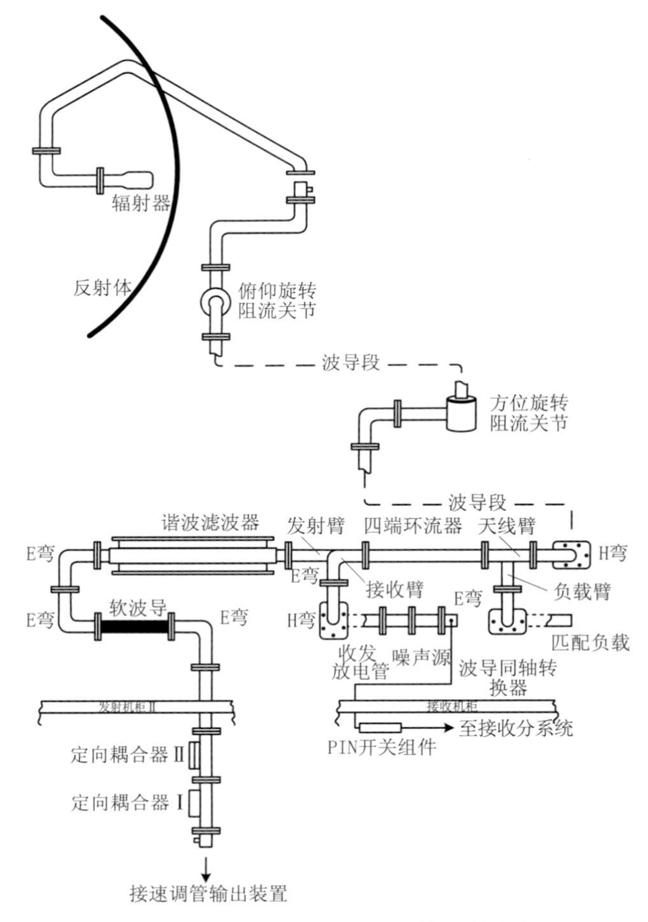

图 5.34　发射支路损耗测试-输入输出点

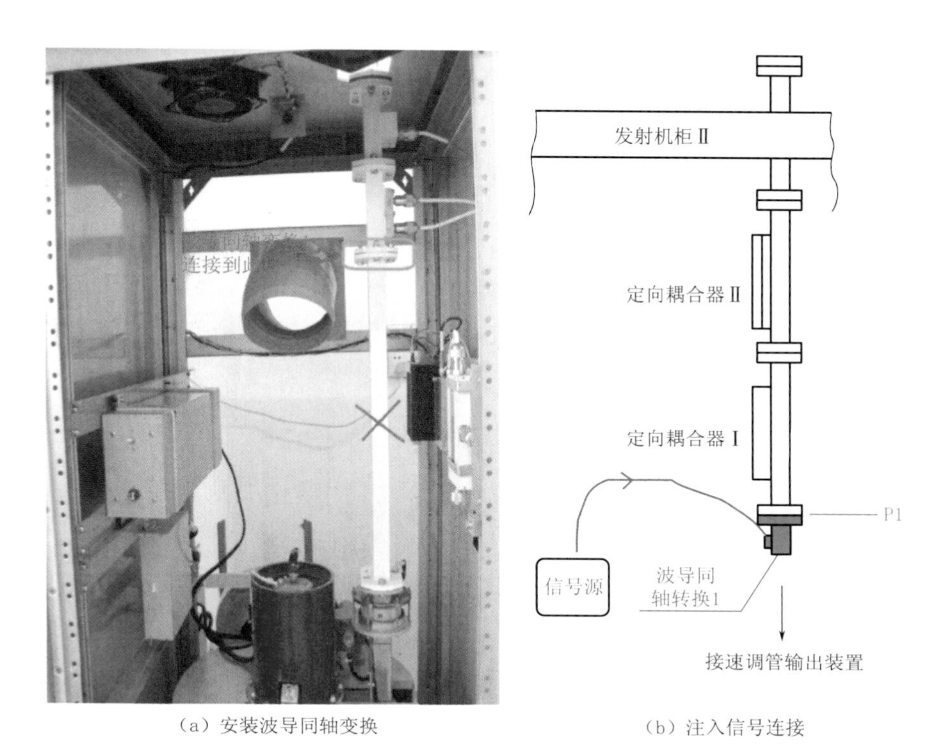

（a）安装波导同轴变换　　（b）注入信号连接

图5.35　发射支路损耗测试-输入信号注入

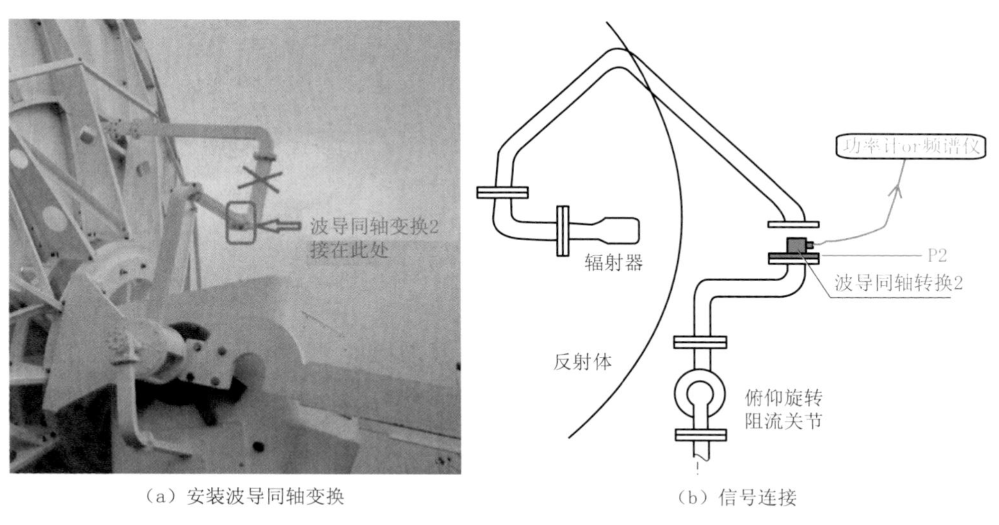

（a）安装波导同轴变换　　（b）信号连接

图5.36　发射支路损耗测试-输出信号测试点

6）计算结果。图5.37中蓝色波导为天线增益测试与发射支路损耗测试之间的波导，该段波导没有被包含到发射馈线损耗中，该段的波导损耗L_1可按照公式（5.3）计算：

$$L_1=\frac{L_{\Sigma}-(A_{\text{test}}-A_{T1})-(A_{\text{test}}-A_{R1})}{2} \tag{5.3}$$

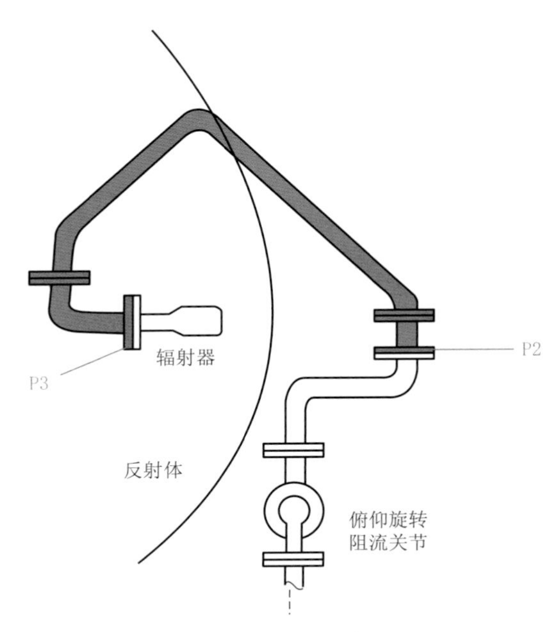

图 5.37 发射支路损耗测试——计算部分

所以测试和计算后的发射支路总损耗应该为：

$$\begin{aligned} L_T &= (A_{test}-A_{T1})+L_1 \\ &= (A_{test}-A_{T1})+\frac{L_\Sigma-(A_{test}-A_{T1})-(A_{test}-A_{R1})}{2} \\ &= \frac{L_\Sigma-A_{T1}+A_{R1}}{2} \end{aligned} \tag{5.4}$$

(7)接收支路馈线损耗测试步骤

测试思路与发射机支路损耗测试一致，从俯仰转台直波导上连接的波导同轴变换 2 的端口(图 5.38 中的 P2 点)用信号源和 N 型测试电缆(长度约 5 米)注入测试信号(设置 RF 功率为A_0(dBm))，在图 5.38 中 P4 点，即回波电缆的输出口使用功率计(或频谱仪)测试输出信号A_{R1}(dBm)，测试和计算的结果为：

$$\begin{aligned} L_R &= (A_{test}-A_{R1})+L_1 \\ &= (A_{test}-A_{R1})+\frac{L_\Sigma-(A_{test}-A_{T1})-(A_{test}-A_{R1})}{2} \\ &= \frac{L_\Sigma+A_{T1}-A_{R1}}{2} \end{aligned} \tag{5.5}$$

因为信号源较重，测试电缆通常长度不够，可以采用第二种方法来测试接收支路损耗以及L_1。在测试发射支路损耗得到测试结果后，取下功率探头，用短路器连接波导同轴转 2，然后直接从接收机回波电缆输出端测试功率值 $A_{\Sigma 1}$(dBm)。因为短路器的全反射作用，使得发射的测试信号反射到接收支路。测试和计算未测试段(图 5.37 中蓝色部分)波导损耗公式为：

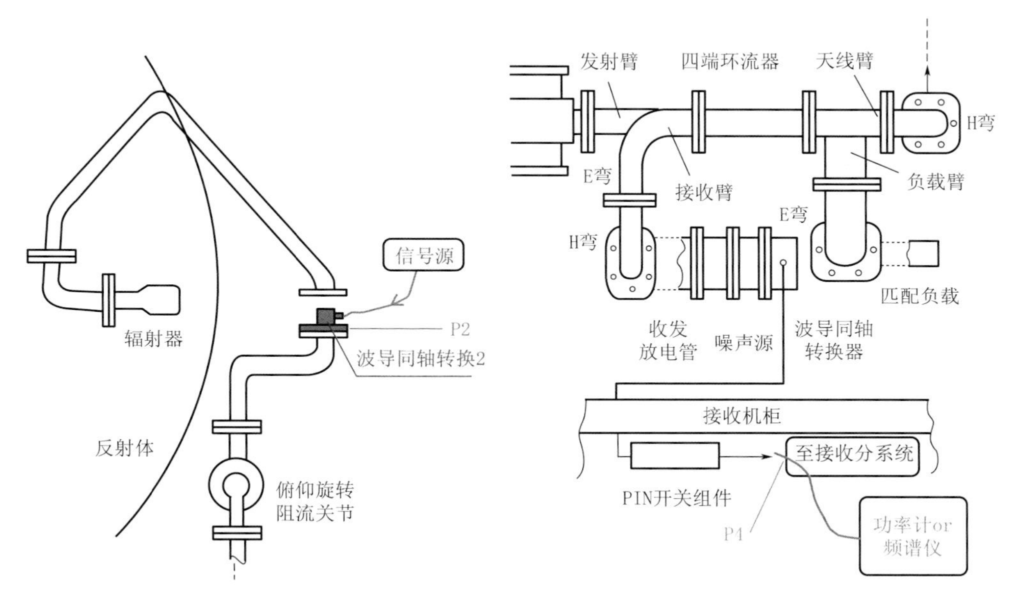

图 5.38 接收支路馈线损耗测试

$$
\begin{aligned}
L_1 &= \frac{L_\Sigma - (A_{\text{test}} - A_{\Sigma 1})}{2} \\
&= \frac{(A_{test} - A_\Sigma) - (A_{test} - A_{\Sigma 1})}{2} \\
&= \frac{A_{\Sigma 1} - A_\Sigma}{2}
\end{aligned} \tag{5.6}
$$

接收支路损耗为：

$$
\begin{aligned}
L_R &= (A_{test} - A_{\Sigma 1}) - (A_{test} - A_{T1}) + L_1 \\
&= (A_{T1} - A_{\Sigma 1}) + L_1 \\
&= A_{T1} - \frac{A_{\Sigma 1} + A_\Sigma}{2}
\end{aligned} \tag{5.7}
$$

(8)注意事项

1)测试过程中,要确保信号源输出功率A_0为同一个值。

2)测试过程中,要确保使用的电缆未改变,并在连接时拧紧。

3)测试过程中,要确保 PIN 开关控制电缆取下。

5.3.2 发射机定标

5.3.2.1 发射脉冲宽度定标

(1)仪表及附件

1)示波器(TDS1012B 或同类型);

2)高频检波器(TJ8-4 或同类型);

3)连接电缆(N-N 型和 BNC-BNC 型);

4)匹配负载(BNC-50JR);

5)射频连接器(N-50KK、BNC-KJK);

6)固定衰减器(TTS-3_20 dB);

7)雷达终端监控软件。

(2)测试框图(图 5.39)

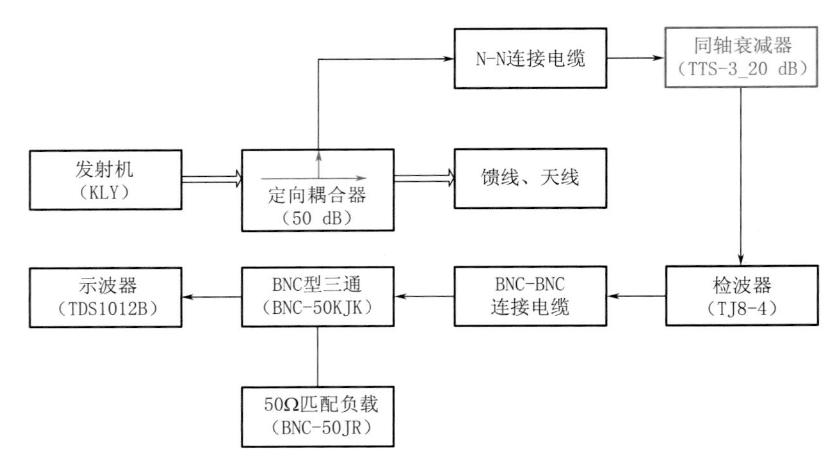

图 5.39 发射脉冲包络测试框图

(3)雷达工作状态和参数:

1)发射机状态:开“高压”;

2)接收机状态:“正常”模式,开激励;

3)信号处理:脉宽 1 μs,重复频率 900 Hz(或脉宽 2 μs,重复频率 300 Hz);

(4)测试步骤

1)按图 5.39 方式连接测试设备;

2)设置雷达工作状态和参数;

3)示波器上显示完整包络形状,测试脉冲包络参数值(F、τ、τ_r、τ_f、δ);

4)关掉发射机高压,改变发射机工作脉宽(严禁在开高压状态下切换脉宽)测试,如果测试结果符合技术指标要求,记录测试数据,否则应按照维修手册调整脉冲宽度直至符合指标要求,重新测试并记录新的测试数据。

(5)发射脉冲宽度定标

1)查验“雷达参数”中的“脉冲宽度(窄)”和“脉冲宽度(宽)”与测试结果是否一致,若不一致则改为实测值;

2)参数设置完成后单击“确定”按钮退出。

(6)注意事项

1)图 5.39 中的 20 dB 的衰减器必须使用,否则可能烧坏检波器(检波器的耐峰值功率一般为 30 dBm 以下)。

2)使用示波器测试脉冲包络时,严禁在发射机开高压状态下切换脉宽,否则将导致雷达故障。

3)“雷达参数”设置完成后必须单击“确定”按钮，否则配置参数不能被修改。

5.3.2.2 发射脉冲峰值功率定标

(1)仪表及附件

1)峰值或平均功率计(AgilentE4416A或同类型)；

2)连接电缆(N-N型)；

3)射频连接器(N-50KK)；

4)固定衰减器(TTS-3_20 dB)；

5)终端监控软件。

(2)测试框图(图5.40)

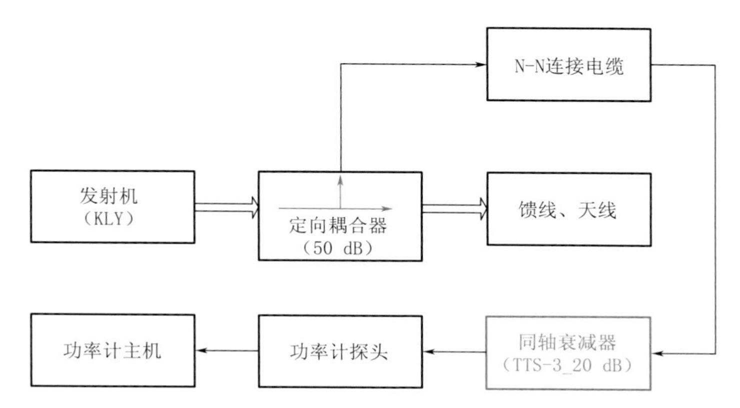

图5.40 发射脉冲峰值功率测试框图

(3)功率计设置

1)工作频率：设置为雷达实际工作频率；

2)偏移量：$Offset=L_C+L_l+L_T$(L_C：耦合器耦合度，L_l 电缆损耗，L_T：固定衰减器衰减量)；

3)占空比：$Duty=\frac{\tau\times F}{10000}\%$；

4)匹配滤波：$Filter=Man=50\sim100$(手动)；

5)显示单位：$Unit=\mathrm{W}$。

(4)雷达工作状态和参数

1)发射机状态：开“高压”；

2)接收机状态：“正常”模式，开激励；

3)信号处理：脉宽1 μs，重复频率900 Hz(或脉宽2 μs，重复频率300 Hz)。

(5)机外仪表测试步骤

1)对功率计进行校准；

2)对电缆损耗L_l 进行测试；

3)按图5.40连接测试设备；

4)设置功率计参数；

5)设置雷达工作状态和参数；

6)在功率计上读取功率值；

7)如果测试结果符合技术指标要求，改变雷达发射机脉宽和重复频率，分别测试并记录，否则应按照维修手册调整发射机参数直至符合指标要求，重新测试并记录新的测试数据。

(6)机内仪表测试步骤

通过终端监控软件改变雷达的重复频率和脉冲宽度，在终端监控软件界面上直接读取发射脉冲峰值功率。

(7)发射脉冲峰值功率定标

1)将雷达终端监控软件中“雷达参数”中的“缺省功率”改为实测值。参数设置完成后单击“确定”按钮退出；

2)如果机外、机内测试发射脉冲峰值功率相差 20 kW 以上，则先计算耦合度值误差，计算方式见公式(5.8)：

$$\Delta=10\log\frac{P_{t1}}{P_{t2}} \tag{5.8}$$

其中，P_{t1}、P_{t2} 分别为机外、机内测试峰值功率；

3)将“雷达参数”中的“耦合度”修改为原值加上 Δ 即可，参数设置完成后单击“确定”按钮退出。

(8)注意事项

1)图 5.40 中的 20 dB 的衰减器必须使用，否则可能会烧坏功率计探头(功率计探头耐峰值功率一般为 20 dBm 以下)。

2)使用功率计测试功率时，严禁在开高压状态下切换脉宽，否则将导致雷达故障。

3)偏移量 Offset 的设置包括定向耦合器的耦合度 L_C、测试电缆的损耗 L_l 以及固定衰减器衰减量 L_T。

5.3.2.3 发射机输出极限改善因子测试

(1)仪表及附件

1)频谱仪(Agilent E4445A 或同类型)；

2)连接电缆(N-N 型)；

3)射频连接器(N-50KK)；

4)固定衰减器(TTS-3_20 dB)。

(2)测试框图(图 5.41)

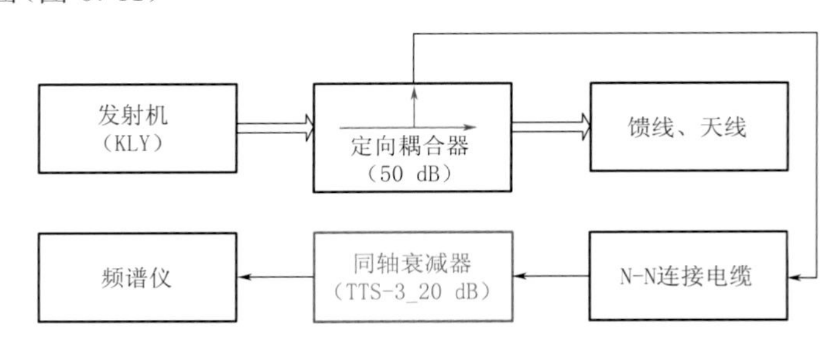

图 5.41 发射机输出极限改善因子测试框图

(3)雷达工作状态和参数

1)发射机状态:开“高压”;

2)接收机状态:“正常”模式,开激励;

3)信号处理:脉宽1 μs,重复频率1000 Hz(或600 Hz)。

(4)测试步骤

1)按图5.41方式连接测试设备;

2)设置雷达工作状态和参数;

3)设置频谱仪参数,在频谱仪上完整显示信号和噪声的功率谱密度图,得到信噪比值 S/N 并记录,再根据获取的信噪比计算出雷达发射机输出极限改善因子并记录;

4)改变雷达发射机重复频率(注意:严禁在发射机开高压状态下,切换脉冲得利频率),重复步骤3)并记录;

5)如果测试结果超出技术指标要求,则需要对雷达系统进行进一步检查或维修。

(5)注意事项

图5.41中的20 dB的衰减器必须使用,否则可能会烧坏频谱仪(频谱仪耐峰值功率一般为30 dBm以下)。

5.3.2.4 发射机输入极限改善因子测试

(1)仪表及附件

1)频谱仪(Agilent E4445A或同类型);

2)连接电缆(N-N型);

3)射频连接器(N-50KK);

4)固定衰减器(TTS-3_20 dB)。

(2)测试框图(图5.42)

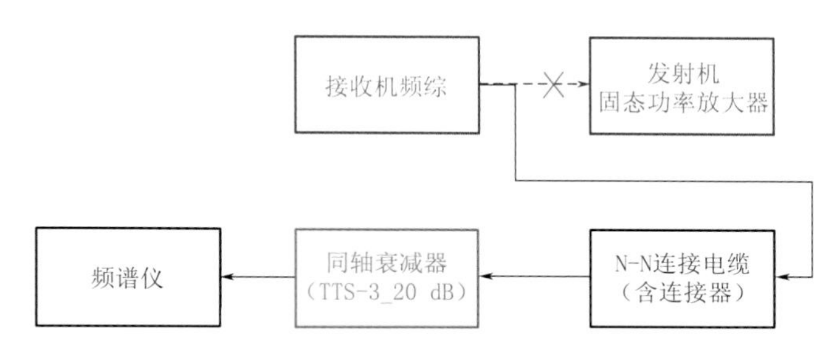

图5.42 接收机频综输出/发射机输入极限改善因子测试框图

(3)雷达工作状态和参数

1)发射机状态:关“冷却”;

2)接收机状态:“正常”模式,开激励;

3)信号处理:脉宽1 μs,重复频率1000 Hz(或600 Hz)。

(4)测试步骤

1)取下接收机激励输出的射频电缆(接收机激励源分机上的XS17);

2)按图5.42连接测试设备;

3)设置雷达工作状态和参数；

4)设置频谱仪参数，在频谱仪上完整显示信号和噪声的功率谱密度图，得到信噪比值 S/N 并记录，再根据获取的信噪比计算出雷达发射机输出极限改善因子并记录；

5)改变雷达发射机重复频率，重复本测试步骤并记录；

6)如果测试结果超出技术指标要求，则需要对雷达系统进行进一步检查或维修。

(5)注意事项

1)发射机输入端的信号强度最大可达到 1W(30 dBm)，图 5.42 中的 20 dB 或 10 dB 衰减器不能省略，否则可能会烧坏频谱仪(频谱仪耐峰值功率一般为 30 dBm 以下)。

2)严禁在发射机开高压状态下，切换脉冲重复频率。

5.3.3 接收机定标

5.3.3.1 接收系统噪声系数测试和定标

(1)仪表及附件

1)固态噪声源(Agilent 346B 或同类型)；

2)低压电源(+28V 或+24V)；

3)连接电缆(BNC 型/BNC-SMA 型)；

4)射频连接器(N/SMA-JK)；

5)雷达终端监控软件。

(2)测试框图

机外信号源法测试信号流程如图 5.43 所示。

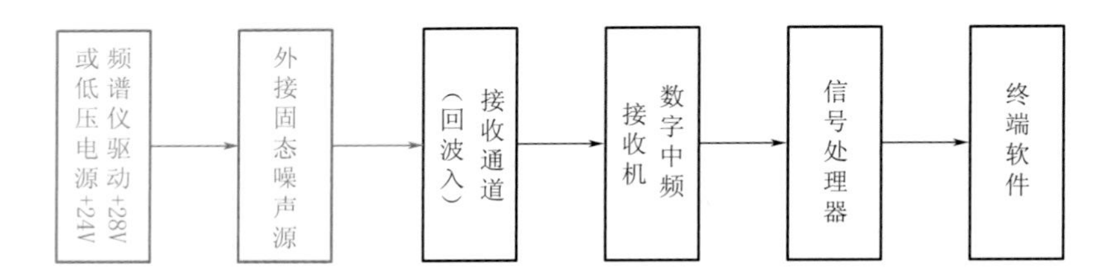

图 5.43 机外噪声源测试框图

机内信号源法测试信号流程如图 5.44 所示。

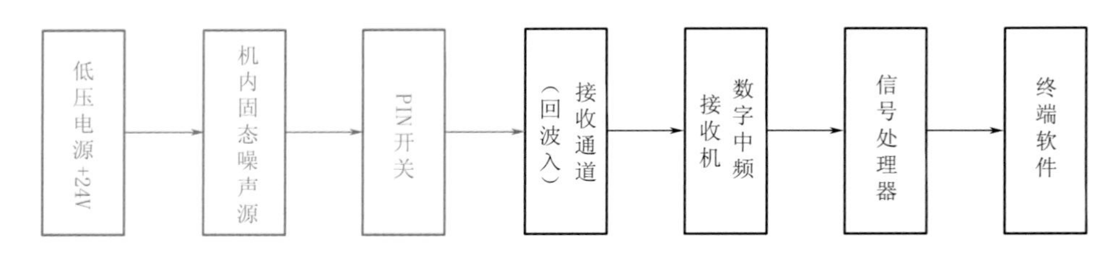

图 5.44 机内噪声源测试框图

(3)雷达工作状态和参数

1)发射机状态：关“冷却”；

2)接收机状态:“正常”模式,开激励;

3)信号处理:脉宽1 μs,重复频率900 Hz,不加滤波器。

(4)机外噪声源测试步骤

1)取下雷达射频回波电缆(对应接收通道的XS06);

2)按图5.43连接测试设备;

3)设置雷达工作状态和参数;

4)开启低压电源,在雷达终端监控软件上读取噪声功率P_2(软件右上角的噪声值)并记录;

5)关闭低压电源,在终端监控软件上读取噪声功率P_1并记录;

6)记录噪声源雷达工作频点对应的超噪比(ENR)的值;

按照公式(5.9)计算噪声系数并记录;

$$F_n = ENR - 10\log(10^{0.1(P_2 - P_1)} - 1) \tag{5.9}$$

重复步骤3)至6),共记录5组数据;

7)如果测试结果超出技术指标要求,则需要对雷达系统进行进一步检查或维修。

(5)机内噪声源测试步骤

1)设置雷达工作状态和参数;

2)如图5.45所示,在雷达终端监控软件上打开控制面板,选择“标定”按钮,在弹出的对话框中选择“噪声系数”选项卡,单击“标定”按钮,等待结果输出;

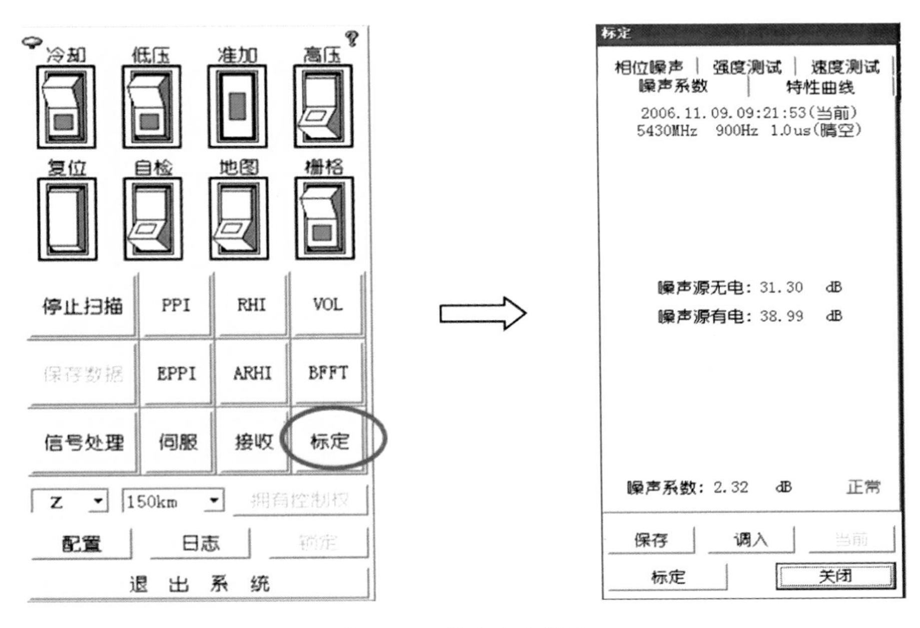

图5.45 机内自动测试

3)测试5次并记录结果,计算出平均值。

(6)噪声系数定标

1)如果机外测试结果达到技术指标要求,将雷达终端监控软件中“雷达参数”中的“噪声系数缺省值”改为实测值；

2)如果机内测试结果与机外误差 $\Delta = N_{F1} - N_{F2}$(N_{F1}：机外测试结果，N_{F2}：机内测试结果)未达到技术指标要求，通过修改“雷达参数”中的“超噪比”的值。将原有数值上加 Δ 后，再填入“超噪比”对应的框中；

3)测试 5 次并记录结果，此时，机内自动测试结果应与外接噪声源法结果一致；

4)如果测试结果仍然超出技术指标要求，则需要对雷达系统进行进一步检查或维修。

(7)注意事项

1)确认噪声源的供电电压是＋28 V 还是＋24 V。

2)使用外接噪声源时，固态噪声源的超噪比 *ENR* 取值应对应雷达工作频率。

5.3.3.2 接收系统动态范围测试

(1)仪表及附件

1)信号源(Agilent E4428C 或同类型)；

2)频谱仪或功率计(Agilent E4445A/Agilent E4416A 或同类型)；

3)连接电缆 1 根(N-N 型)；

4)连接电缆 1 根(N-SMA 型)；

5)射频连接器(N/SMA-KJ、N-50KK)；

6)雷达终端监控软件。

(2)测试框图

机外信号源法测试信号流程见图 5.46。

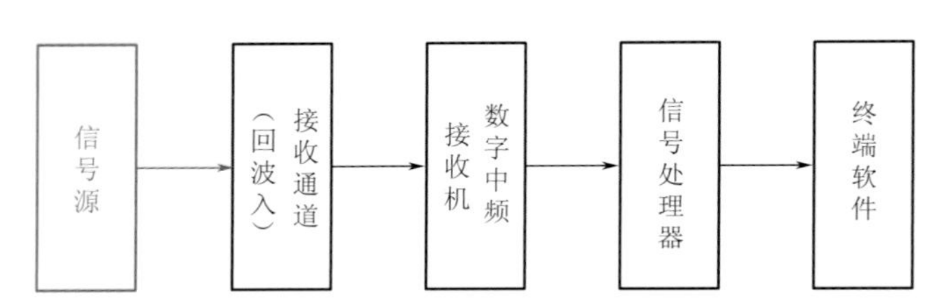

图 5.46　机外信号源测试框图

机内信号源法测试信号流程见图 5.47。

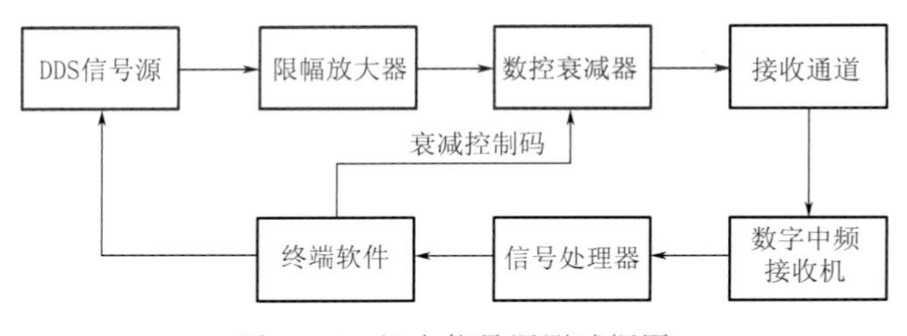

图 5.47　机内信号源测试框图

(3)雷达工作状态和参数

1)发射机状态：关“冷却”；

2)接收机状态：“正常”模式，开激励；

3)信号处理:脉宽1 μs,重复频率900 Hz,不加滤波器;

4)定标曲线选为“当前”;

5)标定雷达当前特性曲线,步骤如下:在雷达终端监控软件上打开控制面板,选择“标定”按钮;在弹出的对话框中选择“特性曲线”选项卡,单击“标定”按钮,在标定完成后确认当前特性曲线正常;

6)系统配置参数:C_0 中的参数均填写正确,强度测试显示门限设为5.0 dB;

7)显示门限设置:在终端监控软件上打开控制面板,选择“配置”按钮,在弹出的对话框中选择“显示”选项卡,将强度门限设置为“0”,单击“保存”按钮,退出对话框。

(4)机外信号源测试步骤

1)取下雷达射频回波电缆(对应接收通道的XS06);

2)设置雷达工作状态和参数;

3)对测试电缆的损耗L_l 进行测试;

4)按图5.46连接测试设备;

5)开启信号源,设置测试参数;

6)开启信号源射频功率开关(将RF设置为On),此时雷达接收机低噪声放大器输入端的实际功率为A_0-L_l(L_l:电缆损耗);

7)控制雷达天线在仰角0°做PPI扫描;

8)在雷达终端监控软件实时回波显示界面上读取噪声功率 P(或15公里处的 dBZ 值)并记录;

9)逐渐减小信号源输出功率(间隔1 dB),并同步记录雷达终端监控软件上的读数;

10)当雷达接收机低噪声放大器输入端的实际功率达到雷达灵敏度时,测试结束;

11)将记录的数据按照最小二乘法进行拟合,得出动态范围、拟合直线斜率以及拟合均方根误差、方差等参数;

12)如果测试结果超出技术指标要求,则需要对雷达系统进行进一步检查或维修。

(5)机内信号源测试步骤

1)设置雷达工作状态和参数;

2)如图5.48所示,在雷达终端监控软件上打开控制面板,选择“标定”按钮;

3)在弹出的对话框中选择“强度测试”选项卡,选择“距离”为15 km;

4)逐个双击列表中dBm列中对应的行,读取实际 dBZ 列中对应的数值并记录;

5)将记录的数据按照最小二乘法进行拟合,得出动态范围、拟合直线斜率以及拟合均方根误差方差等参数;

6)如果机内、机外两种方法在相同输入功率对应的输出功率(或 dBZ)不同,对机内测试信号源的功率进行校准;

7)如果测试结果超出技术指标要求,则需要对雷达系统进行进一步检查或维修。

(6)注意事项

1)采用外接信号源法时,要确保信号源输出功率小于−10 dBm,功率太大可能会损坏低噪声放大器。

2)采用外接信号源法时,要准确测试电缆的损耗。

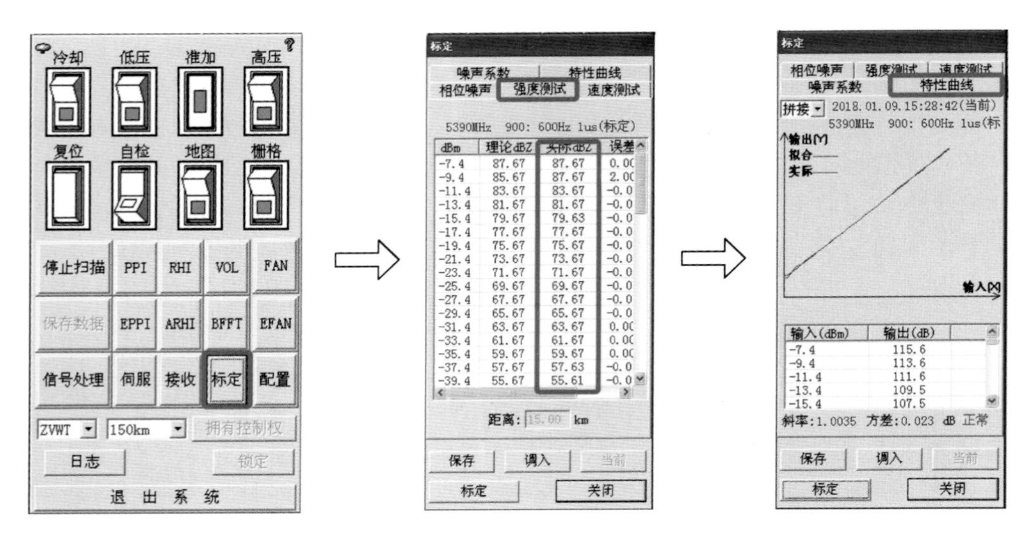

图 5.48 机内信号源测试框图

5.3.4 系统定标

5.3.4.1 系统相位噪声测试

(1)仪表及附件

雷达终端监控软件。

(2)测试框图(图 5.49)

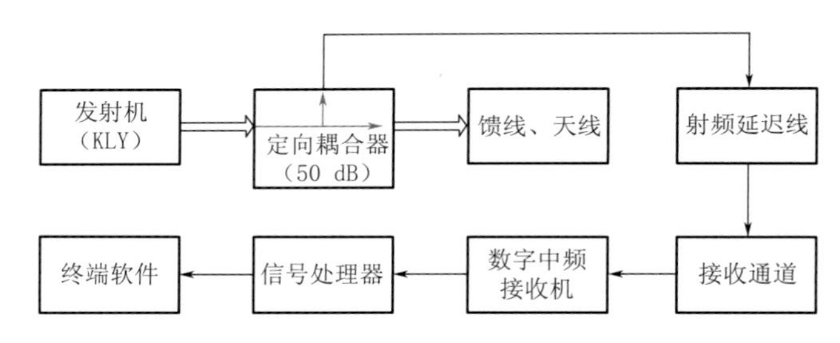

图 5.49 系统相位噪声测试框图

(3)雷达工作状态和参数

1)发射机状态:开“高压”;

2)接收机状态:“相噪”模式,开激励;

3)信号处理:脉宽 1 μs,重复频率 900 Hz,不加滤波器。

(4)测试步骤

1)设置雷达工作状态和参数;

2)如图 5.50 所示,在雷达终端监控软件上打开控制面板,选择“标定”按钮;

3)在弹出的对话框中选择“相位噪声”选项卡,单击“标定”按钮,在标定完成后记录测试结果;

4)连续进行 10 次测试并记录测试结果;

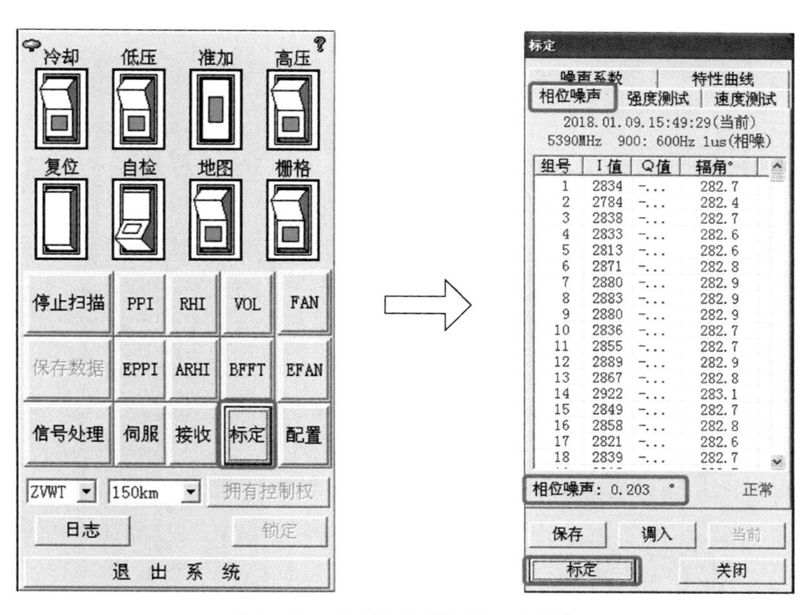

图 5.50　系统相位噪声测试步骤

5)如果测试结果超出技术指标要求,则需要对雷达系统进行进一步检查或维修。

(5)注意事项

发射开高压,接收机设置为相噪模式。

5.3.4.2　实际地物对消能力检查

(1)仪表及附件

雷达终端监控软件。

(2)雷达工作状态和参数

1)发射机状态:开“高压”;

2)接收机状态:“正常”模式,开激励;

3)信号处理:脉宽 1 μs,重复频率 900 Hz,不加滤波器(或加 3 号滤波器)。

(3)检查步骤

1)设置雷达工作参数和状态;

2)选择信号处理参数为不加滤波器;

3)控制雷达天线在仰角 0°做 PPI 扫描;

4)在终端监控软件上找到地物回波(强度≥50 dBZ,径向速度≤1 m/s);

5)记录回波的方位角、距离、强度(滤波前)、径向速度和经纬度;

6)选择不同方位和距离上的 10 个地物回波并按照第 5)步骤的要求记录;

7)选择信号处理参数为加滤波器 2 或滤波器 3;

8)根据之前记录回波位置(方位角、距离和经纬度)分别读取滤波后的回波强度并记录;

如果测试结果超出技术指标要求,则需要对雷达系统进行进一步检查或维修。

(4)注意事项

1)一定要测试同一位置的地物回波在滤波前和滤波后的功率。

2)选择径向风速小于 1 m/s 的回波进行检查。

5.3.4.3 回波强度定标测试

(1)仪表及附件

1)信号源(Agilent E4428C 或同类型);

2)连接电缆 1 根(N-N 型);

3)连接电缆 1 根(N-SMA 型);

4)射频连接器(N/SMA-KJ、N-50KK);

5)雷达终端监控软件。

(2)测试框图

机外信号源法信号流程见图 5.51。

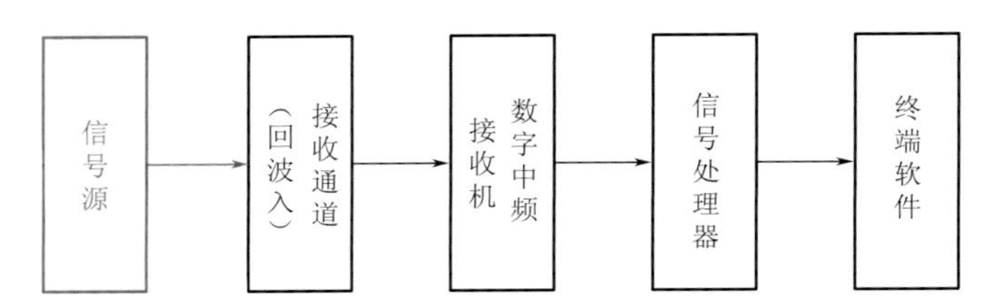

图 5.51 机外信号源测试框图

机内信号源法信号流程见图 5.52。

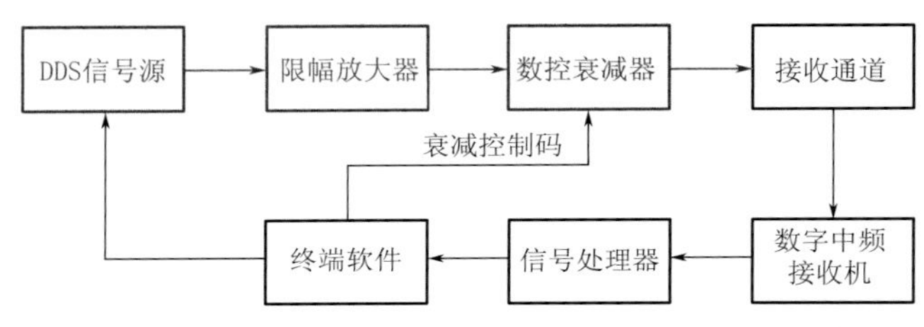

图 5.52 机内信号源测试框图

(3)雷达工作状态和参数

1)发射机状态:关"冷却";

2)接收机状态:"正常"模式,开激励;

3)信号处理:脉宽 1 μs,重复频率 600 Hz,不加滤波器;

4)定标曲线选为"当前";

5)标定雷达当前特性曲线,步骤如下:在雷达终端监控软件上打开控制面板,选择"标定"按钮;在弹出的对话框中选择"特性曲线"选项卡,单击"标定"按钮,在标定完成后确认当前特性曲线正常;

6)系统配置参数:C_0 中的参数均填写正确,强度测试显示门限设为 5.0 dB;

7)显示门限:强度门限设为 0。

(4)机外信号源测试步骤

1)取下雷达射频回波电缆(对应接收通道的 XS06);

2)设置雷达工作状态和参数；

3)对电缆的损耗L_l 进行测试；

4)按图 5.51 连接测试设备；

5)开启信号源，设置测试参数；

6)开启信号源射频功率开关(将 RF 设置为 On)，此时雷达接收机低噪声放大器输入端的实际功率为A_0-L_l；

7)调整信号源输出功率，使$A_0-L_l=-40$ dBm；

8)控制雷达天线在仰角 0°做 PPI 扫描；

9)使用鼠标引导功能，分别读取 5 km、50 km、100 km、150 m、200 km 处的强度 dBZ 值并记录；

10)调整信号源输出功率，使A_0-L_l 分别等于−50 dBm、−60 dBm、−70 dBm、−80 dBm、−90 dBm；

11)使用鼠标引导功能，分别读取 5 km、50 km、100 km、150 m、200 km 处的强度 dBZ 值并记录；

12)重复第 9)至 11)的步骤进行测试；

13)如果测试结果符合技术指标要求，将当前曲线存为出厂曲线；

14)如果测试结果超出技术指标要求，对机内测试信号源的功率进行校准；

15)如果测试结果仍然超出技术指标要求，则需要对雷达系统进行进一步检查或维修。

(5)机内信号源测试步骤

1)设置雷达工作参数和状态；

2)如图 5.53 所示，在雷达终端监控软件上打开控制面板，选择“标定”按钮；

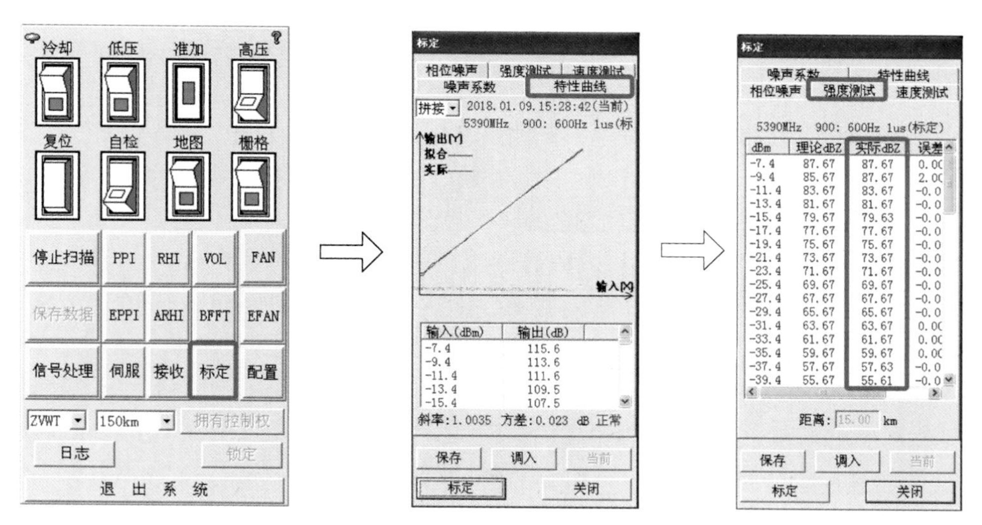

图 5.53 机内信号源测试步骤

3)在弹出的对话框中选择“强度测试”选项卡，选择“距离”为 5 km；

4)逐个双击列表中 dBm 列中对应的−40.0、−50.0、−60.0、−70.0、−80.0、−90.0(或左右)，读取实际 dBZ 列中对应的数值并记录；

5)关闭标定对话框,设置雷达信号处理工作参数;

6)在“强度测试”选项卡中,依次选择“距离”为 50 km、100 km、150 km、200 km,按照第4)步骤读取数值并记录;

7)如果测试结果符合技术指标要求,将当前曲线存为出厂曲线;

8)如果测试结果超出技术指标要求,对机内测试信号源的功率进行校准;如果测试结果仍然超出技术指标要求,则需要对雷达系统进行进一步检查或维修。

(6)注意事项

1)将雷达重复频率设置为 600 Hz,否则会看不到 150 km 和 200 km。

2)必须要有显示为“正常”的接收特性曲线。

3)雷达配置参数中的定标曲线选择为“当前”。

5.3.4.4 径向速度测试

(1)仪表及附件

1)信号源(Agilent E4428C 或同类型);

2)连接电缆 1 根(N-N 型);

3)连接电缆 1 根(N-SMA 型);

4)射频连接器(N/SMA-KJ、N-50KK);

5)雷达终端监控软件。

(2)测试框图

机外信号源法测试信号流程见图 5.54。

图 5.54 机外信号源测试框图

机内信号源法信号流程见图 5.55。

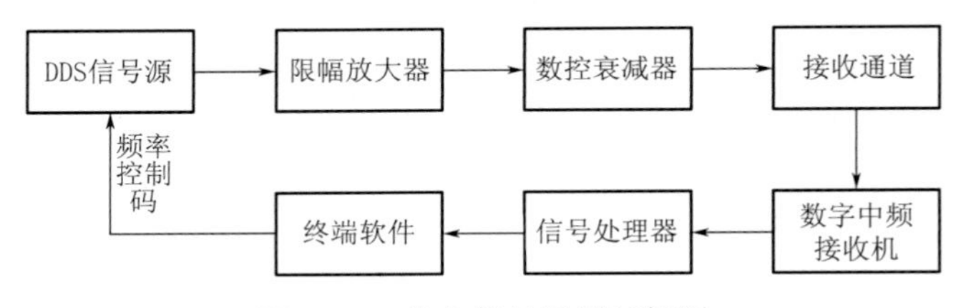

图 5.55 机内信号源测试框图

(3)雷达工作状态和参数

1)发射机状态:关“冷却”;

2)接收机状态:“正常”模式,开激励;

3)信号处理:脉宽 1 μs,重复频率 1000 Hz(或 900/600 Hz),不加滤波器。

(4)机外信号源测试步骤

1)取下雷达射频回波电缆(对应接收通道的 XS06);

2)设置雷达工作状态和参数;

3)按图 5.54 连接测试设备；

4)开启信号源，将信号源输出频率设置到雷达工作频率，如 5430 MHz，工作模式 Mod 设置为 Off(即输出为连续波)，输出功率$A_0=-50$ dBm(以确保雷达接收机工作在线性区)；

5)开启信号源射频功率开关(将 RF 设置为 On)；

6)控制雷达天线在仰角 0°做 PPI 扫描；

7)在雷达终端监控软件实时回波显示界面上选择速度场，通过游标引导值读取当前速度值；

8)改变信号源的频率，找速度 0 点：先从“百位”上改频率，方法为按下频率键，将光标移动到“百位”上粗调，移动左右箭头，在“十位”和“个位”上细调；

9)待找到速度 0 点以后，将信号源的光标移动到百位上，即每次步进为 100 Hz，负速向上变频至 1000 Hz，记录数据；正速向下变频至－1000 Hz，记录数据；

10)改变雷达重复频率为 900/600 Hz，按照上述步骤进行测试并记录数据；

11)若测试结果不符合技术指标要求，需要按照维修手册进一步检修。

(5)机内信号源测试步骤

1)设置雷达工作参数和状态；

2)如图 5.56 机内信号源法速度测试步骤所示，在终端监控软件上打开控制面板，选择“标定”按钮；

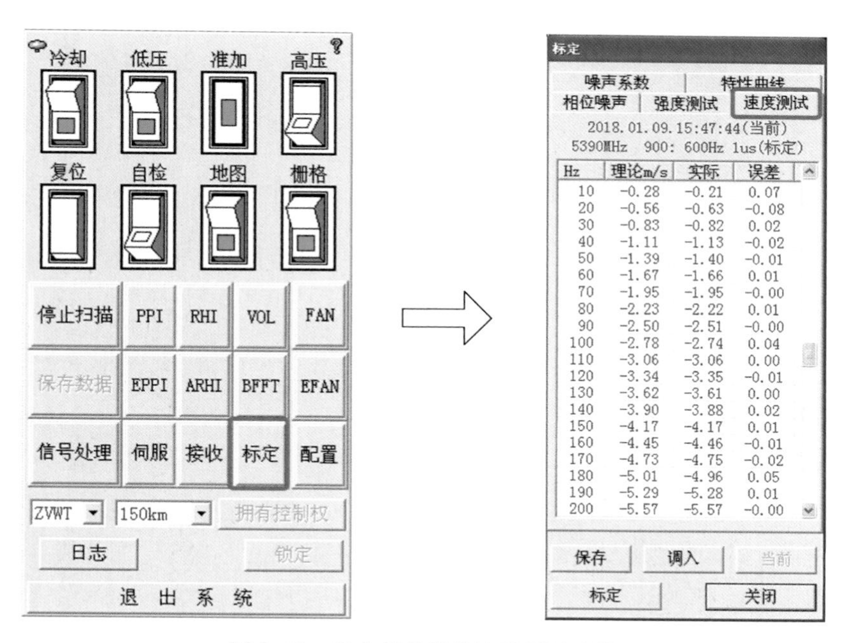

图 5.56　机内信号源法速度测试步骤

3)在弹出的对话框中选择“速度测试”选项卡；

4)逐个双击列表中“Hz”对应的－1000.0、－900.0、…、0.0、…、900.0、1000.0，读取“实际”列中对应的数值并记录；

5)关闭“标定”对话框；

6)将信号处理重复频率参数设置为900/600 Hz；

7)打开“速度测试”选项卡；

8)逐个双击列表中“Hz”对应的－900、－800、…、－450、…、0.0、…、450、…、800、900，读取“实际”列中对应的数值并记录；

9)如果测试结果超出技术指标要求，则需要对雷达系统进行进一步检查或维修。

(6)注意事项

V_1 为理论值，V_2 为实测值，V_3 为终端速度显示值，当出现速度模糊时，需要做速度退模糊处理。

第6章 主要仪器仪表的使用

6.1 用示波器测试脉冲包络

以泰克 TDS3032B 为例介绍脉冲包络测试方法和示波器的使用方法。

(1)设备连接

包络测试设备连接如图 6.1 所示。波导同轴转换接口耦合度为 L_C，图中的 2 个固定衰减器衰减量分别为 L_1 和 L_2，对耦合输出的大功率发射信号进一步有效衰减，保护后级检波器和数字示波器不被烧毁。天气雷达发射信号脉冲包络测试中有效衰减量应大于 80 dB，即 $L_C+L_1+L_3 \geqslant 80$ dB。

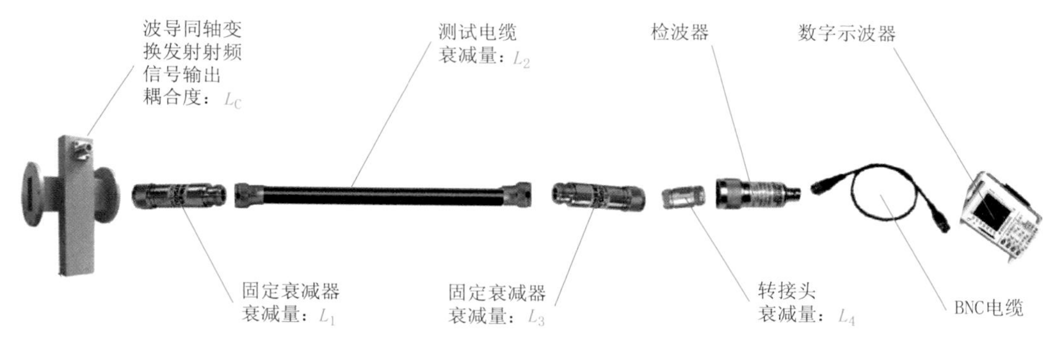

图 6.1　数字示波器测试发射信号脉冲包络连接图

(2)示波器自检

TDS3032B 数字示波器带有自检信号端子，见图 6.2 所示。自检时，探头接入方式如图 6.3 所示，探头地线接③号端子，探头正极接②号端子。

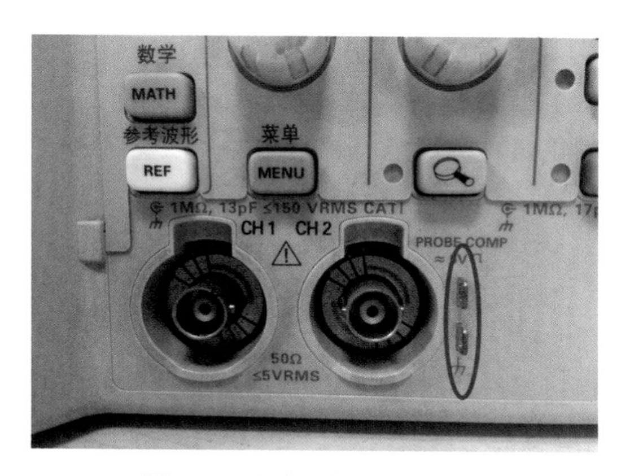

图 6.2　示波器自检信号端子

自检信号为 5 V、1 kHz 方波，如图 6.4 所示，①号区域表示匹配阻抗设置为 1 MΩ，②号

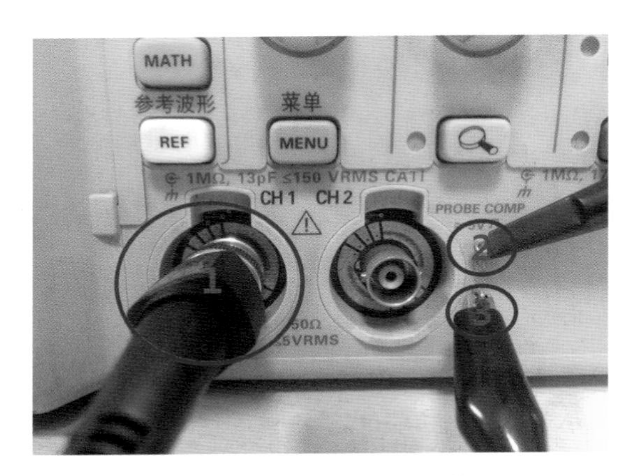

图 6.3 自检信号探头连接

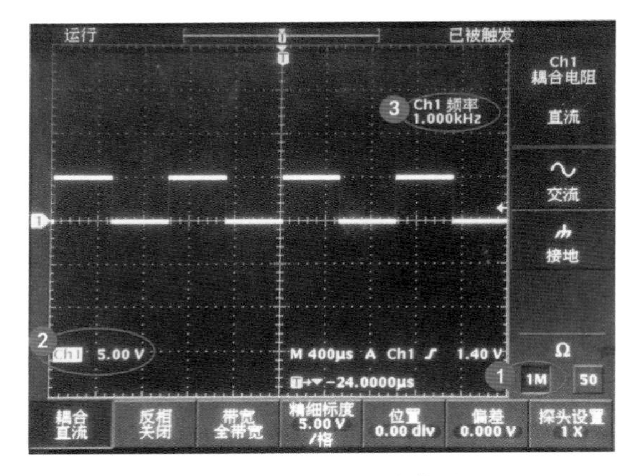

图 6.4 示波器自检信号

区域显示网格线纵坐标每格为 5 V，同时图中横坐标时间轴表示每格 400 μs，③号区域表示方波信号频率为 1 kHz。注意：自检时，匹配阻抗设置为 1 MΩ。

每次使用示波器之前，应测试示波器本身自带的方波测试信号，看其是否正确（幅度为 5 V，频率为 1 kHz 的标准方波代表示波器正常），为保证测试准确，有必要时应予以校正；示波器长时间放置或发现基线位置影响测试准确性时，也必须进行自检、校正，步骤如下：

1）首先按下功能键“Utility”，如图 6.5 所示；

2）在弹出的界面中连续按下左下角的“系统配置”键，如图 6.6 所示，直到将“校准”选中为止，如图 6.7 所示。

3）然后按下屏幕右侧的“执行补偿信号路径”，如图 6.7 示所示。等候大约 6～7 分钟，校准将自动完成，如图 6.8 所示。

（3）匹配阻抗设置

1）示波器操作面板如图 6.9 所示，按图 6.9 红圈所示的“MENU”按钮；

2）如图 6.10 所示，通过按图中①号按钮对 50 Ω 和 1 MΩ 匹配阻抗进行切换，同时②

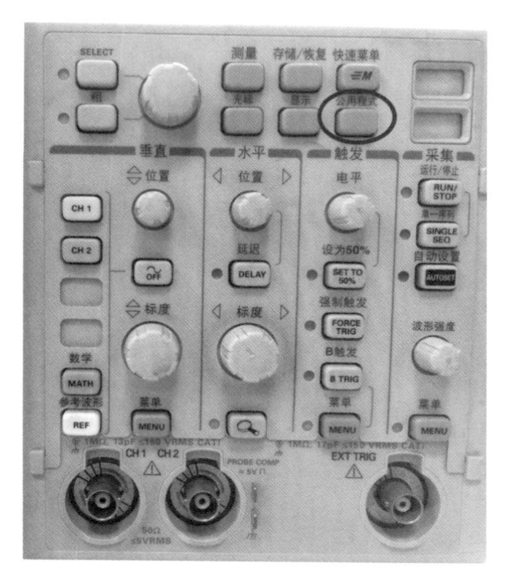

图 6.5 示波器控制面板

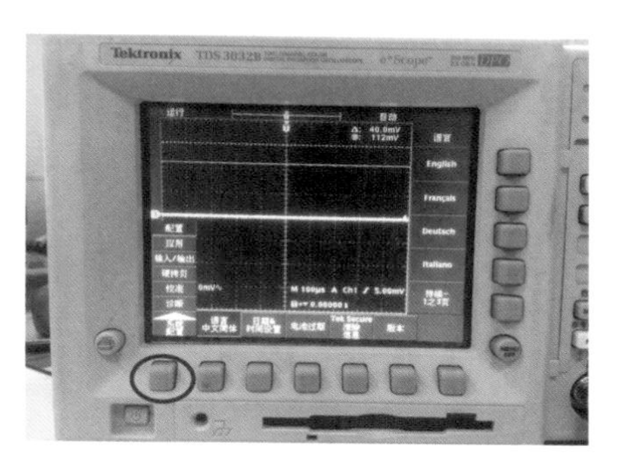

图 6.6 示波器系统设置-1

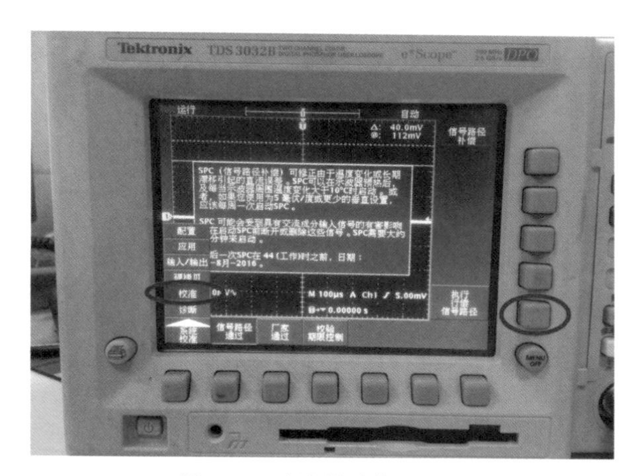

图 6.7 示波器系统设置-2

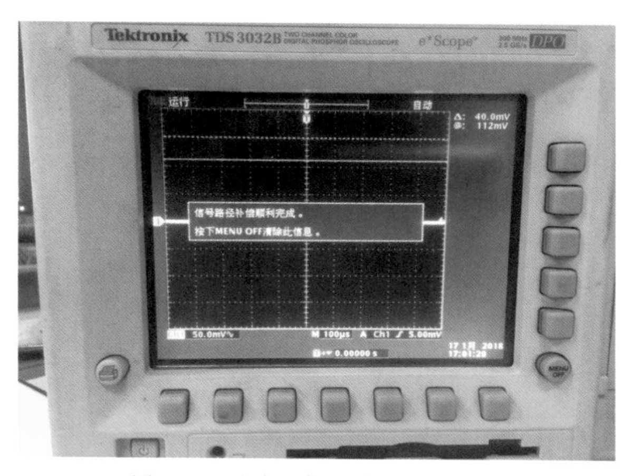

图 6.8 示波器信号路径补偿完成

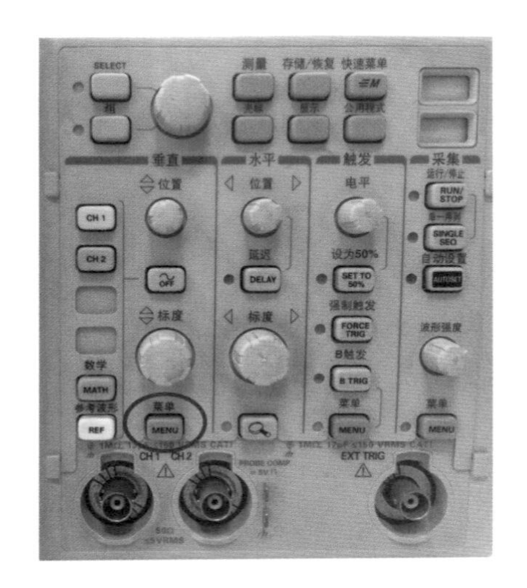

图 6.9 配阻抗设置-1

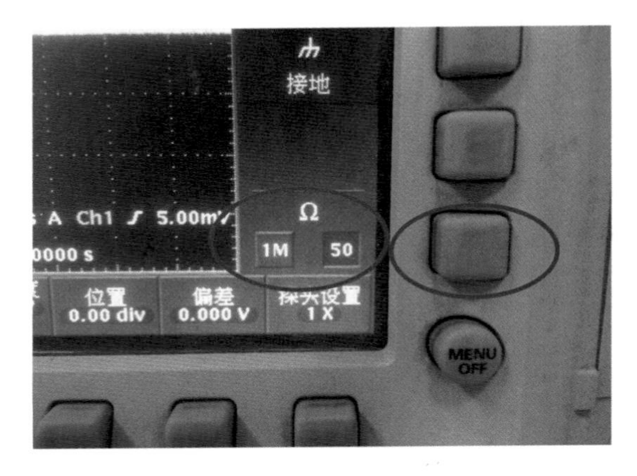

图 6.10 配阻抗设置-2

号区域 1 MΩ 和 50 Ω 两个软件按钮的状态随之改变。图中所示状态为选择了 50 Ω 匹配阻抗。经检波器输入的信号，选择 50 Ω 匹配阻抗，否则选择 1 MΩ 匹配阻抗。

（4）顶降测试

1）首先按下自动设置键“Autoset”，将发射机的发射脉冲信号用示波器显示，如图 6.11 所示；

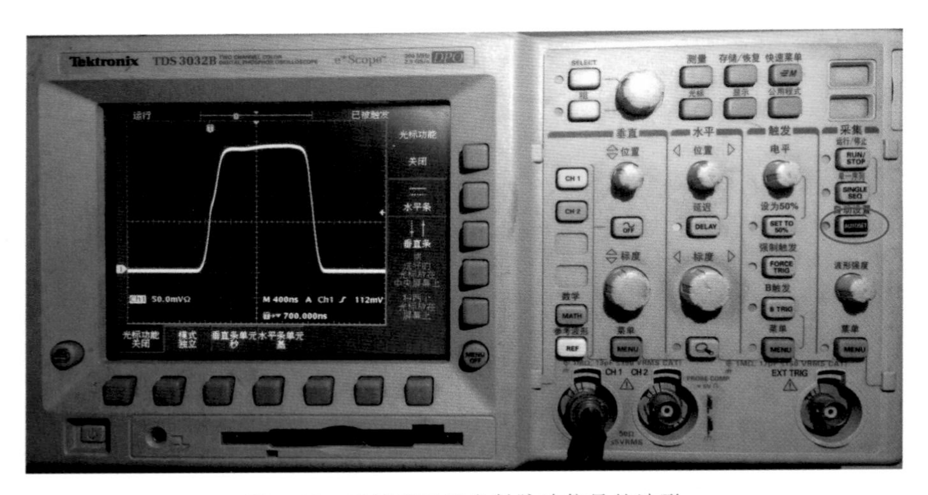

图 6.11 示波器显示发射脉冲信号的波形

2）旋转示波器的水平、垂直标度及位置按钮，使单个脉冲信号显示在示波器屏幕的居中位置，如图 6.12、图 6.13、图 6.14 所示；

3）按下“SELECT”键后，通过旋转右边的旋钮，使屏幕中虚线位于信号底部，实线位于波形顶部最下端，读出屏幕右上角处的 Δ 数值，即为脉冲包络的平顶幅度U_m，如图 6.15 所示；

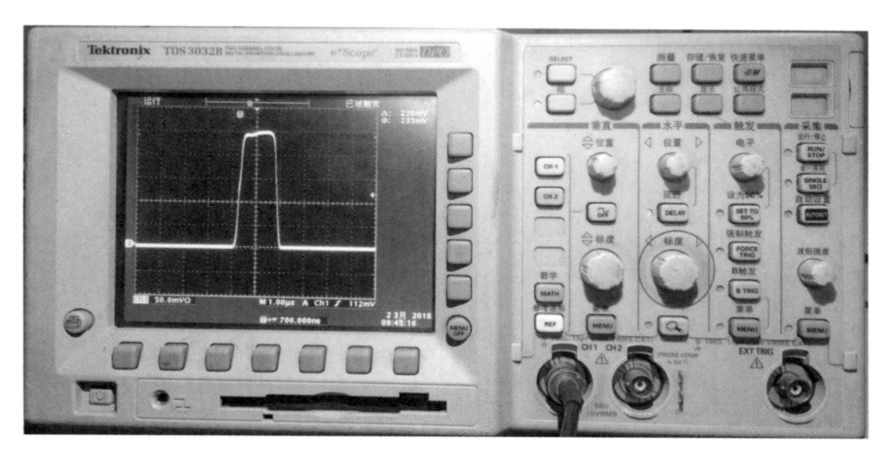

图 6.12　调整脉冲信号的水平标度

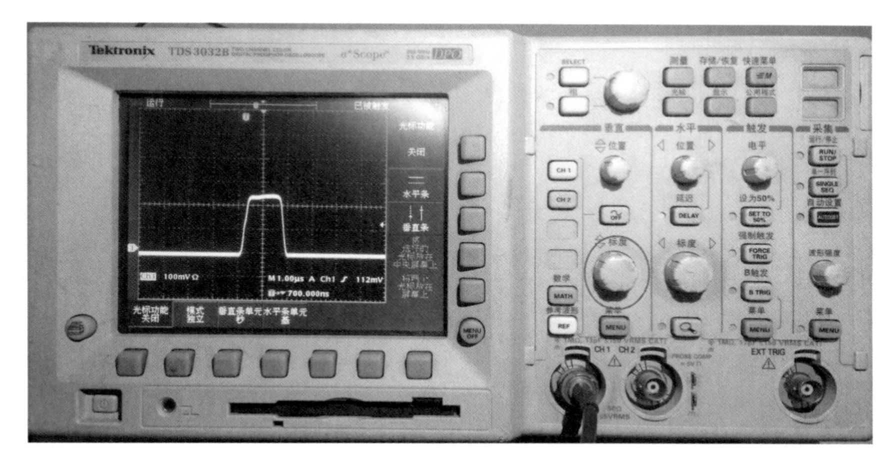

图 6.13　调整脉冲信号的垂直标度

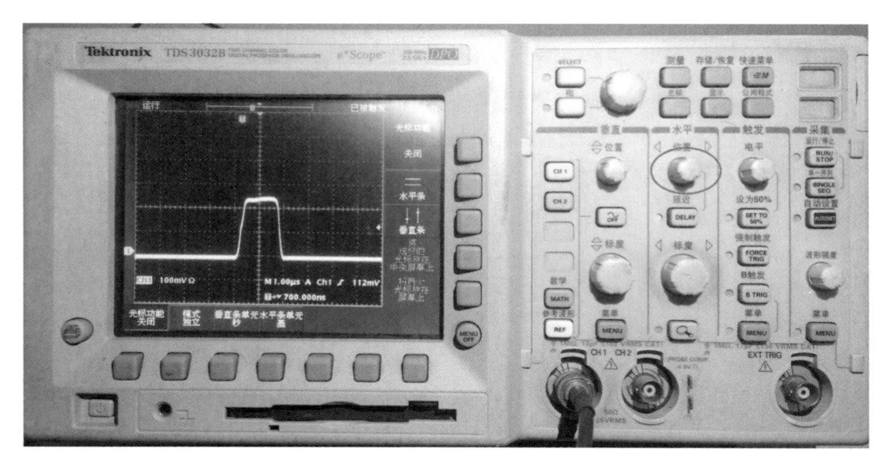

图 6.14　调整脉冲信号的水平位置

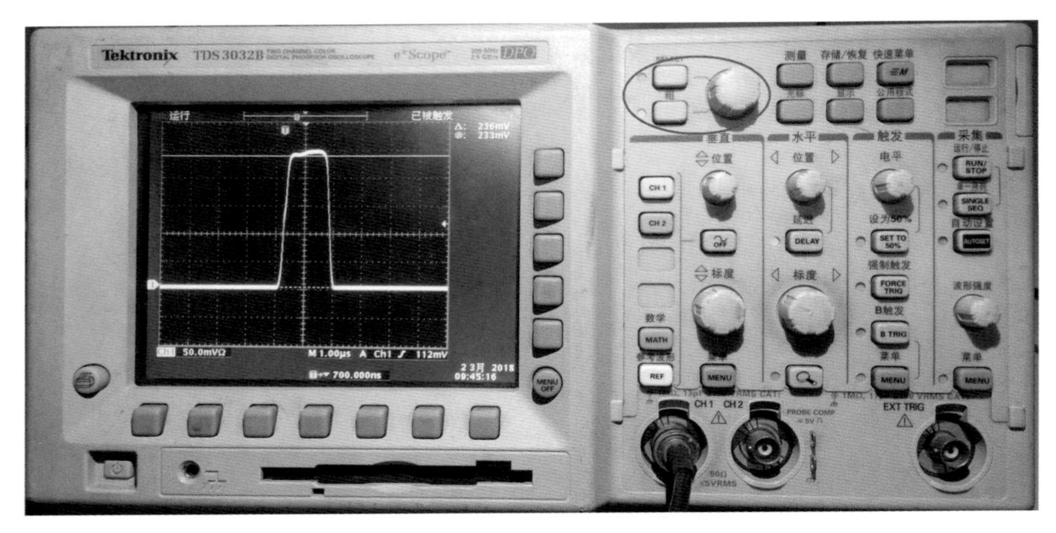

图 6.15 测试脉冲包络的平顶幅度

4)继续旋转 SELECT 键右边旋钮，使实线位于波形顶部最上端，读出屏幕右上角处的 Δ 数值即为脉冲包络的最大幅度为 U_{max}，如图 6.16 所示；

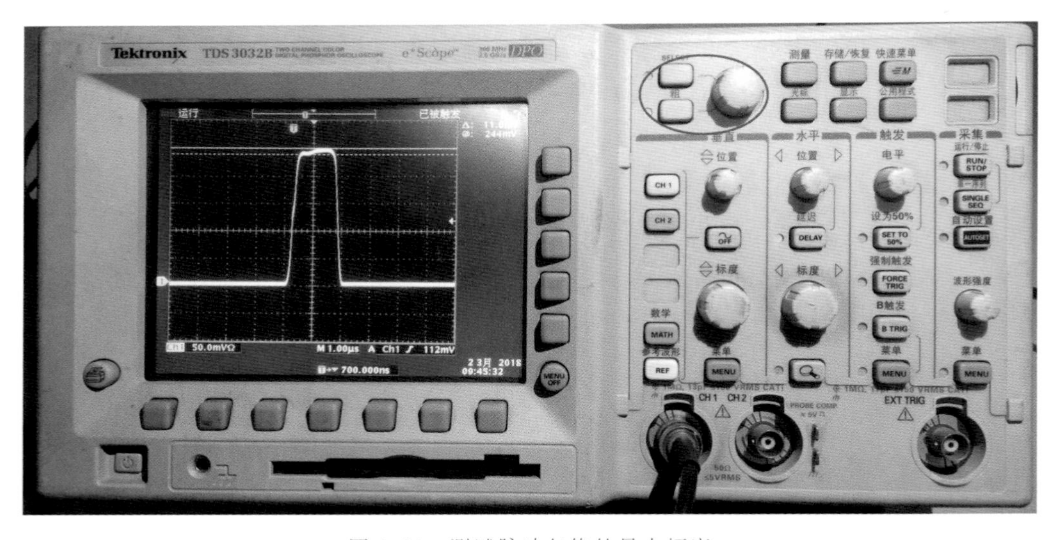

图 6.16 测试脉冲包络的最大幅度

5)根据测试的脉冲包络平顶幅度 U_m 和最大幅度 U_{max}，即可计算出包络顶降 $\delta=\frac{U_{max}-U_m}{2U_m}$。

(5)测试参数选择

示波器测试的主要参数有：脉冲宽度、上升沿时间、下降沿时间、脉冲重复频率等。

1)按图 6.17 中红圈所示的“Meas”按钮，液晶显示屏会显示如图 6.18 所示画面；

2)图 6.18 中②号区域为测试项名称显示，一共有 6 页，可按①号按钮循环翻页；

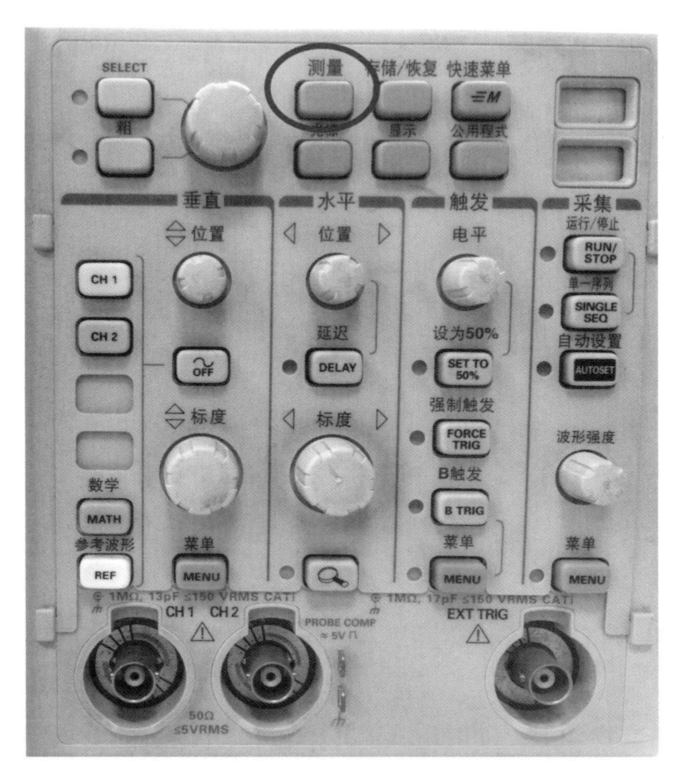

图 6.17　测试值选择-1

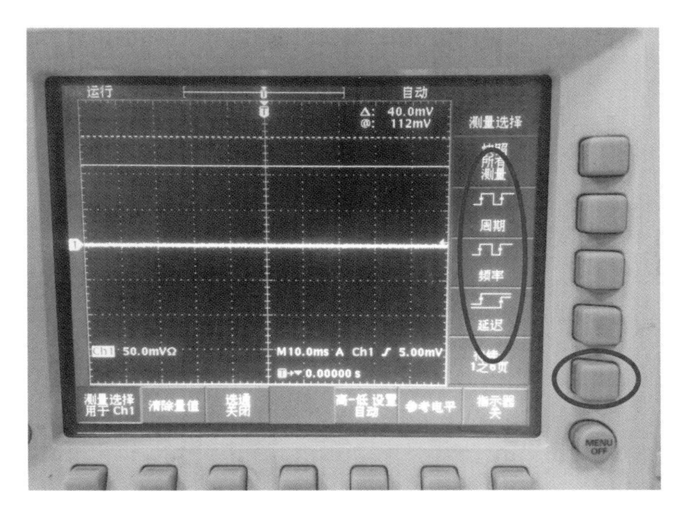

图 6.18　测试值选择-2

3)按下图 6.19 中红圈所示按钮,可选择正脉冲宽度;

4)按下图 6.20 中红圈所示按钮,可以选择上升时间、下降时间;

5)按下图 6.21 中红圈所示按钮,可以选择脉冲重复频率。

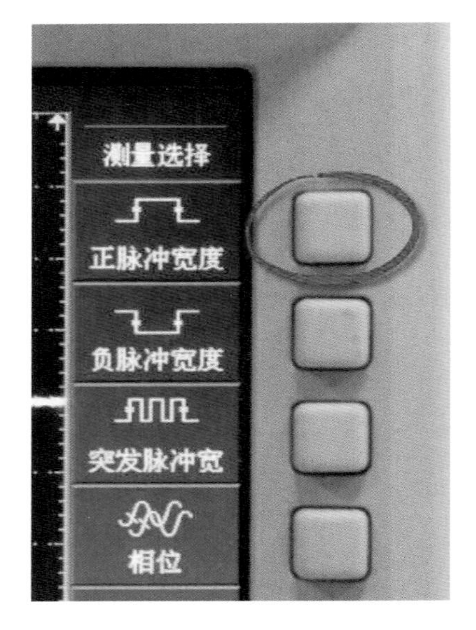

图 6.19 选择脉冲宽度测试值

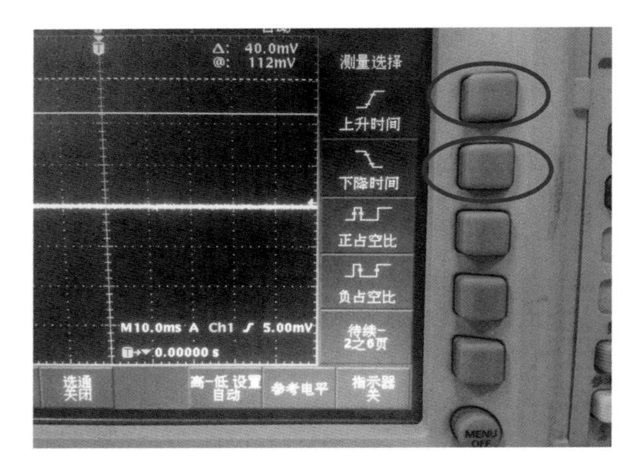

图 6.20 选择上升、下降时间测试值

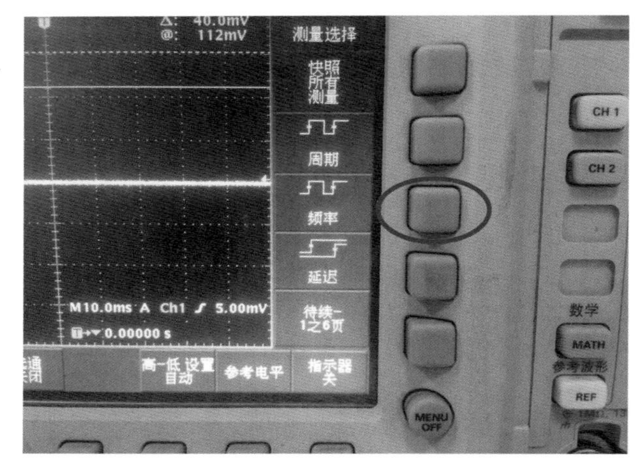

图 6.21 选择脉冲重复频率测试值

6.2 用小功率计测试脉冲峰值功率

以 Agilent E4418A 型平均功率计为例介绍发射机脉冲峰值功率的测试方法和仪表使用。

(1)探头连接和预置功率计

在功率计断电状态下，用随机所带的专用电缆接入“CHANNEL”端口(见图 6.22 中的②号区域)，另一端连接功率计探头。按图 6.23 中③号按钮打开功率计电源，按①号按钮选择功率计初始化设置，按②号按钮确认，初始化完成。然后功率探头连接至功率计主机的

“POWER REF”端口(见图 6.22 中的①号区域)。

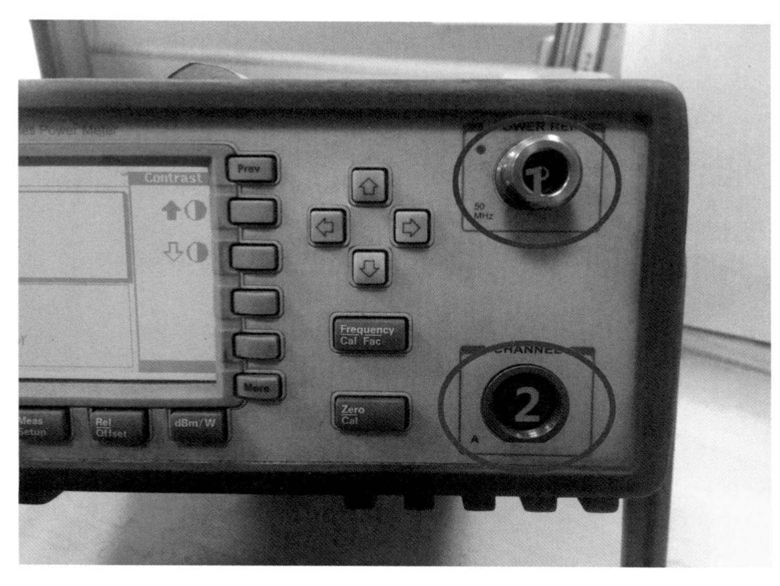

图 6.22　功率计端口

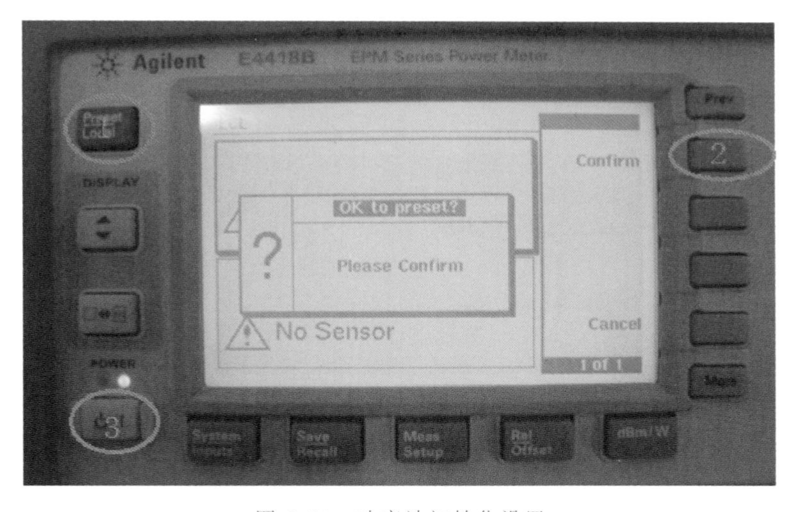

图 6.23　功率计初始化设置

(2)设置参考校准因子

按面板上“Zero/Cal”键,选择“Ref CF”项,如图 6.24 所示通过使用→、←、↑、↓键输入参考校准因子,如图 6.25 所示。其中,参考校准因子可以从功率探头背面查得。按%键,确认输入。

(3)功率计调零、校准

在功率计断电状态下,用专用电缆将功率计 CHANNEL 端口连接功率计探头;功率探头输入端连接至功率计主机的 POWER REF 端口,如图 6.26 所示。

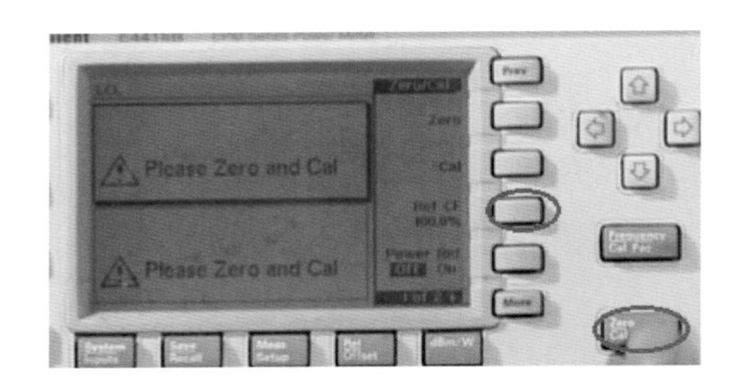

图 6.24　参考校准因子设置-1

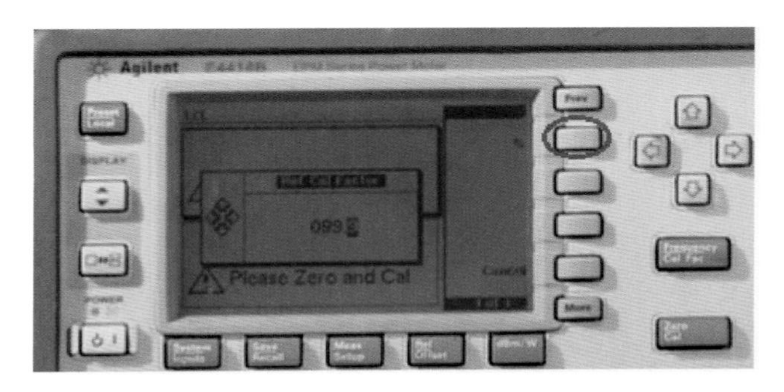

图 6.25　参考校准因子设置-2

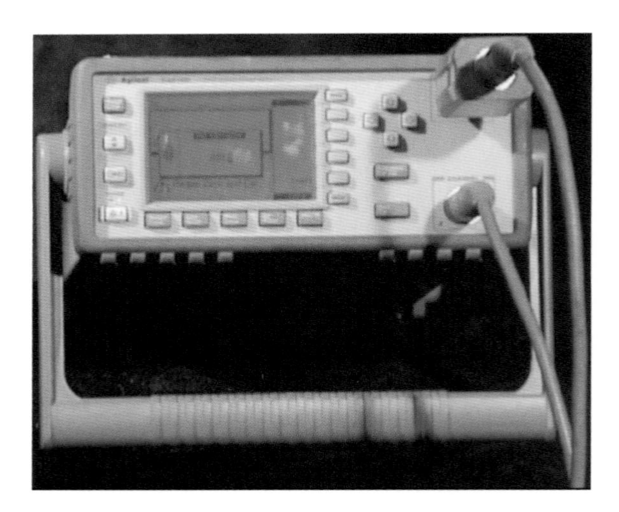

图 6.26　功率计端口

调零:功率计加电,按图 6.27 中的①号按钮,功率计液晶显示屏显示 Zero/Cal。按②号按钮,功率计开始自动调零,液晶显示屏如图 6.28 所示。

标校:待调零结束后,按图 6.27 的③号按钮,功率计开始自动标校,液晶显示屏如图 6.29 所示。

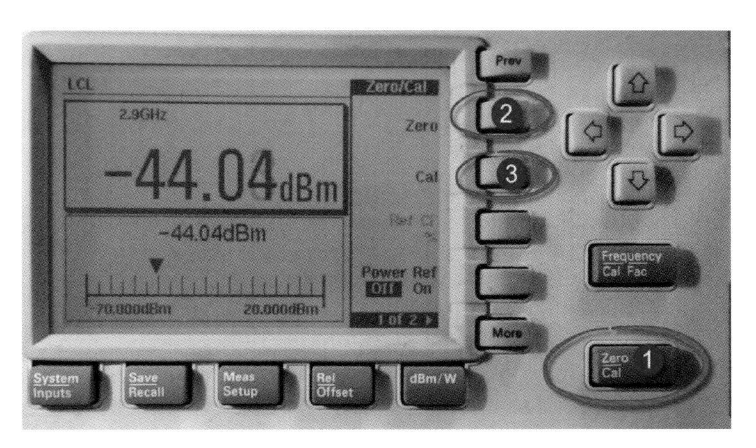

图 6.27　功率计调零及标校

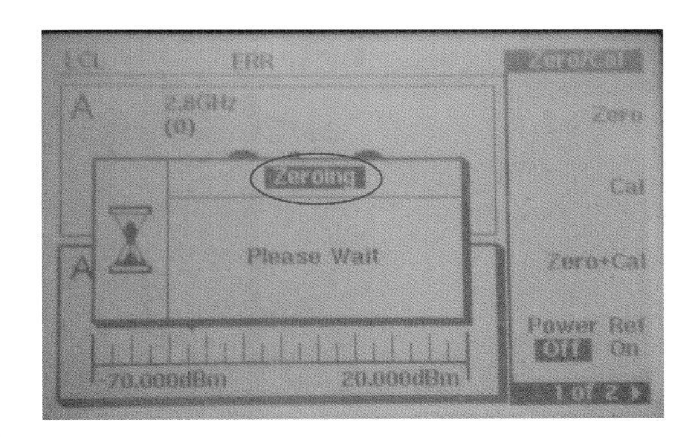

图 6.28　调零界面

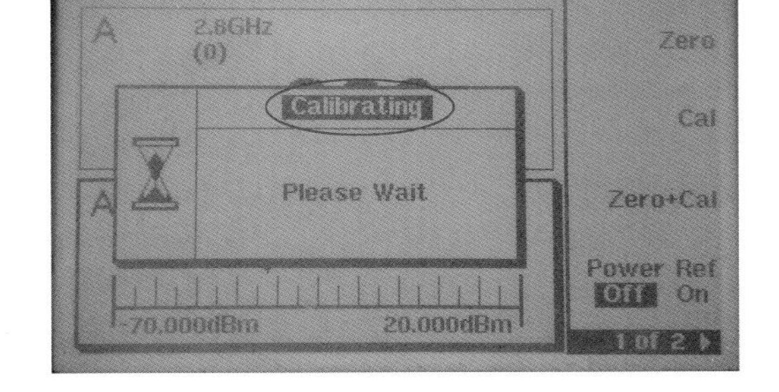

图 6.29　校准界面

校准结果验证：标校结束后，POWER REF 切换至 On 状态，显示的功率值应为 1 mW 或 0 dBm，如图 6.30 所示。功率计自动标校，实际上就是测试 POWER REF 端口输出的 50MHz 信号强度是否为 1 mW 或 0 dBm。（注：在测试外部信号强度时，需要将 POWER REF 切换至 off 状态。）

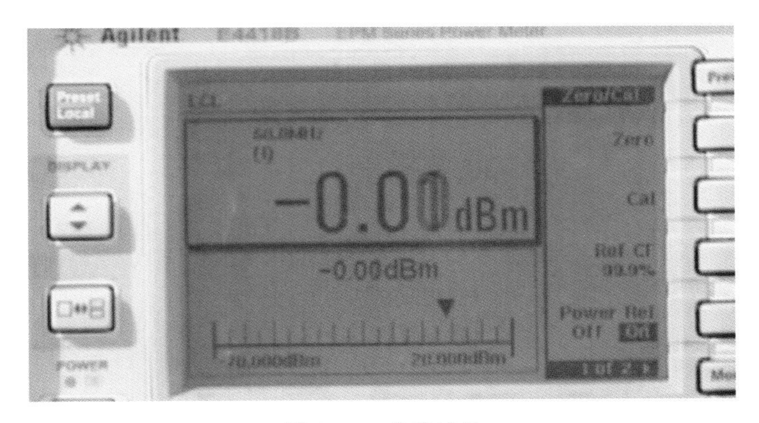

图 6.30　校准结果

(4)工作频率设置

首先按图 6.31 中①号按钮,然后按②号按钮可进行频率调整设置,液晶显示屏界面如图 6.32 所示。

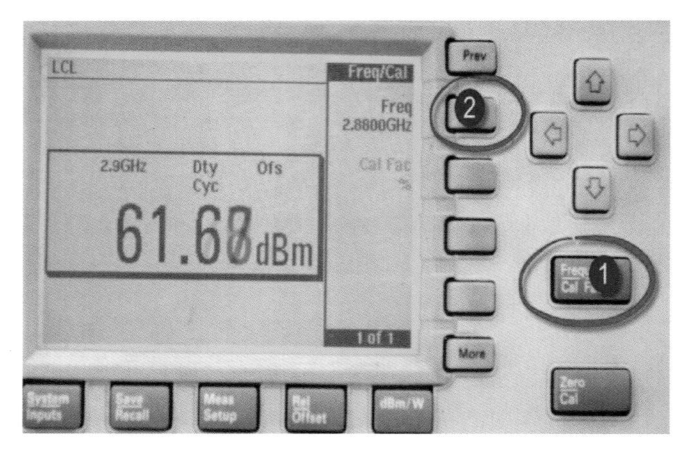

图 6.31 功率计频率设置-1

利用图 6.32 中②号区域的箭头设定①号区域显示的数据(②号区域的方向键,左、右箭头调整①号区域中黑色方块光标的位置,上、下箭头控制①号区域中黑色方块位置的数字增加、减小),设定完毕后,根据①号区域的数值,用③号区域的按钮确定频率单位。

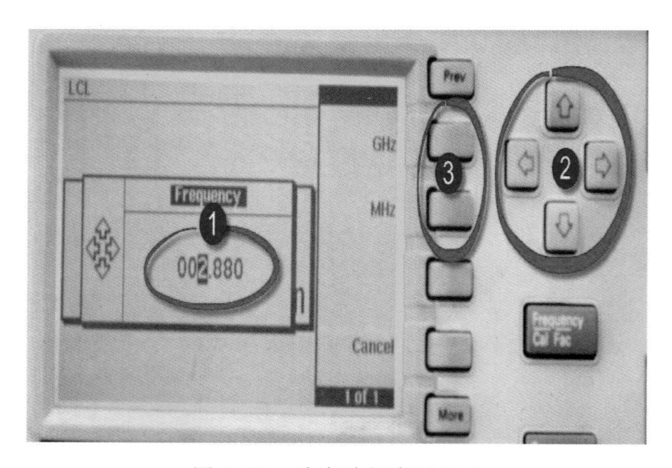

图 6.32 功率计频率设置-2

(5)偏移量(*Offset*)设置

1)按图 6.33 中①号按钮进入系统输入设置界面,然后按②号按钮,液晶显示界面如图 6.34 所示。

2)按图 6.33 中的①号按钮,衰减偏置开关在 Off 和 On 之间切换,On 表示衰减设置有效,Off 表示衰减设置无效;按②号按钮,显示如图 6.34 所示;

3)根据公式(6.1)计算得到的衰减值:

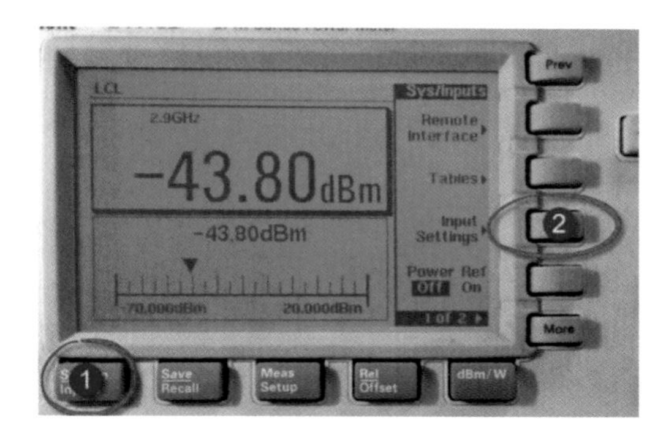

图 6.33　衰减(偏移量)设置-1

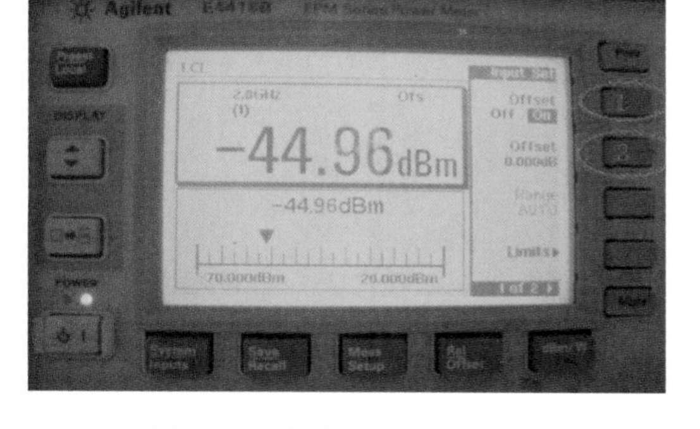

图 6.34　衰减(偏移量)设置-2

$$Offset = L_C + L_1 + L_2 + 0.5 \tag{6.1}$$

式中,L_C:1DC1 耦合器的耦合度(dB),可从耦合器铭牌上查询,如图 6.35 中①号显示所示;L_1:固定衰减器的衰减值(dB),如图 6.35 中②处串接的 30 dB 衰减器;L_2:测试电缆损耗(dB),通过实际标校测试电缆获得;0.5:其他损耗(dB);

4)利用功率计前面板右侧的方向键,设置图 6.35 中①号区域的数字(左、右箭头调整黑色光标位置,上下箭头调整黑色光标处数字的大小),按②按钮进行单位确认。

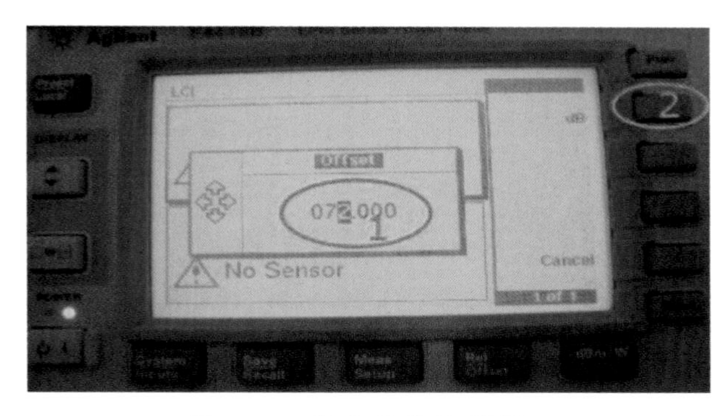

图 6.35　衰减(偏移量)设置-3

(6)占空比($Duty$)设置

采用平均功率探头直接测试得到的是信号的平均功率。因此,在使用平均功率探头测试脉冲信号时,需要在功率计中进行占空比的设置才能转换得到峰值功率。测试连续波信号时,需要关闭占空比设置项。占空比设置步骤如下:

1)根据实际情况,算出正确的占空比;计算公式为:$Duty = \frac{\tau \times F}{10000} \times \%$。其中 τ 为发射脉冲宽度(μs),F 为脉冲重复频率(Hz),这两个参数可由示波器测试得到;

2)按图 6.36 中①号按钮,进入 Sys/Inputs 界面。然后按②号按钮,进入 Input Setting 液晶显示界面;

3)通过 More 按键找到 Duty 设置项,按图 6.37 中的①号按钮,占空比开关在 Off 和 On 之间切换,On 表示占空比设置有效,Off 表示占空比设置无效;

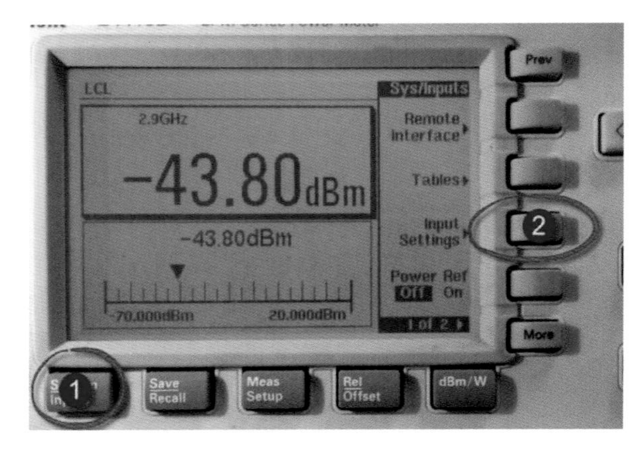

图 6.36　占空比设置-1

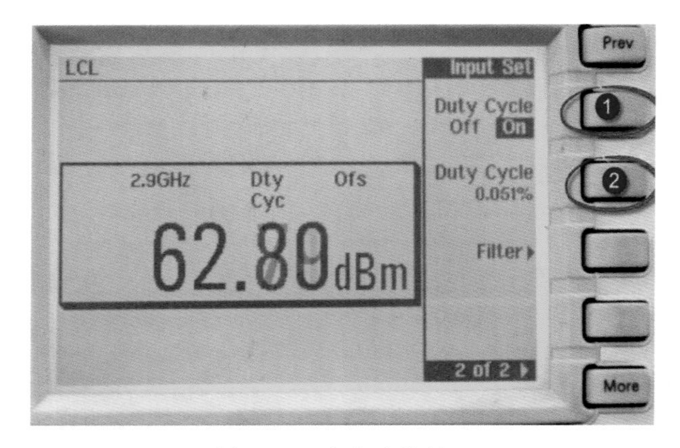

图 6.37　占空比设置-2

4)按图 6.37 中的②号按钮,进入占空比设置界面,根据计算出的正确占空比,利用功率计前面板右侧的方向键,设置图 6.38 中①号区域的数字(左、右箭头调整黑色光标位置,上下箭头调整黑色光标处数字的大小),按②号按钮确认(注意是“%”而非“‰”)。

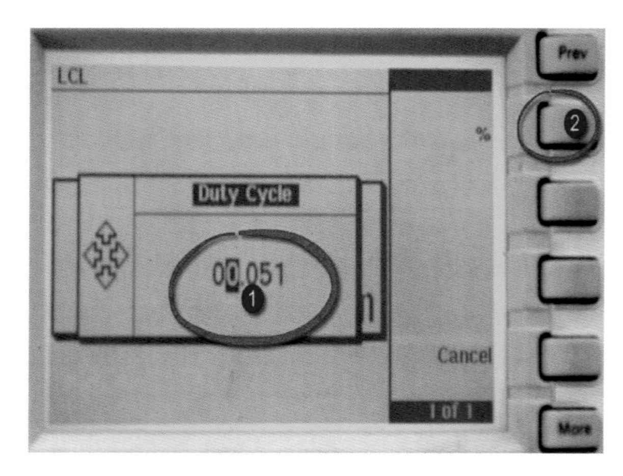

图 6.38　图 6-1 占空比设置-3

(7)功率测试和单位切换

将被测信号接至功率探头,功率计可以测得信号的峰值功率,如图6.39所示。按屏幕下方的"dBm/W"键,进入如图6.40所示界面。选择W项,功率显示单位切换为W。

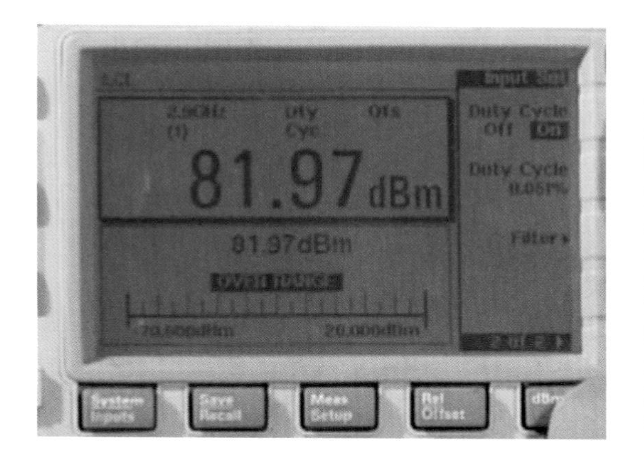

图6.39　测试结果

图6.40　单位切换

6.3 信号源设置

以Agilent E4428C为例介绍机外动态范围测试、机外回波强度定标检查、机外速度测试和收发支路测试等定标项目中信号源的输出信号设置、信号频率设置和网络配置等。

6.3.1 连续波输出

(1)设备预置

按面板"Preset"键,使信号源返回到初始化状态。

(2)设置RF输出

按下RF On/Off可进行RF输出的通断切换,状态从RF OFF更改为RF ON,才能在RF OUTPUT端口输出RF信号。

(3)设置RF输出频率

数字键入:按下"Frequency"→"输入频率"→单位选择GHz,此时2.8GHz RF频率将出现在显示屏的FREQUENCY区域和活动条目区域中,如图6.41所示。

频率增量:Incr为频率增量,每按一次向上或向下箭头键,频率就按上次用量值显示在活动条目区域中。

旋钮调整:使用旋钮就可以增大和减小RF输出频率。

(4)频率偏移

按下"Frequency"→"Freq Offset"→"2"→"MHz"。这将输入2MHz的偏移,FREQUENCY区域显示为2.8020GHz,即RF Output端口输出信号的频率为工作频率(2.8G)+偏移量(2MHz),如图6.42所示。

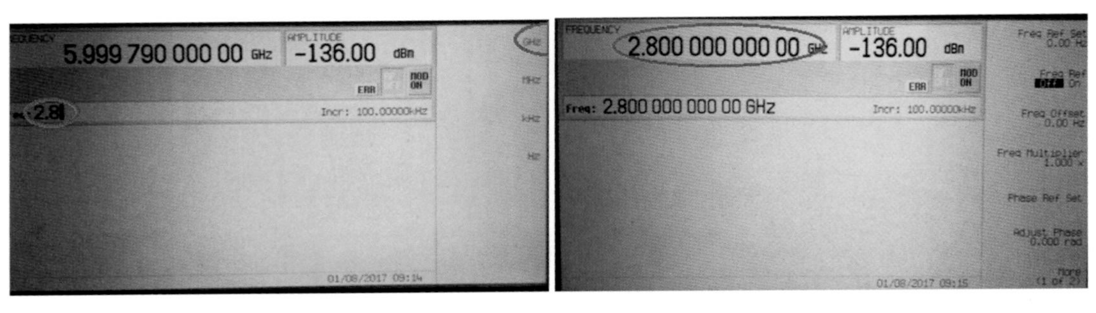

图 6.41　频率设置

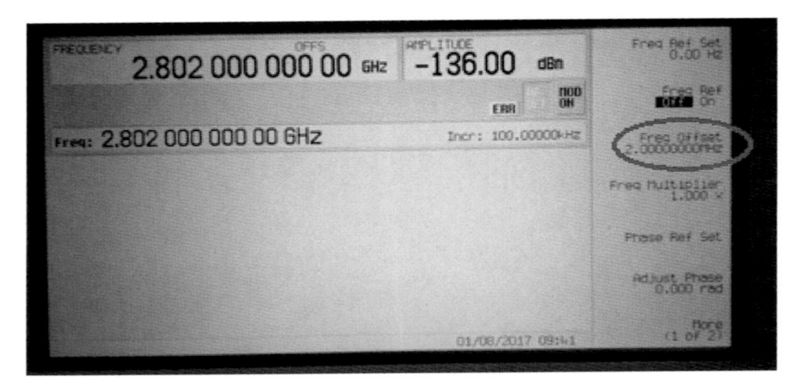

图 6.42　频偏设置

(5)设置 RF 输出幅度

按下“Amplitude”，输入幅度值，输入单位(如 dBm)观察显示屏的 AMPLITUDE(幅度)区域，如图 6.43 所示。

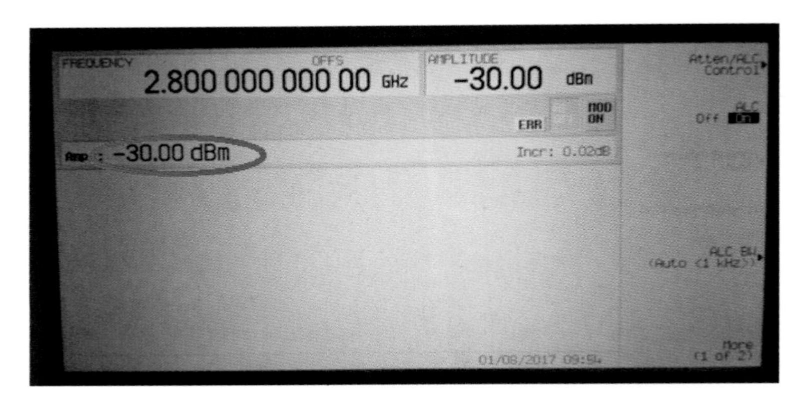

图 6.43　幅度设置

6.3.2　脉冲调制输出

下面介绍设置信号源输出为脉冲调制 RF 载波信号的方法。例如，输出信号参数如下：RF 输出频率设置为 2 GHz、幅度 0 dBm、脉冲周期为 100 μs、脉冲宽度为 24.0 μs、脉冲源为内部自激。

（1）设置 RF 输出信号载波频率

按下“Preset”→“Frequency”→“2”→“GHz”，显示屏的 FREQUENCY 区域将显示 2.000 GHz。

（2）设置 RF 信号幅度

按下“Amplitude”→“0”→“dBm”，显示屏的 AMPLITUDE 区域将显示 0.00 dBm。

（3）设置 RF 信号周期

按下面板 Menu 功能区的“Pulse”→“Pulse Period”→“100”→“usec”，可以设置脉冲周期，如图 6.44 所示。

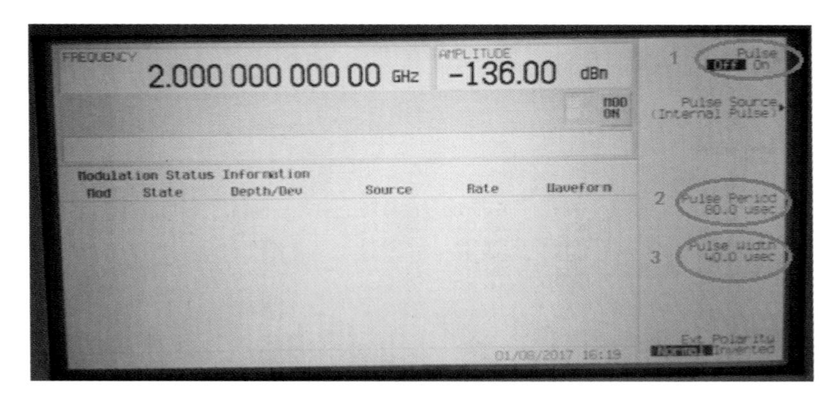

图 6.44　脉冲周期设置

（4）设置 RF 脉宽

按下“Pulse”→“Pulse Width”→“2”→“usec”，可设置脉冲宽度。

6.3.3　网络设置

信号源 IP 地址路径设置按下面板 Menus 功能区的“Utility”→“GPIB/RS232”→“LAN Setup”→“IP Address”，如图 6.45 所示。

图 6.45　设置信号源 IP 地址

6.4 用频谱仪测试极限改善因子和噪声系数

以 Agilent E4445A 为例，介绍频谱仪常用功能键的设置方法以及信号频谱分析、信号极限改善因子、噪声系数等测试方法。

6.4.1 极限改善因子测试

(1)设置频谱仪频率

1)首先设置频点为当前雷达工作频率，点击“FREQUENCY Channel”，如图 6.46 所示；

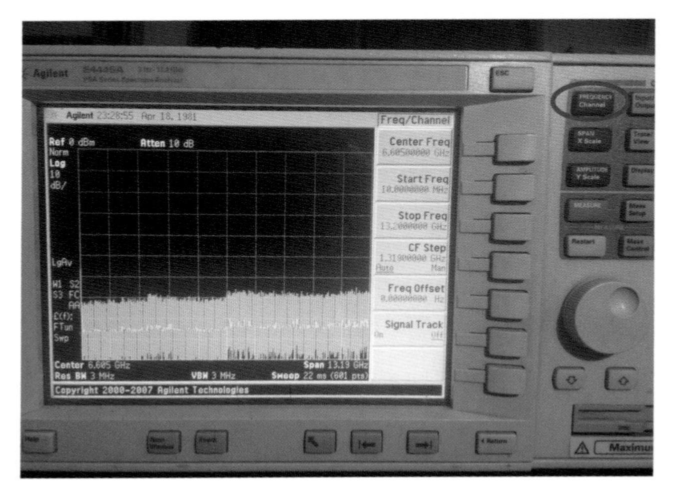

图 6.46 设置频谱仪频率-1

2)数字键盘区输入本机频点，点击屏幕右侧按钮确认单位，如图 6.47 所示，如图中输入的是 2800 MHz 的频点；

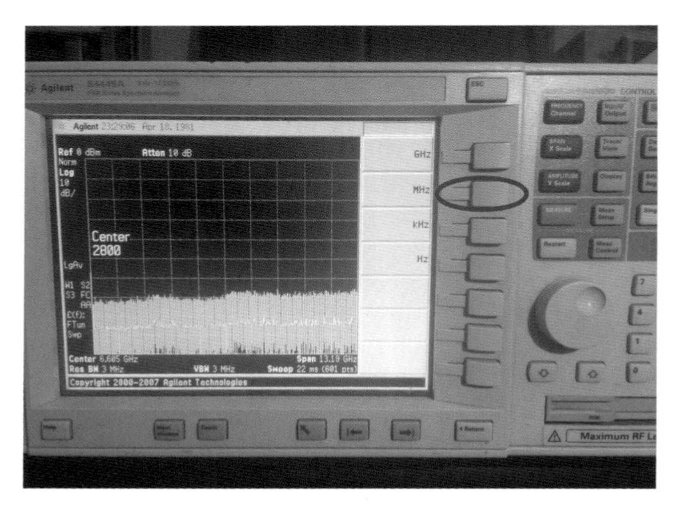

图 6.47 设置频谱仪频率-2

(2)设置频谱仪检测带宽

1)点击“SPAN X Scale”,如图6.48所示。重复频率644 Hz设置为1 kHz,重复频率1282 Hz设置为2 kHz。数字键盘区域输入数值,屏幕右侧按钮选择单位,如图6.49所示。

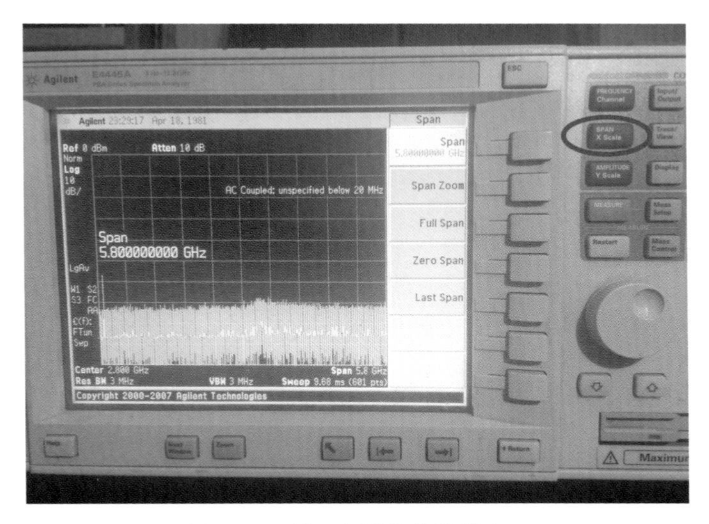

图6.48　设置频谱仪检测带宽-1

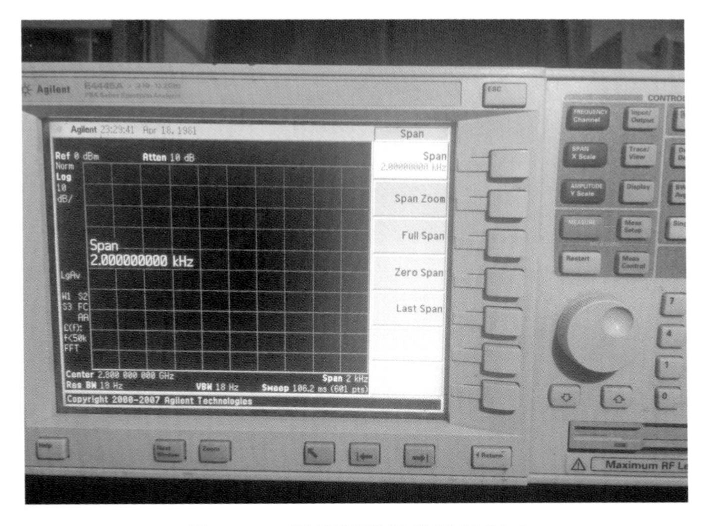

图6.49　设置频谱仪检测带宽-2

2)点击“AMPLITUDE Y Scale”,如图6.50所示;

3)旋转旋钮,调整图形峰值点距参考电平线约1格的位置,如图6.51所示;

4)再次点击“FREQUENCY Channel”,通过旋钮调整中心频点的位置,如图6.52所示。

(3)设置频谱仪分析带宽

1)点击“BW/Avg”,如图6.53所示;

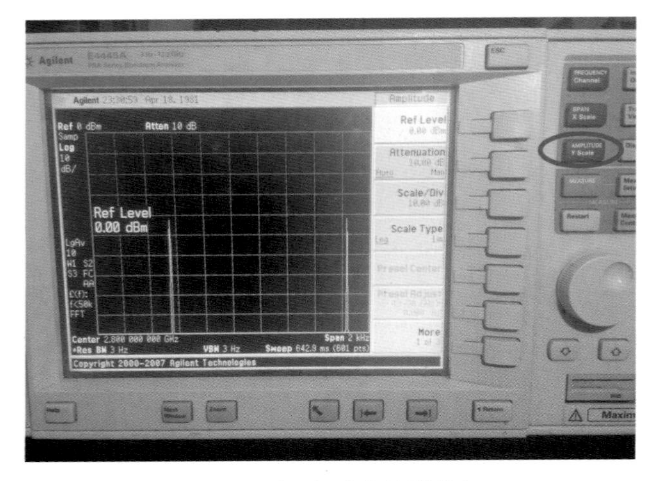

图 6.50　设置频谱仪检测带宽-3

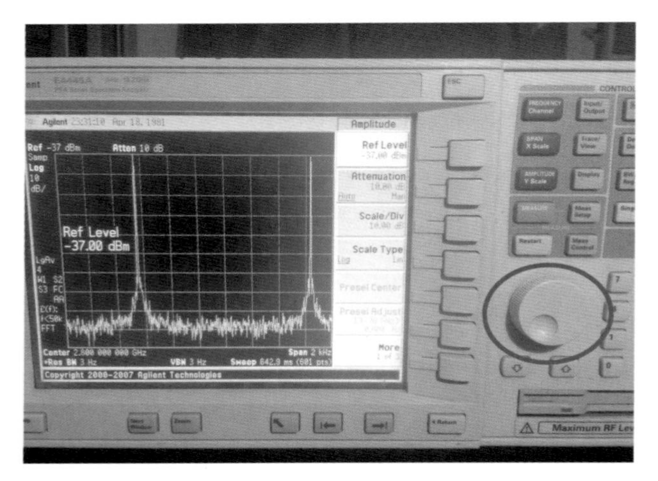

图 6.51　设置频谱仪检测带宽-4

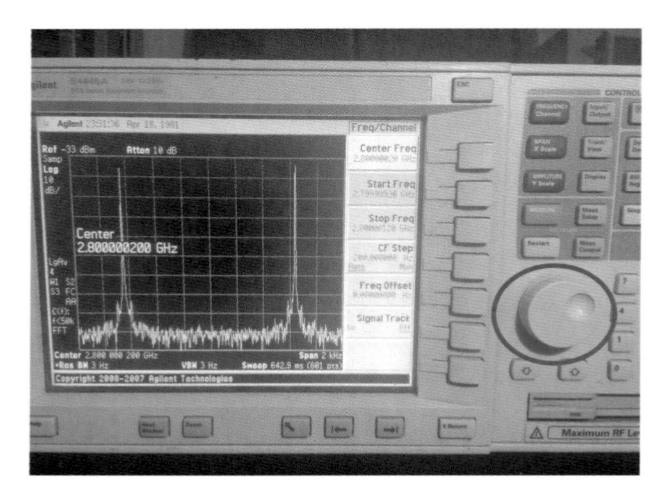

图 6.52　设置频谱仪检测带宽-5

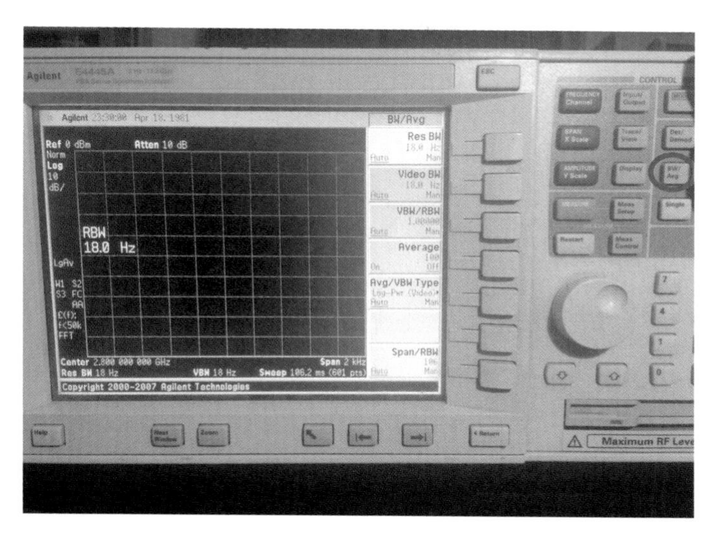

图 6.53　设置频谱仪分析带宽-1

2)数字键盘输入 3Hz 分析带宽,如图 6.54 所示。

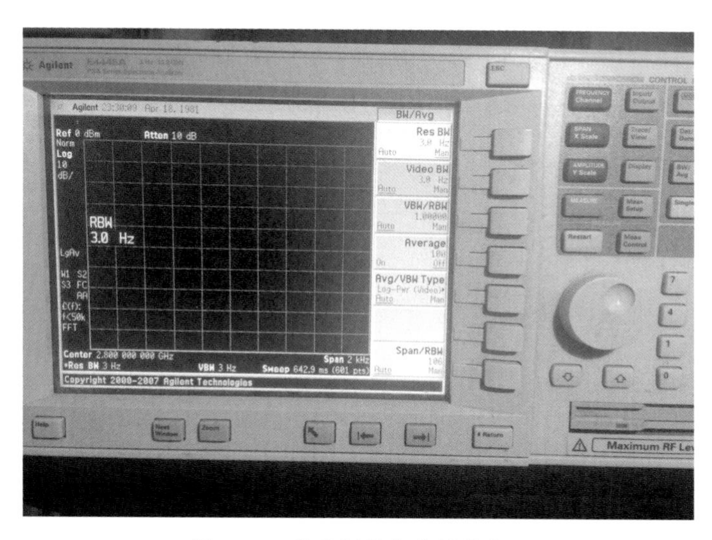

图 6.54　设置频谱仪分析带宽-2

(4)设置频谱仪平均值

1)在图 6.53 中的同级菜单中选择“Average”,使之处于“ON”状态,一般取 10 次平均,如图 6.55 所示;

2)数字键盘输入 10 后,点击屏幕旁的按钮 ENTER 进行确认,即为平均 10 次,如图 6.56 所示。

(5)测试信号噪声比

1)点击“Peak Search”,如图 6.57 所示;

2)点击“Marker”,如图 6.58 所示;

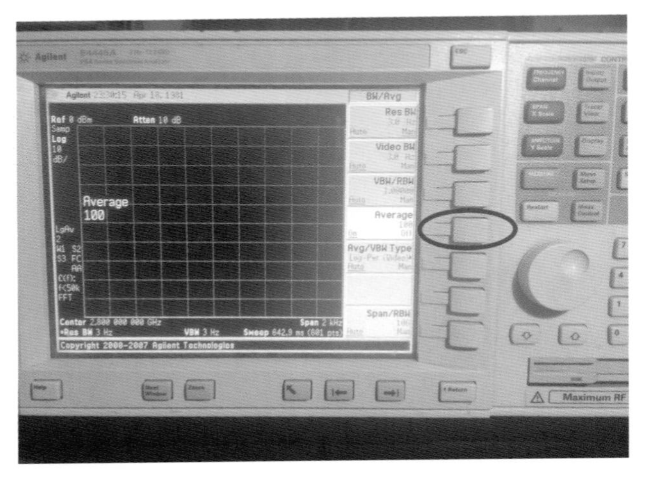

图 6.55　设置取样平均值为 10 次-1

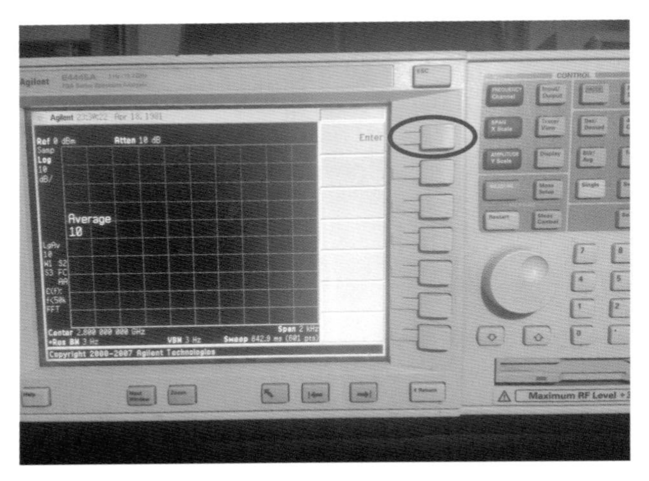

图 6.56　设置取样平均值为 10 次-2

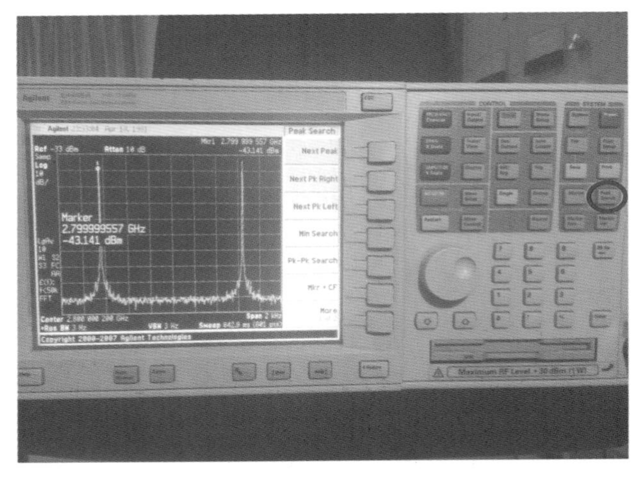

图 6.57　测试信号噪声比-1

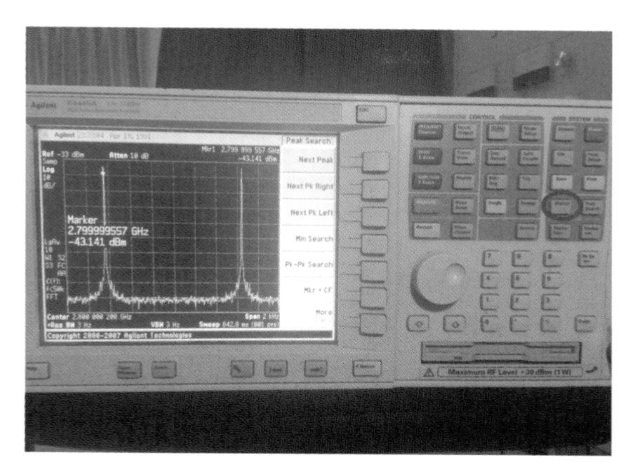

图6.58　测试信号噪声比-2

3)屏幕右侧点击按钮,选择“Delta”,如图6.59所示;

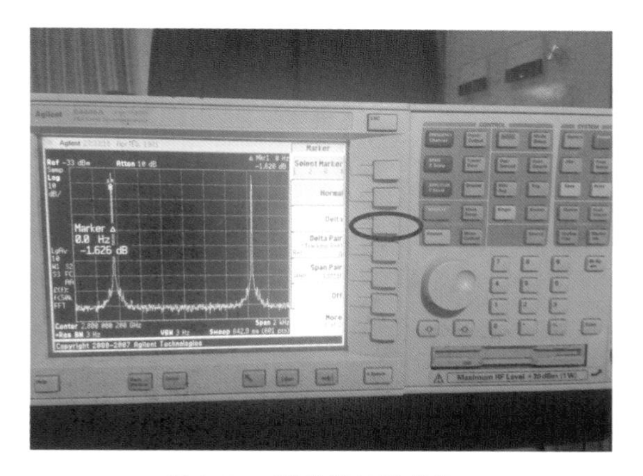

图6.59　测试信号噪声比-3

4)输入1/2 PRF的数值,查看信噪比,如图6.60所示;

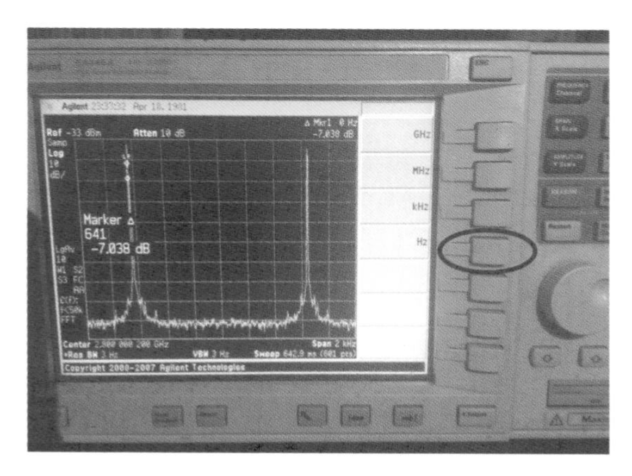

图6.60　测试信号噪声比-4

5)结果如图 6.61 所示。

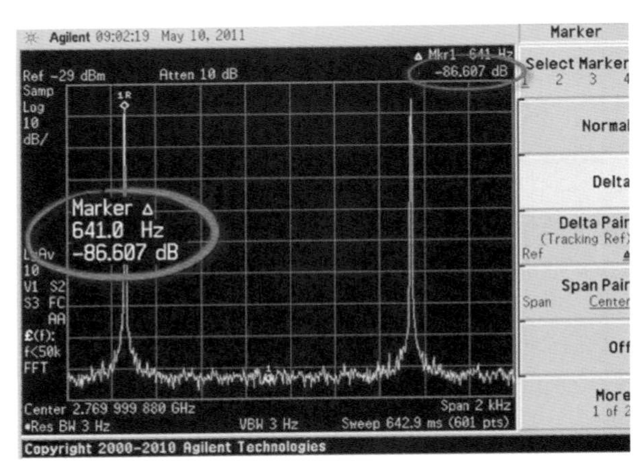

图 6.61 测试信号噪声比-5

6.4.2 噪声系数测试

(1)仪表预置

频谱仪 MODE 功能键→选择 Noise Figure→按 PreSet 键,如 6.62 和图 6.63 所示。

图 6.62 按下 MODE 键和 Noise Figure

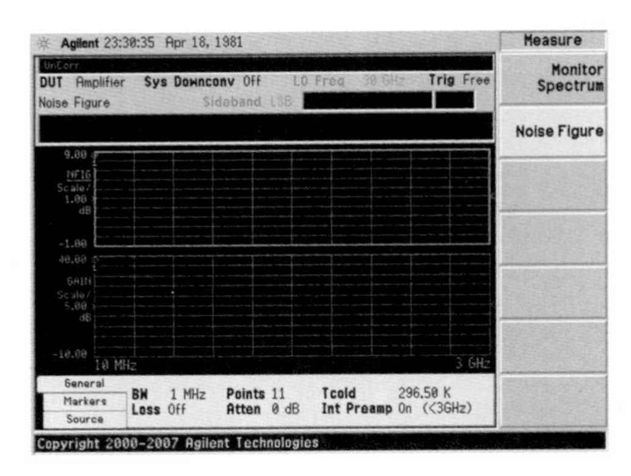

图 6.63 Noise Figure 超噪比设置界面-1

(2)超噪比设置

按面板 Meas Setup 键,如图 6.64 所示,选择 ENR+→Meas&Cal table,如图 6.65 所示,在弹出的 Meas&Cal table 界面中检查表中的数值。如果不一致需要在该界面内进行修改,如图 6.66 所示。从噪声源背后可以读取对应频率的超噪比,如图 6.67 所示。

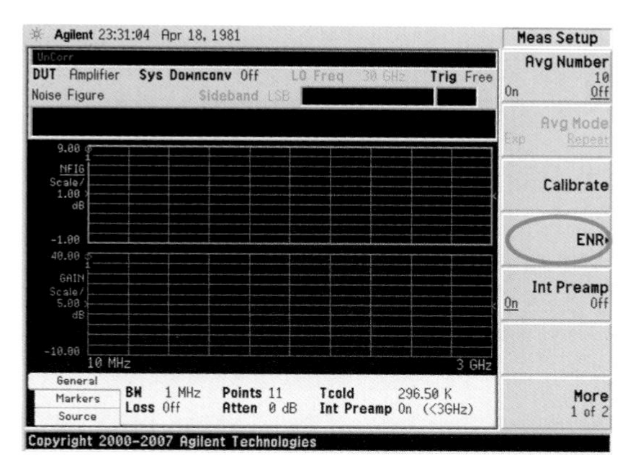

图 6.64 Noise Figure 超噪比设置界面-2

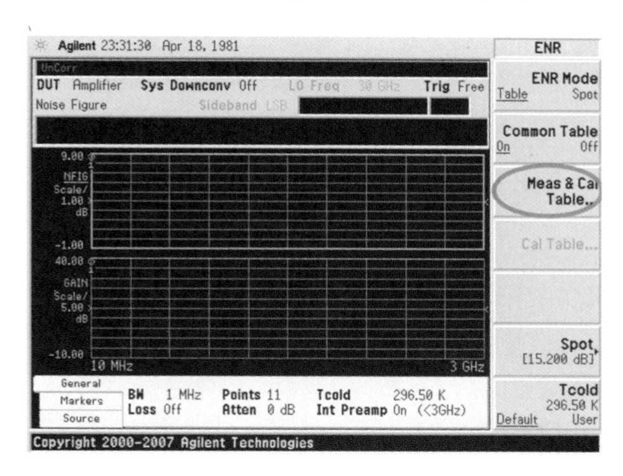

图 6.65 Noise Figure 超噪比设置界面-3

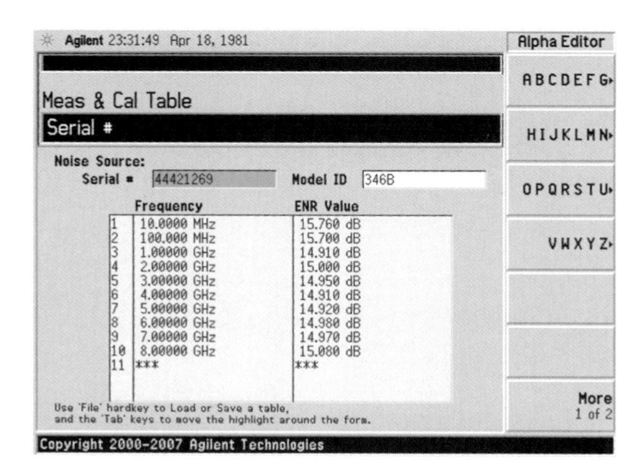

	Frequency	ENR Value
1	10.0000 MHz	15.760 dB
2	100.000 MHz	15.700 dB
3	1.00000 GHz	14.910 dB
4	2.00000 GHz	15.000 dB
5	3.00000 GHz	14.950 dB
6	4.00000 GHz	14.910 dB
7	5.00000 GHz	14.920 dB
8	6.00000 GHz	14.980 dB
9	7.00000 GHz	14.970 dB
10	8.00000 GHz	15.080 dB
11	***	***

图 6.66 Noise Figure 超噪比设置界面-4

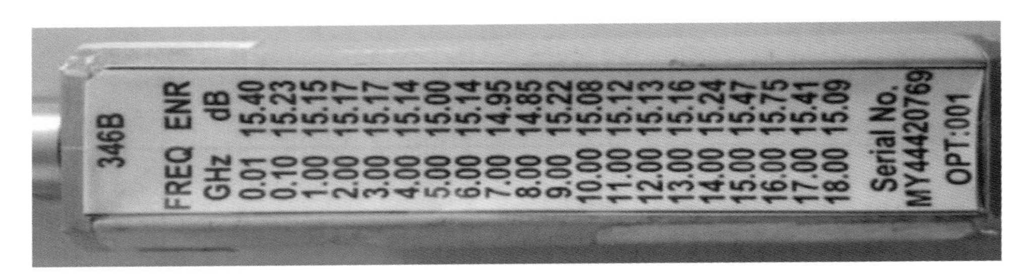

图 6.67　Agilent 346B 噪声源

(3)噪声源校准

测试频率点设置："MODE"→"Noise Figure"→"Frequency Channel"，输入起始频率(Start Freq)、截止频率(Stop Freq)、测试点数(Point)，如图 6.68 所示。如测试系统的频率是 57.55 MHz，则可以将 Start Freq 设置为 52.55 MHz，截止频率设为 62.55 MHz，Point 设为 21。这样就可以测试 52.55 MHz～62.55 MHz 间 21 个频率点的噪声系数。

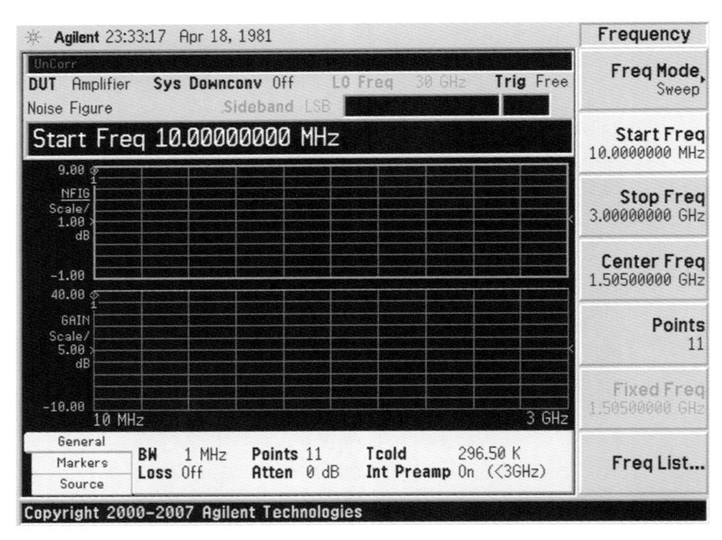

图 6.68　频率点设置

DUT 单元设置：以混频下变频的系统为例，"Mode Setup"→"DUT Setup"→设置下变频，选择 DownConv 界面中屏幕下方的→箭头按钮，将黄色区域移至 Ext LO Frequency 设置本振频率(其值为 RF 输入混频前的频率—中频频率)，如图 6.69 所示。假设 RF 输入中心工作频率为 2.86 GHz，中频频率为 57.55 MHz，可得这里应设置为 2.80245 GHz→Sideband 选择，USB 模式。按动箭头选中"Frequency Context"，选择"RF DUT Input"。

校准：点击面板上"Meas Setup"键，双击"Calibrate"进行校准，如图 6.70 所示。

(4)仪表连接与测试

将噪声源连接至测试通道的输入端，测试通道的输出端连接至频谱仪的输入端。按面板 Trace/view 键，选择 Table 键，这样就可以测试得到各频率点的噪声系数和通道增益，如图 6.71 所示。

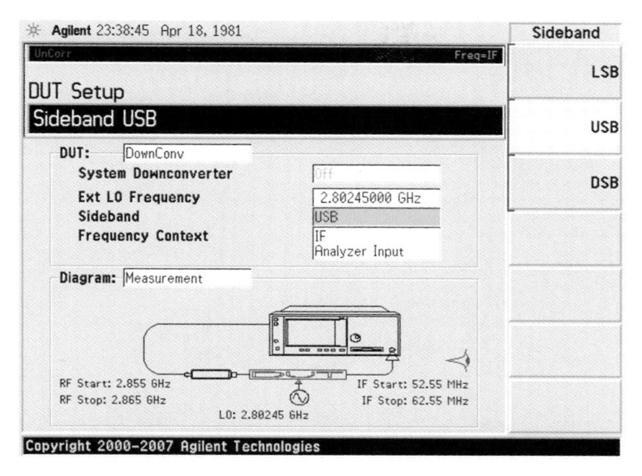

图 6.69　DTU 设置

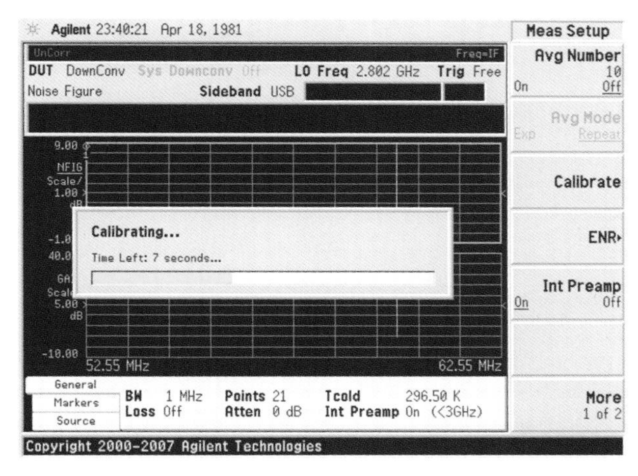

图 6.70　校准界面

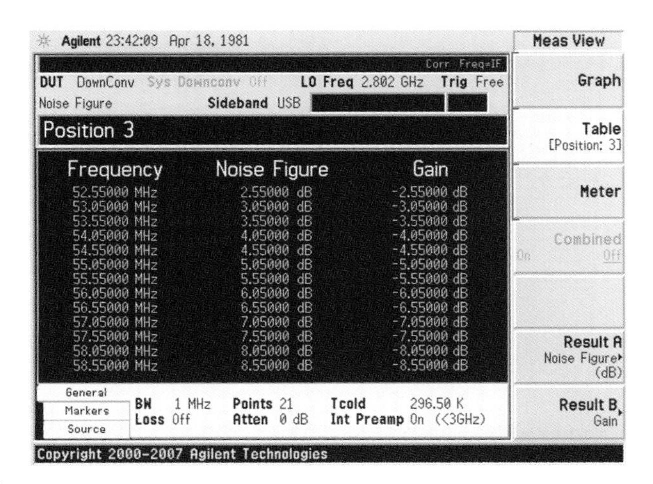

图 6.71　噪声系数测试结果

6.5 合像水平仪

6.5.1 合像水平仪介绍

合像水平仪构造示意图如图 6.72 所示。

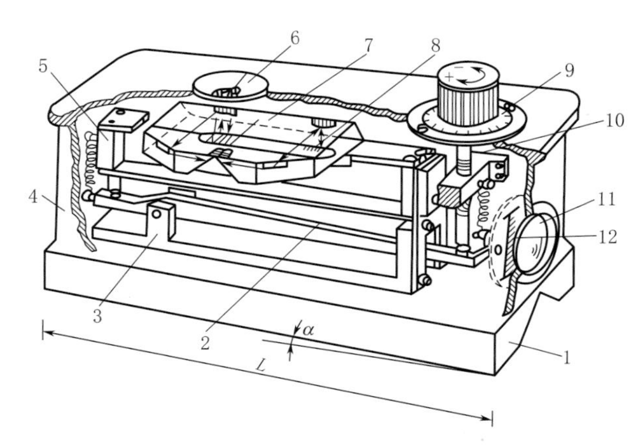

图 6.72 合像水平仪构造示意图

1—底板；2—杠杆；3—支承；4—壳体；5—支承架；6—放大镜；7—棱镜；
8—水准器；9—微分筒；10—测微螺杆；11—放大镜；12—刻线尺

测试时，合像水平仪水准器 8 中的气泡两端经棱镜 7 反射的两半像从放大镜 6 观察。当桥板两端相对于自然水平面无高度差时，水准器 8 处于水平位置。则气泡在水准器 8 的中央，位于棱镜 7 两边的对称位置上，因此从放大镜 6 看到的两半像相合，如图 6.73(a)所示。如果桥板两端相对于自然水平面有高度差，则水平仪倾斜一个角度 α，因此，气泡不在水准器 8 的中央，从放大镜 6 看到的两半像是错开的，如图 6.73(b)所示，产生偏移量 Δ。

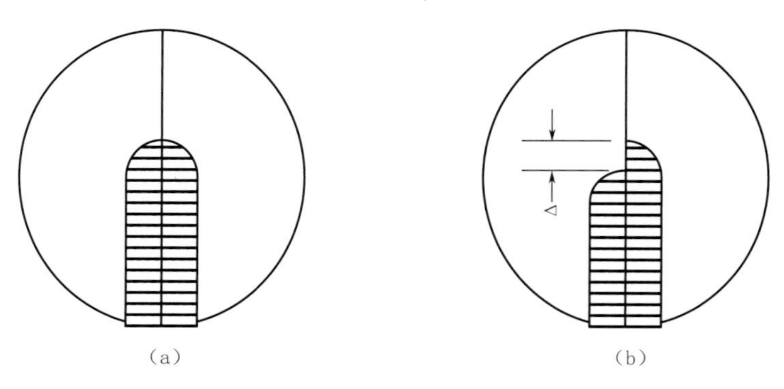

图 6.73 合像水平仪气泡位置示意图

6.5.2 水平度测试原理

根据合像水平仪的使用说明书可知：

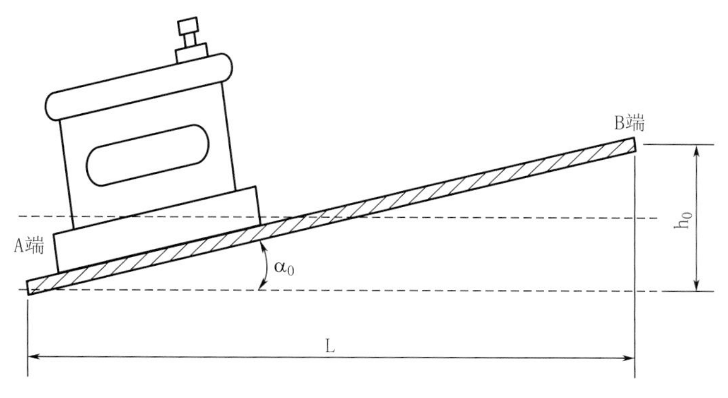

图 6.74 第一次水平测试

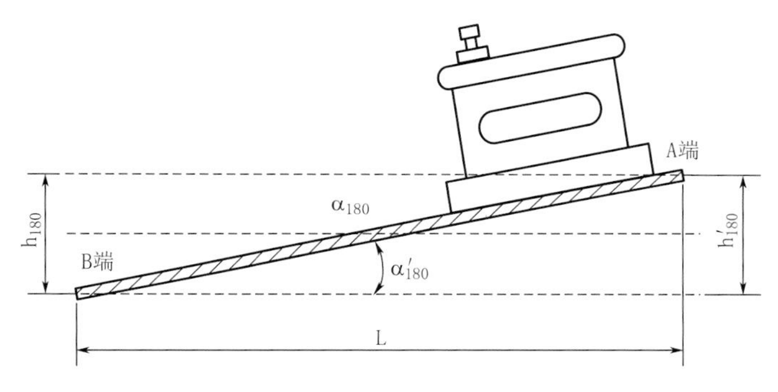

图 6.75 第二次水平测试

实际倾斜度＝测试精度×工件长度×刻度盘读数

其中若测试精度为 0.01mm/m(0.01/1000 无量纲数)，工件长度计为 L，刻度盘读数为 m，实际倾斜度计为 h，上式化为：

$$h=\frac{0.01}{1000}\times L\times m=10^{-5}\times L\times m \tag{6.1}$$

由于 h 远小于工件长度(天线座俯仰转动平台对角线长度)，所以可将 h(弦长)看作近似等于其对应的弧长，由弧度定义(弧长等于半径的弧，其所对的圆心角为 1 弧度，根据半径旋转方向，弧度有正负之分)可以计算 h 所对应的圆心角 rad(弧度)为：

$$rad(\text{弧度})=\frac{\text{弧长}}{\text{半径}}=\frac{h}{L}=\frac{10^{-5}\times L\times m}{L}=10^{-5}\,\mathrm{m} \tag{6.2}$$

由弧度和角度转换公式可知，该弧度转换为角度 α 为：

$$\alpha=rad\times\frac{180}{\pi}(^\circ)=rad\times\frac{180}{\pi}\times 3600('') \tag{6.3}$$

$$\alpha=10^{-5}\times m\times\frac{180}{3.14}\times 3600=\frac{6.48}{3.14}\times m\approx 2\mathrm{m} \tag{6.4}$$

为计算方便，我们假定第一次测试在水平 0°方向，合像水平仪刻度盘读数为 m_0，误差角度为 α_0(图 6.74)，第二次测试为天线俯仰平台在第一次测试基础上水平旋转 180°后再测试(由于翻转了 180°，假定 0°时弧度值为正，则此时的弧度值为负，反之亦然)，合像水平仪刻度

盘读数为 m_{180}、误差角度为 α_{180}(图 6.75),由公式(6.5)(6.6)可得如下结果:

$$\alpha_0 = 2m_0 \tag{6.5}$$

$$\alpha_{180} = -2m_{180} \tag{6.6}$$

旋转 180°测试是为了消除合像水平仪本身的仪器误差,天线座安装实际水平误差为:

$$\Delta\alpha = \alpha_0 + \alpha_{180} = 2\,|m_0 - m_{180}| \tag{6.7}$$

即:天线水平误差可以近似看作是同一直线上两次测试合像水平仪读数之差。

第7章

新一代天气雷达定标安全规程

开展新一代天气雷达定标工作时，工作人员除了熟练使用测试仪表、掌握雷达操控与设置以外，还必须注意安全警示，了解安全预防措施并时时遵守。确保雷达定标工作规范，保证人身安全、设备安全和仪表安全。开展雷达定标工作时，通常要求至少两人参与。

7.1 注意安全警示

在雷达高压运行、电磁辐射、天线运转等区域均有安全警示标识，这些标识用于雷达操作安全警示，工作人员在开展雷达定标工作时应注意和遵循，以免造成人身伤害。常用的安全警示主要包括触电警示、电磁辐射警示、天线转动警示和其他警示。

7.1.1 触电警示

雷达电源和高压会导致人员伤亡，这些高压主要位于配电机柜、发射机机柜、RDA 机柜、天线运转区以及 RPG 计算机和 PUP 计算机。防护装置上都写有警示标志和标签，以便工作人员注意到这些潜在的危险，不要忽视或违背这些警告。确保不绕过这些安全联锁、阻挡物和防护装置进行相关操作。发射机的高压会引起人员重伤或死亡，应特别注意。

7.1.2 电磁辐射警示

微波(电磁)辐射是由发射机产生并经天线发出的。在雷达发射电磁信号时，不要接近天线及周边区域。如果天线静止而发射机工作，在天线反射体前一定范围内，仍然会有危险。工作人员应该注意并了解这种情况，让天线指向无人区域。

7.1.3 天线转动警示

当天线转动或者天线伺服机构工作时，不要试图爬上天线座组合。严格遵守所有维护维修说明和安全步骤，否则可能会由于设备运转造成人身伤害。

在天线、天线座区域提供相应的防护措施，以防止工作人员发生碰撞、跌落或操作设备可能产生的危险。

高空作业时，工作人员必须系好安全带，登高用的扶梯必须坚实牢固，符合安全技术要求，并采取可靠的防滑措施。

7.1.4 其他警示

开展雷达定标工作时，还应注意雷达及附属设施上其他安全警示，例如小心碰头，小心滑落，禁止打开等，不准随意拆卸、挪动各种安全防护装置，安全信号装置，警示标志等。

7.2 遵守安全事项

7.2.1 人身安全

(1)在天线转台上开展定标工作时，必须关闭高压、伺服强电，并将安全开关置于“安全”

位置，待人员准备好后，方可开始定标工作。

(2)爬高作业时，应临时搭建扶梯等辅助设施，方便人员攀爬，防止人员跌落。

(3)有心脏病、高血压、哮喘等慢性病患者，严禁参与爬高作业和天线转台测试。

(4)发射机开高压运行时，为强电、高压区域，严禁拆除和打开防护面板，严禁带电拆装。

(5)发射机某些指标需加高压进行近距离检测。测试时，应采取有效措施，防止发射机微波辐射泄漏对雷达工作人员产生危害。

(6)工作中测试仪表与设备应可靠接地，避免造成人员伤害。

(7)工作人员不要戴手表、戒指、项链、手镯或其他饰物。金属物体接近电势时会产生电弧，饰物可能会被缠住，使得人员活动受限，从而引起严重的人员伤害。

(8)雷达设备使用的电压能产生电弧，可对人体造成严重烧伤，应避免接触。

7.2.2 设备安全

(1)严禁在发射机开高压状态下切换脉宽。

(2)严格按照操作规程开机、关机。

(3)设备发生故障时，应停止一切定标或测试，待恢复正常方可进行下一步工作。

(4)应谨慎修改雷达适配参数，修改重要的适配参数前，先将原参数或文件复制备份，以防止操作失误造成雷达运行异常。

7.2.3 仪表安全

(1)仪表与仪表之间、仪表与设备之间须可靠接地。保护地线不能悬空，不能与电网中线相连。仪表与设备间形成的电位差，会对人员和仪表造成损害。

(2)确保仪表处在温湿度适宜、散热和防尘良好的工作环境，避免强磁场、震动和腐蚀。

(3)使用仪表前，仔细查阅和了解仪表的额定输入范围，必要时在前端增加相应的衰减器，避免电压、电流或功率超过量程，损毁仪表。

(4)所有仪表应在充分预热后(一般30分钟)才能开始使用。

(5)一般的测试仪表都经过调整校正，部分结构还进行了密封，未经许可不能拆卸分解仪器仪表。

(6)对控制手柄、旋钮、接线柱要用力得当，不要强行操作造成损坏。

(7)严格遵守对定标使用的主要仪表进行计量检定的规定。严禁使用超检仪表开展雷达定标工作。

参考文献

邓斌，2010. 雷达性能参数测量技术[M]. 北京：国防工业出版社.

丁鹭飞，耿富录，陈建春，2009. 雷达原理[M]. 北京：电子工业出版社.

黄晓，张沛源，熊毅，2005. 多普勒天气雷达发射机相位噪声的测量[J]. 现代雷达，27(7)：62-66.

潘新民，2009. 新一代天气雷达(CINRAD/SB)技术特点和维护、维修方法[M]. 北京：气象出版社.

潘新民，柴秀梅，等，2010. 新一代天气雷达测速定标精度检查方法[J]. 气象科技，38(2)：214-221.

潘新民，柴秀梅，等，2010. CINRAD/SB 雷达回波强度定标调校方法[J]. 应用气象学报，21(6)：739-746.

潘新民，熊毅，等，2010. 新一代天气雷达退速度模糊方法探讨[J]. 气象与环境科学，33(1)：17-23.

王进凯，秦顺友，等，2015. S 波段气象雷达天线馈线设计与测量[J]. 河北省科学院学报，32(1)：13-18.

郑新，李文辉，潘厚忠，等，2006. 雷达发射机技术[M]. 北京：电子工业出版社.

中国气象局气象探测中心，2016a. 新一代天气雷达定标技术说明(CINRAD/SA)[Z]. 北京：中国气象局.

中国气象局气象探测中心，2016b. 新一代天气雷达定标技术说明(CINRAD/SB)[Z]. 北京：中国气象局.

中国气象局气象探测中心，2016c. 新一代天气雷达定标技术说明(CINRAD/SC)[Z]. 北京：中国气象局.

中国气象局气象探测中心，2016d. 新一代天气雷达定标技术说明(CINRAD/CA)[Z]. 北京：中国气象局.

中国气象局气象探测中心，2016e. 新一代天气雷达定标技术说明(CINRAD/CB)[Z]. 北京：中国气象局.

中国气象局气象探测中心，2016f. 新一代天气雷达定标技术说明(CINRAD/CC)[Z]. 北京：中国气象局.

中国气象局气象探测中心，2016g. 新一代天气雷达定标技术说明(CINRAD/CD)[Z]. 北京：中国气象局.

周红根，高飞，等，2016. CINRAD/SA 雷达定标技术研究[J]. 气象科技，44(1)：7-11.

Merrill I. Skolnik，2014. 雷达系统导论[M]. 3 版. 左群生，徐国良，等，译. 北京：电子工业出版社.

Keysight Technologies. 频谱分析基础(AN 150)[EB/OL]. [2017-08-05]. https://literature. cdn. keysight. com/litweb/pdf/5952-0292CHCN. pdf? id=1000000159：epsg：apn

Keysight Technologies. E4438C ESG Vector Signal Generator User's Guide[EB/OL]. [2017-08-05]. https://literature. cdn. keysight. com/litweb/pdf/E4400-90554. pdf? id=1000002652：epsg：man

Keysight Technologies. EPM E4418A (EPM-441A) Power Meter User's Guide[EB/OL]. [2017-08-05]. https://literature. cdn. keysight. com/litweb/pdf/E4418-90000. pdf? id=626947

Keysight Technologies. Fundamentals of RF and Microwave Power Measurements(Part 1)(AN 1449-1)[EB/OL]. [2017-08-05]. https://literature. cdn. keysight. com/litweb/pdf/5988-9213EN. pdf? id=272269

Keysight Technologies. Noise Figure Measurement Accuracy：The Y-Factor Method[EB/OL]. [2017-08-05]. https://literature. cdn. keysight. com/litweb/pdf/5952-3706E. pdf? id=1000000179：epsg：apn

Tektronix. TDS3000B Series Digital Phosphor Oscilloscopes[EB/OL]. [2017-08-05]. http://download. tek. com/manual/071095704. pdf